城市生态空间的韧性与测度

Urban Ecological Space's Resilience and Measurement

孟海星　著

同濟大學出版社
TONGJI UNIVERSITY PRESS
·上海·

图书在版编目（CIP）数据

城市生态空间的韧性与测度 / 孟海星著 . -- 上海：
同济大学出版社，2025. 1. -- ISBN 978-7-5765-1420-9

Ⅰ. X321

中国国家版本馆 CIP 数据核字第 2025GK5698 号

国家自然科学基金项目“上海近代城市生态环境史研究（1843—1949）：时空演变、模式识别与机理表征”（51778435）
国家社会科学基金项目“气候适应性城市风险的治理机制与治理战略”（17AZD011）
上海市 2017 年度“科技创新行动计划”课题“超大城市韧性的理论体系与提升技术”（17DZ1203200）
上海市哲学社会科学规划课题“韧性安全城市理念下上海提升应对台风总体能力的路径和机制研究”（2024BCK010）

城市生态空间的韧性与测度

Urban Ecological Space's Resilience and Measurement

孟海星　著

责任编辑　周原田　　封面设计　张　微
版式设计　朱丹天　　责任校对　徐逢乔

出版发行　同济大学出版社 www.tongjipress.com.cn
（地址：上海市四平路 1239 号　邮编：200092　电话：021-65985622）
经　　销　全国各地新华书店
印　　刷　苏州市古得堡数码印刷有限公司
开　　本　710mm × 1000mm　1/16
印　　张　17
字　　数　314 000
版　　次　2025 年 1 月第 1 版
印　　次　2025 年 1 月第 1 次印刷
书　　号　ISBN 978-7-5765-1420-9
定　　价　98.00 元

序 1

城市的生态环境与可持续发展是当前全球关注的焦点之一。在快速城镇化背景下，不少城市面临着生态空间萎缩、生态功能受损和环境品质下降等问题。尤其在全球气候变化影响下，城市生态空间抵御暴雨、洪涝等自然灾害冲击的能力下降，日益受到各界重视。本书的出版恰逢其时，为我们深入理解和应对这些问题提供了有力的理论支撑与方法指导。

书中采用多学科交叉的研究方法，系统建构了城市生态空间韧性的理论框架，并在景观格局和生态系统服务供需匹配的双视角下辩证地提出了韧性测度方法，测度和识别了上海城市生态空间韧性的薄弱之处，提出了相关的韧性提升策略。研究成果不仅可为后续城市的韧性测度与建设提供科学依据，也可为城市的生态安全保障和生态福祉提升提供参考。特别是以上海这座国际大都市为例开展的数据分析，对其他城市开展相关工作有重要的借鉴意义。

当我刚收到作者这本书稿时，一种由衷的欣慰与感慨油然而生。本书作者曾于 2013 年被选送至联合国环境规划署非洲区域办公室，参与中非环境合作项目的协调工作，彼时我正担任联合国环境规划署区域合作司副司长。在那段共同奋斗的岁月里，我和我的同事对作者的专业水准和工作能力印象深刻，他优秀的表现得到我司的普遍认可。相信在联合国工作的这段经历，对他后来攻读博士学位和继续开展生态环境和可持续发展研究产生了重要影响。

在全球化日益加深的今天，区域及城市之间的联系更加紧密，世界共同面临的环境挑战也愈发严峻。本书的出版，可为中国乃至世界范围内的城市韧性生态建设和可持续发展提供思路借鉴，也为构建人与自然和谐共生的美好未来贡献智慧和力量。我相信，这本书将成为城市规划与生态环境管理领域的重要参考资料，激发更多学者和实践者的思考与行动。

王之佳

原联合国环境规划署区域合作司副司长

联合国环境规划署特别协调员

联合国副秘书长兼环境规划署执行主任特别顾问

原国家环境保护总局国际合作司司长

2024 年 10 月 17 日

序 2

当前，中国城市发展进入城市更新和发展转型的重要时期。基于城市生态空间的生态环境治理不仅是城市更新的重要内容，也是提升城市发展品质的关键手段。近年来，在气候变化和人类活动等多重因素交织影响下，城市生态空间结构受损、功能退化，其应对外界环境变化的韧性能力呈下降态势，此类问题已引发社会各界的广泛关注，亟需新的理论探索和实践创新予以应对。

在此背景下，我校青年教师孟海星博士潜心钻研，精心撰写而成的《城市生态空间的韧性与测度》一书出版，意义尤为重大。作者结合其在联合国环境规划署及上海市城乡规划、建设和管理部门积累的实践经验，将国际视野与地方实践有机结合，极大地增强了本书的现实指导价值。作为国内学界较早系统性探讨“城市生态空间韧性”这一主题的重要文献，书中提出的理论模型和翔实案例，为有效应对城市生态挑战提供了创新性的解决方案，为城市生态规划、建设和治理等行业实践提供了高水准的理论支撑和参考依据。该项成果与上海大学在城市更新、绿色转型和数字化建设等前沿领域的研究方向高度契合，生动体现了我校青年学者勇攀学术高峰的探索精神和服务社会发展的责任感、使命感。

本书的成功出版将为新时代城市更新和高质量发展提供宝贵的理论素材和鲜活案例。它不仅是城市更新学科研究的参考佳作，也可为相关课程教学注入生动前沿的知识元素，有望激发更多有关宜居、韧性和智慧城市建设的跨学科合作研究与实践探索。希望作者持续深耕学术前沿，不断产出更多具有创新性和影响力的研究成果，为推动城市更新与可持续发展贡献青年智慧与力量。

衷心期待本书引发学界、业界及城市管理者的高度关注，汇聚各方智慧和力量，共同奏响人与自然和谐共生的现代化城市发展乐章，携手开创更加美好、更具可持续性的城市未来新篇章。

管理学博士、正高级经济师

上海大学副校长

上海大学上海城市更新与可持续发展研究院院长

《城市更新》期刊主编

2024 年 12 月 26 日

序 3

2024 年的冬至日，虽窗外北风呼啸，但室内阳光和煦异常。我在书桌边伴着清茶，展读孟海星博士的《城市生态空间的韧性与测度》厚厚的书稿。随着阅读的深入，一阵阵欣喜之情油然而生。既为他这本分量很重的学术专著即将出版而高兴，也为他在学术道路上取得的累累佳绩深感欣慰。

众所周知，生态空间对城市的产生、发展和演化起着不可忽视的独特作用，也对人类的健康生存产生了重大影响。城市生态空间韧性的测度和优化是新的研究命题，也是影响城市生态空间演进和功能健康的重要因素。本书选择从韧性视角对城市生态空间进行深入的、系统的研究，具有重要的学术意义和实践价值。

本书研究内容蕴意丰富，具有多方面的优秀品质。本人不揣冒昧，将之归纳为五个方面。一是深入系统梳理了国内外城市生态空间韧性研究与实践动态，为展开研究奠定了坚实基础。二是建构了严密的城市生态空间韧性理论体系，充分体现了作者理论素养达到的高度。三是对上海市生态空间进行了细致识别和问题诊断，为开展实证研究创造了不可缺少的前提条件。四是建立了城市生态空间韧性测度的方法体系，其丰富性、严密性、完善性及可操作性令我印象深刻，也充分体现了本书实证研究达到的深度。五是系统归纳了国内外城市相关经验与教训，提出了上海市生态空间韧性优化的内容、方法与路径，完成了理论研究与实证研究的完满结合。

纵观全书，本书具有国际化的广阔视野、学科交叉融合的学术追求、历史现实渗透的指导观念、理论实践互通的思维意识、定性定量结合的研究方法。全书逻辑严密、结构严谨、写作规范、见解独到、成果丰硕，在不少方面填补了城市生态空间韧性测度与优化研究方面的空白，为我国城市健康及可持续发展作出了突出的贡献。我由衷地感到，各个专业、各个领域的读者通过阅读此书，必将获得多方面的启迪和惠益。

值得称道的是，作者具有深厚的人文修养和追求（从本书各章卷首语可略窥一二），显示了年轻一代学者具有的卓越人文风范。也因此，启发本人以一首七律结束本序。

七律（平水韵）·贺孟海星博士新作付梓

骊珠溢彩映晨阳，青眼新篇墨韵香。穷究学流襟抱远，细梳精粹意涵长。

乐看心血铸书卷，料倚佳声炳上庠。今日喜闻雏凤呖，更期岁岁奏华章。

同济大学建筑与城市规划学院教授，博士生导师
上海同济城市规划设计研究院高级规划师，国家注册规划师
《城市规划学刊》副主编
中国城市规划学会城市生态规划学术委员会副主任委员
上海市规划委员会专家咨询委员会委员
2024 年 12 月 21 日

序 4

在全球变化背景下，韧性城市建设是应对一系列灾害性环境问题的明智选择。本书以城市生态空间为切入点，探讨韧性城市建设的路径，用多学科交叉的研究方法构建城市生态空间韧性理论，开启了韧性城市研究的新视角。本书系统构建了城市生态空间韧性理论，是一项开创性的研究工作，这不仅是对现有韧性城市理论的补充，更为城市生态研究开辟了新路径，从景观格局和生态系统服务供需匹配的双视角构建韧性测度方法，其创新思路为精准评估城市生态空间的韧性提供了科学、可行的工具。

本书在探讨城市生态空间韧性理论的基础上，以上海市为例，识别上海市城市生态空间，基于景观格局测度生态空间韧性特征，辨识生态空间韧性建设存在的问题，并提出韧性提升策略。上海作为国际化大都市的代表，其在生态空间韧性建设上面临的挑战具有典型性，因此对上海城市生态空间韧性的测度具有重要的现实意义。

本书内容丰富、结构清晰，从城市生态空间韧性研究进展的梳理、城市生态空间韧性的多维内涵解析，到城市生态空间韧性理论的构建，再到基于景观格局和生态系统服务供需匹配的上海市生态空间韧性测度，以及国际经验的借鉴和对未来的展望，涵盖了城市生态空间韧性研究的各个方面。各章节内容逻辑关联紧密，环环相扣，逐步深入，形成了一个完整的研究体系。

本书的出版不仅有助于丰富城市生态空间韧性的理论与方法体系，更为优化城市生态空间、保障城市生态安全和提升城市生态福祉提供了空间规划与管控策略参考。相信本书将成为城市规划、城市生态管理等领域学者和从业者的重要参考读物，也将激发更多人关注城市生态空间的韧性。

袁兴中

重庆大学二级教授，博士生导师
国家湿地科学技术委员会委员
中国湿地保护协会常务理事
中国风景园林学会应对气候变化工作委员会副主任委员
中国工程建设标准化协会生态景观与风景园林专业委员会副主任委员
重庆市生态学会副理事长
2024 年 12 月 16 日

前　言

城市生态空间为城市提供生态系统服务，对保障城市生态安全、提升城市居民生活质量、增强城市综合韧性与实现可持续发展至关重要。在快速城镇化背景下，城市生态空间不断受到人类活动影响，造成城市生态系统结构与功能受损、生态空间质量与抵抗外界环境变化的能力下降等问题，日益受到各界重视。

本书以“城市生态空间韧性”立题，系统建构了城市生态空间韧性理论，并从景观格局和生态系统服务供需匹配的双视角建构韧性测度方法。以上海市为例，测度与识别上海市生态空间韧性建设的薄弱之处，提出相应的韧性提升策略。本书有助于丰富城市韧性理论与方法体系，可为优化上海城市生态空间、保障城市生态安全和提升城市生态福祉提供空间规划与管控策略参考。

理论方面，本书定义城市生态空间韧性为一定时间和空间范围内，与城市生态空间相关的空间变量及其相互关系，使得生态空间在干扰下依然维持其正向关键功能，并具有与之前运行状态的一致性或积极演进的能力。从结果的状态表现来看，体现为城市生态空间维持其生态系统结构和功能稳定，以及可持续地向外输出生态系统服务的能力。本书探讨了城市生态空间韧性的六方面内涵与六项基本特征，提出了城市生态空间韧性优化提升十项基本原理。

测度方面，本书指出城市生态空间韧性测度的复杂性与相对性，有必要从不同视角开展城市生态空间韧性测度，以反映城市生态空间韧性的不同侧面。本书首先从防范多重风险、保障城市整体生态安全出发，从景观格局视角构建了基于“压力－结构－活力－服务”的城市生态空间韧性测度指标体系，并结合 ArcGIS、Fragstats 等研究工具，结合数据质量及其代表性和可获得性，采用 2000 年、2010 年和 2020 年三个时间断面上的数据，进行上海市生态空间韧性水平测度、空间制图及空间统计分析。其次，在探讨城市社会系统与生态系统之间互动关系的基础上，提出了基于生态系统服务供需匹配的城市生态空间韧性测度方法，并提出了基于 ES 供给类型和数量与需求空间类型相匹配的生态空间韧性等级对照表。本书综合采用 InVEST 模型、评价矩阵等方法，结合手机信令、卫星图像等多源数据，以 ArcGIS 为平台对上海市 ES 供需指标及供需匹配进行了测度。最后，本书提出了城市空间韧性提升的基本原则和逻辑路径，结合上海市生态空间韧性测度结果，提出了上海市生态空间韧性的提升策略，并对未来研究进行展望，提出了进一步深化城市生态空间韧性研究与实践的若干议题，以供国内城市开展相关研究与实践参考。

目 录

第 1 章　城市生态空间韧性研究进展

“安不忘危，盛必虑衰。”

——《汉书 · 陈汤传》

“面对世界不可预期的变化，甚至可能的灾难，我们是应该恐惧不前，还是应该重拾希望、继续前行，这是一个哲学问题。

恐惧只会让人丧失斗志、功能瘫痪和死去，韧性则成为一种重拾希望的选择，并能创造更多积极的故事。”

——皮特 · 纽曼（Peter Newman）等，2009

《韧性城市：应对石油紧缺与气候变化》

（*Resilient Cities: Responding to Peak Oil and Climate Change*）

1.1　现实需求、政策指引和前沿热点

1.1.1　快速城镇化对城市生态空间带来巨大压力

改革开放以来，我国社会经济发展发生巨大变革。然而快速的城镇化和工业化也带来了城市环境污染、生态空间破坏和生态功能退化等问题，降低了人居环境质量，城市与区域的安全和可持续发展受到严重威胁和广泛关注（高瑀晗，2019；汪光焘，2018）。一方面，城市建成区的蔓延和无序扩张以及不合理的资源开发和生产活动，导致山林植被破坏、河流支流截断等问题，使得城市生态空间不断受到蚕食，生态空间斑块化与破碎度增加，结构稳定性和连通性下降，生态空间与其他空间之间“冲突”加剧，造成城市生态系统服务功能下降，威胁区域生态安全与可持续发展（陈爽 等，2008；苏伟忠 等，2020）；另一方面，以往城镇开发建设模式粗放，粗放式发展带来的高污染排放等导致城市生态空间质量下降和功能受损，引起水污染、空气污染、热岛效应和垃圾处理等问题，对城市生活水平和社会经济发展带来消极影响（仇保兴，2012）。在“全球实力城市指数”（Global Power City Index，GPCI）、“机遇城市”（Cities of Opportunity，COO）等全球城市竞争力排名中，普遍反映出中国城市（如上海、北京）过去一段时间以来虽然在经济排名和综合排名上逐步靠前，但在城市生态环境和可持续方面的排名依然相对靠后（Wang et al.，2017）。尤其在全球气候变化及极端气

候事件频发等不确定性风险影响下，城市生态空间结构和功能的退化，降低了城市生态系统对灾害冲击的缓冲作用，更易加重城市的受灾程度和损失，反映出城市生态空间韧性不足或状态不佳的问题。从长远来看，仅通过建造或加强灰色基础设施，并不能完美保障未来水安全、满足抵御气候变化的需要（Cohen-Shacham et al.，2016），而通过基于自然的方案和积极的人工干预措施，提升城市生态空间自身抵御急性灾害冲击和慢性压力的韧性能力，成为人类应对未来不确定性风险的一种必然选择。

以美国城市休斯敦（Houston）为例，作为20世纪后期美国城市蔓延的典型，其建筑密度和人均不透水面积远高于美国城市的平均水平。休斯敦地处低海拔地区，地势平坦，由于湿地、湖泊和森林等生态空间的破坏，城市不透水面积的增加，以及现代城市排水系统对城市原有暴雨径流水文机制（排水速度和体积等）的改变等，2017年休斯敦在飓风“哈维”（Harvey）中遭受严重的灾害损失。而与其形成鲜明对比的是同在得克萨斯州的林地地区（Wooldlands），该地区曾由著名景观规划师伊恩·麦克哈格（Ian McHarg）进行生态设计，近年来在社会经济、洪水防御和热岛效应防范等方面表现出更高的景观绩效（landscape performance），尤其在飓风来临时表现出更强的韧性（Yang，2019）。以本书案例城市上海来看，由于此前上海建设用地大量增长，生态空间不断收缩，郊野地区生态空间也面临被蚕食的威胁，存在生态空间总量不足和生态空间品质下降等问题（钱少华 等，2017；袁芯，2018），已成为上海建设“韧性生态之城”[①]亟须解决的现实问题。城市生态空间作为提高城市生态环境质量和输出生态服务和生态产品的空间载体，在其面临自然和人类社会双重压力的严峻形势下，如何协调生态保护与社会经济发展之间的关系，合理布局与保护城市生态空间，优化并提升其应对外来干扰的韧性水平，对于保障城市生态安全和城市整体的健康及可持续发展至关重要。

1.1.2 国家生态文明建设对生态空间保护提出新要求

生态文明建设是关系中华民族永续发展的根本大计。自2012年11月党的十八大以“大力推进生态文明建设”为题，首次明确提出生态文明建设战略目标，2018年3月，第十三届全国人民代表大会第一次会议首次将生态文明建设写入宪法，生态文明建设已成为党的十八大以来国家发展的重要方向、重要领

① 《上海市城市总体规划（2017—2035年）》提出三个城市发展目标，即“繁荣创新之城、幸福人文之城、韧性生态之城”。

域和重要任务。“绿水青山就是金山银山”“共建山水林田湖生命共同体”“开展城市双修，治理‘城市病’”等有关生态文明建设的新理念的提出，体现了生态文明政策与制度体系的不断完善，也为城市生态空间的保护与合理布局提出了新的要求。

习近平总书记在 2018 年 5 月 18 日全国生态环境保护大会上的讲话中指出：当前生态文明建设要提供更多优质生态产品以满足人民对优美生态环境日益增长的需要，同时也要着力解决生态环境突出问题。对于生态空间的保护和优化成为落实生态文明建设目标、解决生态环境问题的重要抓手。“划定生态保护红线”“科学布局生产空间、生活空间、生态空间”等生态空间保护措施在近年来中央会议和政策性文件中不断出现。2019 年 5 月中共中央、国务院正式发布《中共中央国务院关于建立国土空间规划体系并监督实施的若干意见》，其中尤其提出“形成生产空间集约高效、生活空间宜居适度、生态空间山清水秀，安全和谐、富有竞争力和可持续发展的国土空间格局”具体要求，再次将生态空间保护与优化的重要内涵和现实意义在当前国土空间规划体系改革中予以强调。2020 年 1 月自然资源部发布的《省级国土空间规划编制指南》（试行）更是强调了保护生态空间，改善生物多样性、提升国土空间韧性的指导性要求。2021 年 3 月通过的《中华人民共和国国民经济和社会发展第十四个五年规划和 2035 年远景目标纲要》也明确提出，坚持尊重自然、顺应自然、保护自然，坚持节约优先、保护优先、自然恢复为主，实施可持续发展战略，完善生态文明领域统筹协调机制，构建生态文明体系。在这样的背景下，从生态空间韧性的角度出发，对生态空间保护及优化的科学机理和应对策略开展研究，对于应对生态环境问题、保护生态环境资源、维护生态安全、形成科学合理的“三生空间”格局、推进国土空间规划体系改革与生态文明建设进程具有重要意义。

1.1.3　空间韧性成为当前城市韧性研究的新兴领域

1990 年代以来，韧性思维被引入城市研究领域。通过构建、提升或优化城市韧性，建设“韧性城市”逐渐成为现代城市应对常规与不确定性风险、实现城市可持续发展的新理念（Ahern，2011；石婷婷，2016）。“建设有韧性和可持续性的城市和人类住区”被作为未来城市发展的重要目标写入 2016 年联合国第三次住房与城市可持续发展大会发布的《新城市议程》；2020 年 10月，党的十九届五中全会审议通过《中共中央关于制定国民经济和社会发展第十四个五年规划和二〇三五年远景目标的建议》，明确提出“建设海绵城市、韧性城市。提高城市治理水平，加强特大城市治理中的风险防控”的城市发展要求。城市韧性或韧性城市相关理论构建与规划建设已成为一个新的学术前沿阵地和城市发展中的重要议题（廖桂贤 等，2015；孟海星 等，2019）。其中，空间韧性作为韧性理论发展的一个子集，注重探讨空间相关变量及其关系在多重时空尺度上影响系统韧性（并受其影响）的作用方式（Cumming et al.，2017），有助于形成对系统韧性机制认知和韧性管控更具操作性的理论与实施框架，日益受到国内外学界的重视。

自 2001 年斯德哥尔摩韧性中心（Stockholm Resilience Centre）学者在研究珊瑚礁生态恢复机制时首次提出空间韧性（spatial resilience）的概念以来（Nystrom et al.，2001），空间韧性的研究范畴已从生态系统扩展至社会生态系统（Allen et al.，2016；Karrholm et al.，2014）。尤其在城市领域，城市空间韧性相关研究已成为一个新兴的研究领域。城市空间韧性研究旨在探究城市空间格局和动态对城市系统韧性的反馈机制，已初步形成基于景观生态、基于空间形态、基于空间组织和基于物质空间和社会因素相结合的四种主要研究范式（刘志敏 等，2018），研究对象也从一般性的城市空间，扩展至城市公共空间、生态空间、社区空间等不同的空间范畴（陈晓琴，2019；许婵 等，2017；许慧 等，2019）。有学者指出，城市拥有各类空间，各类城市空间在维护城市安全方面均有一定的安全标准，提升城市空间的安全性，也有助于提升整座城市的安全韧性（范维澄，2020；王久平，2020）。空间韧性研究为韧性思想融入城市空间组织管理，形成更具操作性和实效性的城市韧性优化提升策略提供了新的机遇。值得指出的是，国内空间韧性研究仍处于起步阶段，在概念厘定、理论建构以及与具体城市问题相结合的量化研究方面仍有进一步的研究空间。城市生态空间作为城市空间的重要组成，是生态功能和生态服务的空间载体，其对城市生态系统韧性及城市综合韧性实现的重要作用早已获得学界重视（Kabisch et al.，2016；Kumagai et al.，2015），然而学界对城市生态空间自身韧性及其与城市综合韧性的协同等方面研究仍有不足（Miller，2020）。对城市生态空间韧性进行研究有助于城市韧性与城市空间韧性研究的理论延伸。

综上，在城市生态空间保护面临严峻形势、国家生态文明建设对生态空间保护与优化提出新要求，以及城市空间韧性研究取得新进展的背景下，笔者认为综合考虑社会经济生态系统内外部动态联系，开展城市生态空间韧性的理论建构，并从便于空间管控的目的对其进行量化评估及优化策略研究，既有解决城市生态环境保护与社会经济协调发展问题的现实紧迫性与必要性，又与国家大力推进生态文明建设，实现中国梦的伟大进程方向一致，同时也有助于完善韧性城市理论体系及其在中国城市的建设实践。

1.2　研究问题及其对上海的现实意义

本书的研究问题为：如何认知、测度与提升城市生态空间的韧性？具体解析和分解如下。

1.2.1　如何认知、测度和评估城市生态空间的韧性

为明确具体研究目标和技术路线，可以从理论、方法和实践层面将本书的研究问题分解为 3 个子研究问题和研究内容。

（1）如何从理论层面认知和理解城市生态空间韧性？即回答什么是城市生态空间的韧性。

（2）如何从方法层面对城市生态空间韧性进行测度？即回答如何科学量化表达城市生态空间的韧性。

（3）以上海为例，如何从实践层面对上海市生态空间韧性进行测度和制定提升策略？即回答上海市生态空间的韧性现状如何，以及如何优化提升。

1.2.2　城市生态空间的韧性是实现其功能服务的基础

城市生态空间对实现城市系统综合韧性具有重要意义。国内外已有不少研究指出，城市生态空间通过生态系统过程为城市提供水源供给、蓄洪、空气净化、热岛缓解、生物多样性保障、文化游憩与避难等多类型生态服务功能，对实现城市系统应对急性冲击（如洪水、火灾等）和慢性压力（如社会老龄化、气候变化等）等不确定性干扰的综合韧性具有重要作用（Kumagai et al.，2015；McPhearson et al.，2014；Rockefeller Foundation，2019）。尽管如此，学界对于城市生态空间自身的韧性却少有探讨。城市空间韧性相关研究指出，灾害对城市的消极影响程度与城市空间自身的承灾性（韧性的一个方面）紧密相关，而韧性理论有助于指导提升城市空间抵御干扰冲击和维持自身功能稳定的能力，从而保障城市的安全韧性（刘志敏 等，2018；王晓雯，2018）。以微观尺度上的城市绿地防灾韧性研究为例，有研究指出国内外大部分学者多将绿地空间作为城市防灾避险和韧性建设的一种空间载体，而对城市绿地本身防灾避灾的问题关注较少。灾害发生时，绿地为居民提供了一定避难和缓冲空间，但绿地本身往往也遭受严重损失（周恩志 等，2018）。如 2017 年 7 月的强台风“天鸽”和“帕卡”直接造成珠海市和澳门特别行政区超过 1.4 万株绿化树受损（赵爽 等，2020）。笔者认为，在城市韧性研究与实践中，除了关注城市绿地等生态空间的防灾避险功能对城市综合韧性的贡献之外，还应同时注意提升城市生态空间自身的抗灾与功能恢复能力，即

城市生态空间的自身韧性问题。

城市生态空间是城市空间系统的重要组成，一方面为人类生存提供自然原生性的基础性空间，另一方面也接受人类活动带来的改造、营建和修复等多种空间活动带来的改变。这些经由人类活动参与的生态空间演变过程，逐渐形成了稳定独立的生态空间系统，并分化为丰富的"空间种群"和"空间群落"，呈现多样化的城市生态空间景观（张宇星，1995）。学界对城市生态韧性的研究多通过生态系统外部性的、非空间化的指标（如绿地率、污染排放量等）计算生态韧性指数的形式来表征城市生态韧性的整体水平（Moores et al.，2017；孙阳，2019），但这种测度方法在体现城市生态系统与人类活动的空间关系以及韧性水平的空间差异上表现不足。如中国科学院院士傅伯杰曾指出："对于生态系统保护和修复不能只关注治理面积、投资等简单指标，而需从生态安全格局稳定性、持续性等角度出发，使生态系统能够适应未来较长时期的气候变化和人类活动情境"（傅伯杰 等，2019），体现了生态系统空间属性和空间管控在城市生态保护方面的重要性。

如何认知和理解生态系统相关变量在空间上的结构和动态对生态韧性的影响机制，对于量化评估韧性、改善地方和区域尺度的生态系统保护与管理对策具有重要意义（Cumming，2011）。与此同时，韧性理论研究的新分支——空间韧性（spatial resilience）相关研究不断增加（Allen et al.，2016）。空间韧性相关概念框架和评估方法的出现，提供了对城市生态空间韧性加深认识的机会，其关注于生态系统的空间变量和过程，有助于与空间规划理论与方法相结合，催生出更具操作性的生态空间管控策略。在这样的背景下，从城市生态空间入手，研究如何提升城市生态空间的韧性，对于确保城市生态安全并维持其向城市提供生态系统服务的能力，实现城市的综合韧性与可持续发展具有十分重要的现实意义，也具备了一定的理论基础和方法上的可行性。

1.2.3 为何选择上海作为案例城市

本书将上海作为实证研究的案例城市，具有一定的典型性和适用性。上海作为中国具有代表性的超大城市，在当前全球气候变化、经济全球化等背景下，面临复杂多变的多重风险挑战，优化提升其城市韧性，建设韧性城市，对于维持上海的长期繁荣稳定与可持续发展至关重要。建设上海成为"更可持续的韧性生态之城"是《上海市城市总体规划（2017—2035 年）》（简称"上海 2035"规划）明确提出的城市建设目标之一，也充分体现了上海市对城市韧性，尤其是城市生态层面的重视。在 2020 年上海市规划和自然资源局发布的《上海市生态空间专项规划（2018–2035）》（草案公示稿）中也提到“以森林城市理念构建超大城市韧性生态系统”的目标愿景。2021 年 3 月上海市政府发布的《上海市新城规划建设导则》明确提出建设“低碳韧性的城市”的新城建设目标，强调了“构建优于中心城的蓝绿交织、开放贯通的‘大生态’格局”，“构建安全韧性、弹性适应的空间新模式”等实施路径。2022 年 12 月，上海市政府批复的《上海市国土空间生态修复专项规划（2021—2035 年）》也提出“打造一座令人向往的韧性生态之城，探索高密度人居环境下人与自然和谐共生的可持续发展生态之城典范”的目标愿景。通过生态空间科学的合理布局规划和有效管控，实现对生态环境的保障和品质改善，是未来上海韧性城市建设的重要一环。

综上，开展城市生态空间韧性理论、测度方法及其提升策略的相关研究显得尤为迫切。以一种整体性、系统性的视角来发现和理解城市生态空间韧性机理，并对城市生态空间韧性定性描述和定量测度，进而采取相应的人工干预以提升城市生态空间韧性，对当前大力推进生态文明建设进程，科学布局城市生产空间、生活空间、生态空间，提升超大城市人居环境的韧性与可持续发展具有重要的研究价值。

1.3　从“韧性”到“空间韧性”，再到“生态空间韧性”

由于韧性概念的边界性与城市系统的复杂性（Baggio et al.，2015；Brand et al.，2007），学界对城市韧性的研究呈现多样化的研究视角和研究内容，出现了城市韧性相关的“概念群”（孟海星 等，2019；沈清基，2018）。尽管如此，城市韧性研究中仍存在相关概念界定模糊不清、评估标准多样等问题，造成开展相关研究与实践的困难，引发了不少学者的批评（Kaika，2017；Romero–Lankao et al.，2016）。加之学界对生态空间、生态用地等概念和范围界定也仍有争论（费建波 等，2019；王甫园 等，2017），为避免概念界定不清，有必要在问题研究展开之前对相关概念进行辨析和界定，主要包括：韧性、城市韧性与城市生态韧性、生态空间与城市生态空间、空间韧性与生态空间韧性。

1.3.1　韧性概念的类型与演变

韧性的英文为 resilience，国内学者早期译为“弹性”，此后多认为译为“韧性”更适合，本书统一使用“韧性”。resilience 一词源于拉丁词语 resilio，意为“受挫后恢复原状”（bounce back）（Alexander，2013）。韧性一词以隐喻（metaphor）的形式广泛应用于多个学科领域。19 世纪以来，韧性一词多应用于物理学领域，用以描述金属在外力作用下形变后复原的能力。1950—1980 年代韧性主要用于心理学,用于描述精神创伤的恢复状况(Alexander, 2013)。1973 年,霍林(Holling)将韧性概念引入生态学研究，用来描述那些承受压力并有能力恢复到其原始状态的系统动态，并将韧性定义为“系统能较快恢复到原有状态，并保持系统结构和功能的能力”（Holling，1973）。1990 年代，韧性被引入社会生态系统研究和城市研究领域，用来表征系统抵抗外来风险和遭受灾害冲击后能迅速做出反应和恢复，并实现持续运转的能力（Lu et al.，2013）。韧性在城市规划领域被定义为：当城市作为一个独立系统遭遇外界不同类型的灾害扰动时，能够自身抵抗、吸收，并逐渐适应和恢复的能力(陈利 等, 2017; 李彤玥, 2017)。韧性的研究十分广泛，在城市科学、心理学、经济学、管理学、环境科学等不同学科领域都有不同程度的应用（Meerow et al.，2016；Pelling，2011），并存在多种角度的概念类别与界定（表 1.1）。由于研究角度的多样性，导致其概念仍未有统一界定。

此外，对韧性的界定也需明确其相关属性，对此学界已有不少研究成果。有学者认为系统韧性应该具有以下三种属性：①系统能承受外部力的变化量，并且仍然维持对结构和功能的控制的量；②系统能够自组织的程度（Carpenter et al.，2001）；③系统能够建立学习和适应能力的程度。Folke 等（2006）也认为韧性至少具有三个含义，包括：①吸收干扰并维持在既定状态；②自组织能力；③学习和适应能力。在此之后，又有学者从社会生态系统的角度出发，认为韧性包括：持续性角度的韧性（resilience as persistence）、适应性（adaptability）和转变性（transformability）三个方面（Folke et al.，2010）；同时，也存在一些内涵相似，但在文字上又有不同的表述，如有学者认为韧性包括：持续性（系统持续性，system persistence）、过渡（系统增量变化，system incremental change）和转变性（系统重构，system reconfiguration）三个方面（Chelleri，2012）。亦有学者认为韧性主要包括以下三点：①抵抗压力变化的能力；②适应能力，即在短时间内对冲击的立即反应；③在较长时间范围内转换非必要功能、结构的能力（Kotilainen et al.，2015）。

笔者认为，韧性作为一个抽象概念、外来概念和边界概念（boundary subject）。要回答韧性的本质，至少要回应三个问题：①要确定与抽象概念具体相关的事物，因为抽象概念与现实中的具体事物相联系；②作为一个外来概念，韧性在国外经历了怎样的演进和发展，引入国内后有没有对其进行发展；③作为一个边界概念，韧性被应用的对象广泛，回答韧性本质，要确定所应用的学科背景和被应用对象的描述或假设，如当其应用于城市时，则存在将城市作为一个复杂系统、有机体或是冰冷的物理结构等不同的模型。

在本书中，笔者将韧性定义为：事物或对象对风险、压力、冲击等干扰的吸收、适应、恢复和化危机为机遇并得以积极转变的能力，使其在经受干扰后仍然能维持、恢复原有关键功能、过程和结构，或实现积极转变，具体可表现为持续性、适应性和转变性。

表 1.1　韧性的类别与界定

类别	子类别	界定类型	界定
描述性概念	生态科学	原始生态界定	关注的是种群或社区在生态系统层面上的持久性，它既对应于总体面积，又对应于种群吸引力域最低点的高度。一个相对量度是一个种群灭绝的概率
		扩展生态界定	通过改变控制行为的变量和过程，在系统改变其结构之前可以吸收的扰动的大小；系统在经历冲击的同时，保持基本相同的功能、结构、反馈和特性的能力
		系统式－启发式定义	韧性代表了一种数量属性，它在整个适应周期中发生变化
		实用性定义	系统在面对内部变化和外部冲击和干扰时保持其特性的能力
	社会科学	社会－生态界定	群体或社区应对由社会、政治和环境变化引起的外部压力和干扰的能力
		生态－经济界定	作为决策者的消费和生产活动的函数状态之间的转移概率；或系统在不丧失有效分配资源的能力的情况下承受市场或环境冲击的能力
混合概念	—	生态系统服务相关定义	一个生态系统在面对人类使用和变化的环境时维持理想的生态系统服务的潜在能力
		社会－生态系统	“社会－生态系统”吸收周期性干扰的能力……以保持基本的结构、过程和反馈
规范性概念	—	隐喻界定	长期的灵活性
		与可持续发展有关的定义	为了提供生态系统服务而长期维持自然资本，为人类社会提供积极的和幸福的价值观

来源：笔者整理

1.3.2　韧性概念进入城市系统

1.3.2.1　何为城市韧性

对于城市韧性的概念定义，学界存在多种视角的解读，但尚未统一明确的界定（Meerow et al.，2016；沈清基 等，2016）。笔者通过文献检索，基于文章的权威性和引用率筛选了 44 条国内外学者对关于城市韧性的概念定义，并进行字段的词频分析，发现各类韧性定义中最多提到的关键词包括：能力、系统、恢复、冲击、应对、灾害等。

值得特别指出的是，这种能力本身是城市系统固有的一种属性，在没有确定明确的利益相关对象之前，无法确定其价值。如水域生态系统本身具有适应外界变化维持自身稳定的韧性，即便是在富营养化程度下，也可以维持一种较为稳定和高韧性的状态，难以快速清除富营养化。而考虑在水域附近生活的人类时，这种高韧性的状态却并非有利于人类。在关于城市韧性的研究中，一些学者提出了“构建”或“提升”城市韧性的说法（Spaans et al.，2016），认为城市韧性可以存在由无到有的构建与提升，或简单认为城市韧性是脆弱性的反面，脆弱性降低，则韧性提升。但笔者认同城市韧性更多的应该是被“优化与提升”，即承认城市系统存在固有韧性，在阈值范围内通过人工干预予以管理和调控（Walker et al.，2012），使其达到人类期望的程度或水平，如此便体现了城市韧性界定时要注重其积极意义。

在本书中，笔者认为城市韧性是指城市系统所拥有的适应变化和应对变化并具有积极意义的一种属性或能力，具体是指，城市人居环境中各系统及要素所具有的一种应对扰动的能力，使得系统或要素在经受扰动或变化时，在结构、功能和响应上表现出阈值范围内的吸收、恢复、适应、转变和优化的能动性，因而能够保持与之前运行状态的一致性或积极演进。

1.3.2.2 生态是城市韧性的关键维度

生态韧性（ecological resilience）是韧性理论在生态学领域的延伸，其概念内涵在学界有不同角度的阐释。在生态学领域，作为韧性理论演进中的一个抽象性概念，即韧性理论被霍林引入生态系统研究后，用于阐释生态系统在受到干扰后系统动态机制的韧性理论模型，是指“生态系统改变自身结构之前所能够吸收的扰动的量级”（Holling，1973），并与工程韧性（engineering resilience）和演进韧性（evolutionary resilience，又称“社会生态韧性”）相对应（Adger，2000；Holling，1996），生态韧性理论强调系统受到干扰后不一定要回到原始的平衡态，而可能存在另外的平衡态。在城乡规划学领域，生态韧性作为韧性理论应用于实际的操作性概念，特指城市系统中生态子系统的韧性，指“面临急性冲击与长期慢性压力时，城市自然生态环境及其状态能够对灾害有效抵御并可及时从其消极影响中恢复，将灾害造成的负面影响降至最低，保障城市生态安全，维系城市可持续发展的一种能力”（陶懿君，2018），简言之，是指城市系统中的城市生态子系统在保持自身关键结构和功能不被改变的条件下，能够承受或吸收的扰动程度的韧性。

美国知名城市韧性研究学者 Meerow Sara 在对城市韧性的概念探讨中指出，城市韧性实践及量化评估只有在城市韧性产生（resilience generation）载体、实践主体、受益对象、时空尺度和目标等关键问题明确后，才能开展有实际意义的量化评估和有针对性的策略制定（Meerow et al.，2016）。由于城市生态韧性的研究对象是城市社会生态系统，其结构和过程无疑受到来自城市社会、经济等多方面不同和尺度的人类活动的影响。

本书中对城市生态韧性的界定从社会生态系统的角度出发，主要是指城市自然生态系统作为城市复杂系统中的关键子系统，该系统及其要素所具有的一种应对扰动的能力，使得城市生态系统或要素在经受扰动或变化时，在结构、功能和响应上表现出阈值范围内的吸收、恢复、适应、转变等能力，并实现与其具有相互嵌套关系的城市社会经济生态（social-economical-ecological）巨系统的综合韧性之间的良性互动。

1.3.3　韧性作用机制研究的新范式：空间韧性

近年来，国外学界对空间韧性（space resilience、spatial resilience 或 resilience of space）概念的定义尚没有统一的界定（Cumming et al.，2017；刘志敏 等，2018）。在国外空间韧性研究中，斯德哥尔摩韧性中心的研究人员 Nystrom 和 Folke 在研究珊瑚礁生态恢复机制时意识到单个珊瑚礁生态系统在受到外界干扰后的恢复与重建能力在很大程度上受到与周围更大范围的珊瑚礁群体关系的影响，首次提出了空间韧性（spatial resilience）的概念，以珊瑚礁生态系统为例，指出空间韧性是“珊瑚礁基质在受到干扰后重组和维持生态系统功能的动态能力”（Nystrom et al.，2001）。在此之后，又有多名学者基于不同的系统和空间类型，从不同的角度扩展了对空间韧性的研究。例如，有学者将空间韧性的概念引入社会生态系统研究并重新界定空间韧性的概念，“空间韧性是相关变量在目标系统内部和外部的空间变化在多个时空尺度上影响系统韧性（并受其影响）的方式”（Cumming，2011）；亦有学者认为空间韧性是“系统的空间属性对产生韧性反馈的贡献”（Allen et al.，2016）。同时，也出现了针对特定类型空间的韧性（resilience of space）研究。如国土韧性（territorial resilience），指“通过学习将反馈经验整合到系统特征中，社会空间从干扰中恢复并减少未来干扰带来预期影响的能力”（Garbolino et al.，2013）；城市公共空间的热韧性，指“在不舒适的热条件下，空间维持其正常活动模式的能力”（Sharifi et al.，2016）；城市公共空间韧性，指“公共空间防止和应对风险事件的能力”（Xu et al.，2020；

Xu et al.，2017）；等等。

国内对空间韧性或某种空间的韧性的研究仍相对较少，但也有部分学者进行了一定的探索。如一般性的城市空间韧性，即从空间维度研究城市韧性，认为城市空间韧性是指通过合理组织与使用空间，提高城市对诸多城市灾害和风险的应对水平（刘志敏 等，2018；汤放华 等，2018）；特定类型的城市空间韧性，如城市社会空间韧性，即“城市社会空间在受到内外突发冲击或是慢性扰动时表现出的社会和空间稳定性与适应性”（许婵 等，2017）；乡村空间韧性，即“乡村空间承受外部的城市干扰冲击作用影响并通过变化适应得以生存的能力”（谢蒙，2017）。

综上可见，国内外空间韧性的研究范畴已从生态系统扩展到了社会生态系统，对空间韧性的概念界定主要包括两种逻辑路径：一是从空间维度研究某系统或区域的韧性（如珊瑚礁空间韧性、延河流域空间韧性等），主要探讨影响某系统应对干扰能力（韧性）的空间变量及关系机制，对应英文是“spatial resilience of（what）”。二是某种特定类型空间的韧性能力或水平的研究（如城市开放空间的韧性、乡村空间的韧性、黄河滩区的韧性等），主要探讨影响特定空间关键服务功能在干扰下持续输出的相关因素和过程，对应英文是“resilience of space”或“space resilience”。两种逻辑路径虽有所不同，但共同点都在于强调空间要素（如植被、水体、覆盖物等）及其相关属性特征（如位置、形状、连通性等）对特定对象（系统或空间）应对干扰，维持或恢复其常规性功能（normal function）或同一性（indentity）能力的影响（Cumming，2011；Sharifi et al.，2017）。

在本书中，将空间韧性（space resilience）界定为：特定空间受相关变量及相互关系影响，在受干扰后维持原有正向关键功能，并与之前运行状态一致或积极演进的能力。

1.3.4 从空间韧性到生态空间韧性

韧性为一个边界概念，以隐喻的形式，似乎可以与不同事物或对象产生关联（Carpenter et al.，2001；Pickett et al.，2004），同时体现韧性的本质属性以及与应用对象相结合之后体现出的特有属性，如以城市系统为对象的城市综合韧性、以城市生态系统为对象的城市生态韧性，以及以城市空间为对象的城市空间韧性（Li et al.，2014；刘志敏 等，2018）等。生态空间是城市空间的重要组成，从空间规划和生态学的角度来看，生态空间可被视为生态系统空间研究的核心概念，构成理解生态空间韧性的基本概念。

1.3.4.1　生态空间兼具自然和社会属性

生态空间（ecological space）一词伴随着工业革命带来的城市环境问题，于1760年代在西方首先提出，并在1990年代被引入国内，其理论方法最初主要应用于景观生态学领域，后开始出现于国土空间演变与规划相关研究中，此后对其研究的广度、深度，以及研究数量与质量等方面均不断得以提升[①]（费建波 等，2019；高璃晗，2019）。由于研究视角、研究目的不同，学界对生态空间概念存在多样化的阐释，尚无统一而明确清晰的界定（高吉喜 等，2020；王甫园 等，2017）。

在早期国外生态空间研究中，生态空间多被表述为绿色空间（green space）或绿色开敞空间（green open space），主要指研究范围内保持自然景观的地域，对其包含的范围主要有三种观点：一是指所有被绿色植被覆盖的土地类型（包括耕地）（Neuenschwander et al.，2014）；二是指有植被覆盖的具有自然、享乐功能的开敞空间（Roland et al.，2016）；三是将生态空间划分为绿色空间和蓝色空间（blue space），绿色空间包括有植被覆盖的开敞地域（如公园、校园等开放空间的绿地）和保护地（如针对森林、草原、湿地等特定生态系统的自然保护区），也可以是农田、社区花园或其他有植被覆盖为主导的空间，蓝色空间主要包括由水体覆盖的空间，如河流、湖泊和池塘等（Nutsford et al.，2016）。

国内的生态空间研究最早开始于1960年代城市绿地的系统研究，1981年以后开始出现绿地、绿色空间、景观生态空间、生态用地、生态空间等在内涵上有交叉重叠的几个概念（王甫园 等，2017；王思元，2012；赵景柱，1990）。国内学界对生态空间的概念理解主要有两种观点，即“生态功能观点”和“生态要素观点”。其中，生态功能观点强调生态空间是以提供生态系统服务为主的用地类型所占据的空间，举例来说，包括绿地、林地、耕地、滩涂、坑塘水面、未利用土地等土地利用类型（詹运洲 等，2011），在此观点下存在生态空间包含范围的争议，受学界对生态系统功能和生态系统服务等概念解读差异的影响，有研究认为只要能提供生态系统服务的空间都归属生态空间，但也有研究则强调生态空间只包括那些以提供生态服务为主体功能的空间，如自然保护区属于生态空间，而其他一些尽管也有一定生态服务功能，但不是其主体功能的空间（如主要用于渔业生产的鱼塘）不应被划为生态空间。从生态空间提供的生态系统服务类型上来看，有研究指出，生态空间是一个空间范围，除了包括那些可提供直接经济价

---

① 在CNKI数据库以“生态空间”为关键词查阅中文文献，2000年之前8篇，2000—2005年20篇，2006—2010年40篇，2011—2015年135篇，2015—2019年388篇，检索时间：2019年6月。

值的生态产品或服务的空间地域，还包括那些提供气候调节、保障生态安全等基础性支持服务的国土空间地域（费建波 等，2019）。生态要素观点则从生态系统组成要素的角度出发，强调生态空间是指生态系统中土壤、水体等非生物要素（但为生物提供必要物质）和动植物等生物要素的空间载体（何梅，2010）。这一观点类似于生态用地的界定，更多关注空间下垫面的要素组成（高吉喜 等，2020；王甫园 等，2017）。

另外，也有学者指出生态空间与其他空间的不同之处，即与生物活动紧密相关，因而可从生态空间特有属性和规律方面进行界定（张宇星，1995）。主要包括空间效应、空间功能和空间行为三种观点：①空间效应观点强调生态空间是生物与周围环境相互作用与变化的地域范围，并表现出一定的空间形态、格局和运动变化规律，代表学者有 Clements（英美学派）、Du Riets（北欧学派）、J.T. Curtis（威斯康星学派）、Godron（景观生态学）、Tansley（生态演替理论）等（张宇星，1995）。②空间功能观点又称为空间生态位观点，认为生态空间具有抽象性，它与周边特定的环境要素相结合，形成了生物可占有和利用的资源，并被不同的生物体或生物过程分割和占据。③空间行为观点则希望从动力角度阐释生态空间的异质性，强调生物体的空间活动是生态空间的主要关注对象，如 Allee 提出的阿利氏定律、Edwands 提出的空间引力场理论等（张宇星，1995）。

在国家相关政策文件中也有对生态空间的界定，如 2010 年《全国主体功能区规划》指出生态空间包括绿色生态空间和其他生态空间，从用土地类型上来看，绿色生态空间包括天然草地、林地、湿地、水库水面、河流水面、湖泊水面；2017 年国土资源部发布了《自然生态空间用途管制办法（试行）》，将自然生态空间简称为生态空间，具体是指“具有自然属性、以提供生态产品或生态服务为主导功能的国土空间”；2017 年中共中央办公厅、国务院办公厅印发的《关于划定并严守生态保护红线的若干意见》遵循了与《自然生态空间用途管制办法（试行）》相同的界定。在 2020 年发布的《上海市生态空间专项规划（2018—2035）》（草案公示稿）中，将生态空间定义为“城市内以提供生态系统服务为主的用地类型所占有的空间，包括城市绿地、林地、园地、耕地、滩涂苇地、坑塘养殖水面、未利用土地等类型，是与构筑物和路面铺砌物所覆盖的城市建筑空间相对的空间”。从上可见，在国家层面的政策性文件中对自然生态空间的界定更适用于全国或者省域层面的生态空间划定，而在城市层面，仍需根据地方城市生态用地特征进一步界定和划分。从管理的角度讲，国家和地方政策中对生态空间的定义有或侧重生态功能，或侧重生态用地类型，或二者兼顾的多种视角。

综上所述，由于不同学者对生态空间功能和属性的认知视角不同，从而出现对生态空间的多样化的理解和概念界定，并容易导致生态空间和土地利用概念的混淆，尤其是忽略生态空间与生态用地之间的区别。生态用地主要从土地的利用类型出发，包括草地、湿地和水域等用地类型，而生态空间主要强调有生态要素或生态活动覆盖的空间地域。二者既有重叠，又有区别。在相关研究和政策文件中，生态用地多用来指示生态空间范畴，但实际上，城市中被标注为生态用地的空间地域实际上有可能未作生态用途或没有生态要素覆盖（被建设行为侵占的生态用地），而不能称为实际的生态空间；建设区域所使用的土地利用类型并不覆盖全部的国土空间，有部分自然生态空间并不在生态用地的范畴。

在本书中，将生态空间定义为具有自然属性，有一定植被或水体覆盖，以提供生态产品和生态服务为主导功能，具有生态防护功能，对于维护区域生态环境健康和社会经济可持续发展具有重要支撑作用的地域空间。生态空间一般有三个特征：首先，用地类型以林地、草地、湿地和水体等生态用地为主；其次，空间功能以提供生态系统服务为主；最后，对保护生态环境和支撑社会经济发展具有基础性作用（高吉喜 等，2020）。

值得注意的是，在全国或区域的国土空间层面，生态空间多是指与城镇空间和农业空间并列存在的自然生态空间，三者并不重叠。然而在城市或细分尺度的国土空间层面，要注意到生态空间实质上是一系列要素在不同范围、尺度和单元上构成的多层次、有不同程度重叠或毗连的复合体。实际上，城镇空间和农业空间中往往有些地块也被一定的植被或水面覆盖，如公园绿地、池塘和养殖鱼塘等，也应被视作生态空间（李荷 等，2014；王如松 等，2014）。因此，基于空间主导功能角度对国土空间类型的划分（生态空间、城镇空间和农业空间），广义的生态空间可划分为三部分，即自然生态空间、城镇生态空间和农村生态空间。其中，自然生态空间的特征是具有自然属性；城镇生态空间的特征是存在一定的人工或半人工景观（如社区花园、城市公园等）；农村生态空间的特征则多体现为一定的农林牧混合景观（如农村桑基鱼塘、农林防护网等）。

总体来说，对生态空间的界定和包含范围学界有多种界定方式，在具体的研究中应根据研究问题关注的空间范围、分析粒度以及具体的生态过程和功能来确定生态空间的范围。

1.3.4.2　城市生态空间更强调城市的社会人居属性

在本书中，主要考虑城市生态空间对保障城市整体生态安全和支撑社会经济发展的主导作用（即侧重考虑城市作为人类主要栖息地的社会人居属性），强调城市生态空间拥有一定的系统性、整体性、完整性和连续性。本书中的城市生态空间，是指在城市行政范围内，除建设用地以外的一切自然或人工的植物群落、山林水体等能提供生态系统服务功能，促使城市呈现出稳定状态，对城市生态安全和社会经济发展具有保障和支撑作用的用地空间总和。其中既包括城市范围内的自然生态空间，又包括城镇空间和农业空间范围内的一些人工、半自然的生态空间，这部分生态空间与城市自然生态空间一起共同发挥重要的生态支撑功能，涉及近海海域、林地、绿地、河湖水系、湿地、耕地等生态空间要素。城市生态空间是城市空间系统的重要组成，由各类生态用地组合成为一个整体，并在空间上表现为城市建设用地之外的“空白”或“绿色”的地域范围。在城市市域的宏观尺度上，城市生态空间关注的重点是其空间形态和结构特征，以及生态空间要素的区位分布特征和组合规律。

1.3.4.3 生态空间韧性与城市生态空间韧性

生态空间（包括城市生态空间）是国土空间和城市空间的重要组成部分，笔者认为生态空间具有韧性的结果性表现有两个方面：其一是维持生态空间所承载的生态系统结构和功能的稳定；其二是生态空间向人类社会系统提供生态产品和生态服务与人类获取服务之间形成平衡、可持续的供需关系。生态空间具有较强韧性对于维持区域或城市的生态安全和生态环境健康、保障城市经济与社会的可持续发展具有重要的支撑作用。在本书中，笔者将生态空间韧性（ecological space resilience）界定为一定时间和空间范围内，与生态空间相关的空间变量及相互关系，使得生态空间在干扰下依然维持其正向关键功能，并具有与之前运行状态的一致性或积极演进的能力，从结果的状态表现来看，体现为城市生态空间维持其生态系统功能和输出生态系统服务的能力的稳定和持续性。其中，空间变量是指生态空间在数量或质量上随时间或其他事物变化而变化，并可以赋予一定值的特征，包括空间类型、位置、面积等；空间变量的相互关系是指空间的形状、位置、功能等方面的关系，一般包括空间的相对位置、几何形状以及其之间的功能联系等方面（图 1.1）。

在城市层面，城市生态空间韧性（urban ecological space resilience）是指城市生态空间在外来干扰下，依然能够维持其所承载的生态系统结构和功能稳定以及向外可持续地输出生态系统服务的能力。笔者认为生态空间韧性有四个要点：第一，城市生态空间在干扰下保持原有生态系统功能、维持与原有状态一致性的能力；第二，城市生态空间所具有的适应能力、抗冲击能力、学习能力和自我调整恢复能力，这些能力可将生态空间系统由一个脆弱的系统转变成一个“坚韧”的系统；第三，城市生态空间在应对各种干扰的过程中与干扰共同进化，脆弱性不

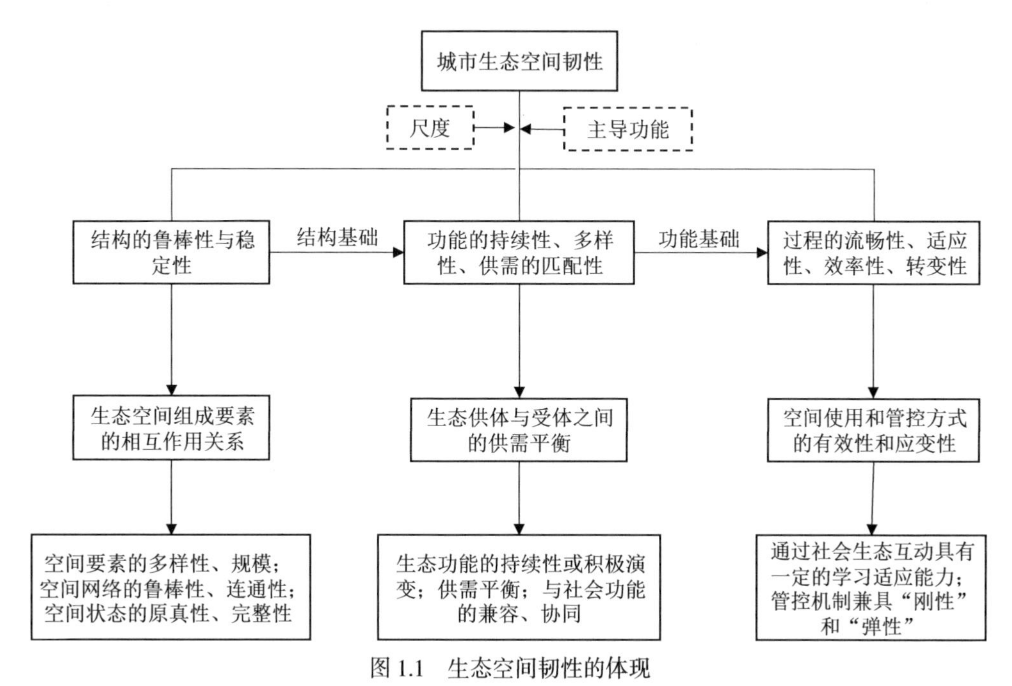

图 1.1　生态空间韧性的体现

来源：笔者自绘

断减少、韧性不断提高；第四，城市生态空间韧性的表征有明显的尺度依赖性，即在不同的空间“粒度”下，城市生态空间的结构特点和主导功能呈现一定的不同，城市生态空间韧性的表征也具有一定的差异性。当前存在的诸多城市生态环境问题，在很大程度上与生态空间的规模、布局或质量等空间变量或相互关系紧密相关，这就要求我们必须在解决主要生态问题的基础上，全面地考虑生态空间因素（王晓博，2006），生态空间韧性聚焦于生态空间这一特殊类型空间在受到外界干扰下依然能维持其生态服务功能的持续性和积极演变的能力，以确保对区域生态安全和社会经济发展的支撑保障作用。

1.4　国际视野下的城市生态空间韧性

1.4.1　国外学界关注不断增加

分别以 urban ecological space（城市生态空间）、ecological space（生态空间）、urban resilience（城市韧性）、ecological resilience（生态韧性）、space resilience（空间韧性）、spatial resilience（空间的韧性）、ecological space resilience（生态空间韧性）、urban ecological space resilience（城市生态空间韧性）、ecological space resilience theory（生态空间韧性理论）、ecological space resilience optimization（生态空间韧性优化）、resilience optimization（韧性优化）为主题关键词在 Web of Science 核心文集数据库中对英文文献进行精确检索，得到结果如表 1.2 所示。其中，“生态空间韧性”和“城市生态空间韧性”相关英文文献的发文趋势如图 1.2、图 1.3 所示。

表 1.2　在 Web of Science 对相关关键词的主题式检索结果

主题关键词	检索结果数量（个）	检索时间段
urban ecological space	2,503	1975—2020 年
ecological space	11,254	1975—2017 年
urban resilience	2,983	
ecological resilience	5,917	
space resilience	3,301	1975—2020 年
“space resilience”	4	
spatial resilience	3,039	1975—2017 年
“spatial resilience”	79	1975—2020 年
ecological space resilience	561	1975—2020 年
“ecological space resilience”	0	
urban ecological space resilience	136	
ecological space resilience theory	95	
ecological space resilience optimization	4	
“resilience optimization”	19	

注：存在两个检索时间段，是由于笔者分别在 2017 年与 2020 年进行了检索，加引号的关键词为精确检索。
来源：笔者自绘

根据以上结果分析可知，国外对“城市生态空间韧性”和“生态空间韧性”已有一定的相关研究，且此前一段时间以来发文数量不断增长，但直接对“生态空间韧性”进行的研究仍鲜有见到（以 ecological space resilience 进行精确检索结果为 0）；对“生态空间韧性理论”“韧性优化”及“生态空间韧性优化”已有少量研究；另外，对“城市生态空间”“生态韧性”“城市韧性”“空间韧性”的文献数量相对较多，积累了一定的研究基础。

总体来看，近年来国外学界对“生态空间韧性”和“城市生态空间韧性”的

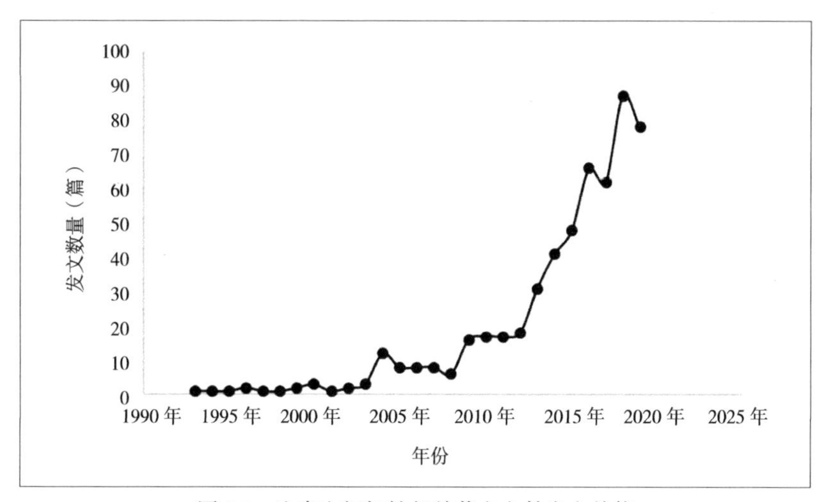

图 1.2　生态空间韧性相关英文文献发文趋势

来源：笔者自绘

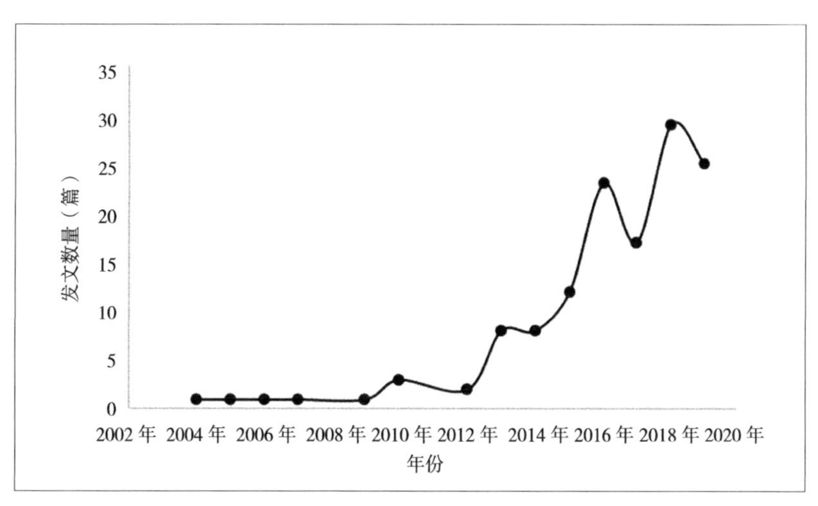

图 1.3　城市生态空间韧性相关英文文献发文趋势

来源：笔者自绘

研究关注度不断提升，产生了相对较多的研究成果，为本书提供了一定的研究基础。尽管如此，“生态空间韧性”相关研究的发文量仍比“城市韧性”“生态韧性”等相关研究的发文量少，从发文趋势来看，仍有较大的发展空间。

1.4.2　国内研究尚处起步阶段

分别以“城市生态空间”“城市韧性”“生态韧性”“空间韧性”“生态空间韧性”“城市生态空间韧性”“生态空间韧性理论”“生态空间韧性优化”

等为主题关键词在“中国知网”（China National Knowledge Infrastructure，简称CNKI）对中文文献进行精确检索，得到结果如表 1.3 所示。

<table>
<caption>表 1.3　CNKI 相关文献检索结果</caption>
<tr><th>主题关键词</th><th>检索结果数量（个）</th><th>最早发文年份</th><th>检索时间</th></tr>
<tr><td>城市生态空间</td><td>849</td><td>1995 年</td><td>2020 年 4 月 8 日</td></tr>
<tr><td>生态空间</td><td>2183</td><td>1986 年</td><td>2019 年 10 月 17 日</td></tr>
<tr><td>城市韧性</td><td>318</td><td>2011 年</td><td>2019 年 10 月 17 日</td></tr>
<tr><td rowspan="2">生态韧性</td><td>97</td><td rowspan="2">2012 年</td><td>2019 年 10 月 17 日</td></tr>
<tr><td>31</td><td>2017 年 10 月 10 日</td></tr>
<tr><td rowspan="2">空间韧性</td><td>58</td><td rowspan="2">2009 年</td><td>2019 年 10 月 17 日</td></tr>
<tr><td>22</td><td>2017 年 10 月 10 日</td></tr>
<tr><td rowspan="2">生态空间韧性</td><td>2</td><td>2018 年</td><td>2019 年 10 月 10 日</td></tr>
<tr><td>5</td><td>2018 年</td><td>2020 年 4 月 8 日</td></tr>
<tr><td rowspan="2">城市生态空间韧性</td><td>0</td><td>—</td><td>2017 年 10 月 10 日</td></tr>
<tr><td>4</td><td>2018 年</td><td>2020 年 4 月 8 日</td></tr>
<tr><td>生态空间韧性理论</td><td>1</td><td>2019 年</td><td>2020 年 4 月 8 日</td></tr>
<tr><td>生态空间韧性优化</td><td>2</td><td>2019 年</td><td>2020 年 4 月 8 日</td></tr>
<tr><td>韧性优化</td><td>82</td><td>1994 年</td><td>2020 年 4 月 8 日</td></tr>
</table>

来源：笔者自绘

分析可知，进入 21 世纪以来，国内对城市韧性的研究不断增加，积累了一定数量的研究成果，说明了国内学界对城市韧性研究的关注度不断上升。其中，对“生态韧性”“空间韧性”等主题的研究不断增加，学界对以上研究主题不断关注，但总体研究数量仍相对较少。

国内学界对生态空间韧性的研究在 2017 年 10 月 10 日之前尚未发现，2018 年首次出现相关研究，截至 2020 年 4 月已有 5 篇相关文章，其中包含“城市生态空间韧性”文章 2 篇。以上结果说明，一方面，生态空间韧性在国内学界仍是一种新提法，对其研究具有一定的创新性；另一方面，不断出现的研究成果，也初步论证了生态空间韧性的研究意义和可行性，为继续深化这方面的研究提供了一定的研究基础。

1.4.3 研究聚类与热点分析

将文献题录导入文献计量分析软件 VOSviewer，使用关键词互现分析功能，获得国外城市空间韧性的高频关键词（表 1.4）和共现情况。其中词频较高的几个关键词依次为：韧性、生态系统服务、管理、生物多样性、城市、绿色基础设施、社会生态系统、可持续性等，代表了国外城市生态空间韧性研究的主要研究热点。

表 1.4　国外城市生态空间韧性研究高频关键词

关键词	英文	词频
韧性	resilience	75
生态系统服务	ecosystem services	48
管理	management	33
生物多样性	biodiversity	26
城市	cities	25
绿色基础设施	green infrastructure	21
社会生态系统	social–ecological systems	20
可持续性	sustainability	20
框架	framework	18
治理	governance	18
生态学	ecology	14
健康	health	14
空间	space	13
系统	systems	13

来源：笔者自绘

另外，在关键词共现网络视图中，由于关键词之间的互现关系，关键词之间呈现了 5 个不同的研究聚类，高频关键词如图 1.4 所示。可见国外城市生态空间韧性研究可主要分为以下几个方面：①基于生态系统服务，研究城市生态空间在适应气候变化和构建城市韧性方面的研究；②从区域土地利用方面探讨城市生态空间健康与可持续发展的相关研究；③从社会生态系统的视角探讨城市韧性与可持续发展的相关研究；④通过对农业空间、社区花园等生态空间进行管理，来保障食品安全的相关研究；⑤从景观格局的视角研究城市化对城市生态空间或生物

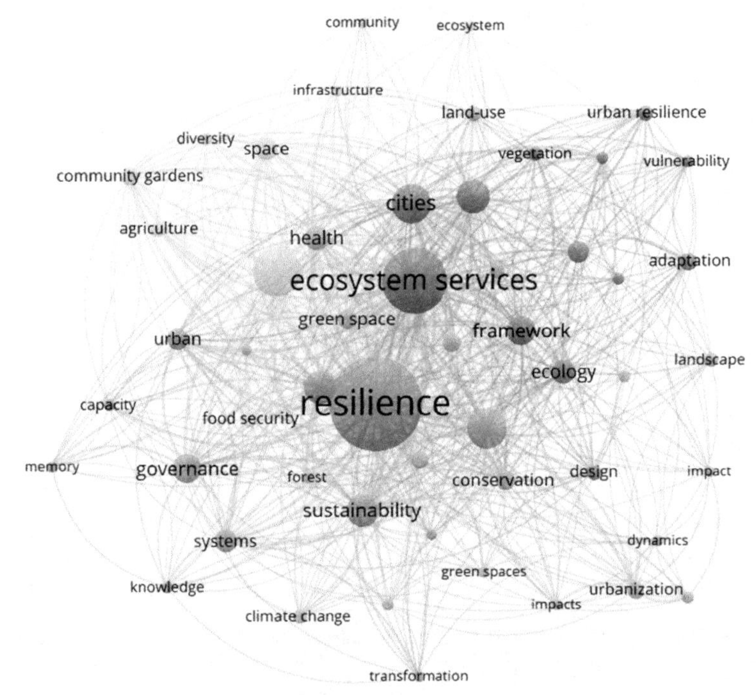

图 1.4　国外城市生态空间韧性研究关键词共现网络视图

来源：笔者自绘

多样性影响的相关研究。对于研究聚类的分析在某种程度上可以了解国外城市生态空间韧性研究的主要方向和研究视角，更详细的研究内容需要结合文章内容进行分析。

总体来看，学界对城市生态空间韧性研究在基础理论、研究视角、研究对象和研究方法上呈现了一定的多样性。在基础理论上，涉及可持续发展理论、景观生态学理论及社会生态系统理论等；在研究视角上，有基于生态系统服务的视角、应对气候变化的视角、社会治理的视角等；在研究对象上，包括宏观和中观尺度的区域或城市生态空间、农业生产空间，也涉及微观尺度上的社区花园、绿色空间等；在研究方法上，体现了景观生态学方法、空间分析方法等方法。

1.5　城市生态空间韧性研究主要类型

经笔者文献检索与阅读，此前学界鲜有“生态空间韧性理论”的明确提法。尽管如此，有部分研究为构建生态空间韧性理论提供了一定的参考。刘志敏等（2018）在对城市空间韧性研究综述中指出，应用“生态系统方法”对土地利用空间规划进行干预，有助于提升城市空间韧性。例如可通过建设多功能的城市绿色基础设施网络，实现生态系统服务多重效益的最大化，有助于减轻城市雨洪压力和热岛效应、提高生态环境质量、增加生物多样性和降低社会脆弱性，从而实现生态空间韧性稳定与提升。戴慎志（2018）提出要兼顾在城市内部和外部对生态空间的保护，提升城市空间韧性，如营建立体的城市绿地系统，对生态保护红线内的重要生态功能承载区、生态敏感区进行严格保护等。翁恩彬（2019）强调“韧性的城市生态空间是灾时顺利进行各种避难救援活动以及发生次生灾害时疏散撤离的重要保障”。王忙忙和王云才（2020）提出城市公园绿地韧性是城市韧性的重要支撑，通过提供生态系统服务和提供防灾减灾功能两方面来增强城市韧性。在生态空间韧性相关实证研究方面，在不同尺度和具体的生态空间类型的韧性研究上有一定的探索，并形成了基于景观生态学和基于生态系统服务的两大主要研究范式。

1.5.1　城市特定类型生态空间的韧性研究

当前学界对生态空间韧性的研究仍相对零散，已有研究以小尺度的特定生态空间的韧性研究为主，如水空间韧性、滩区韧性、社区绿地韧性、城市绿地韧性等。

（1）水空间韧性：有学者将传统江南水网空间视作一个社会生态系统，从生态系统服务供需的角度研究了江南水网空间韧性的机制。以平江府为典型案例，基于压力 - 冲击模型（PPD），以恢复力、适应力和变革力的三力韧性机制提出了培育江南水网空间的建议。主要包括：通过整体水网空间优化提升恢复力，保障生态安全；构建双层水、陆双棋盘格，最大限度满足现代生活多元追求，提升水网空间适应性；提升滨水空间社会联系和培育社区特色文化，提升水网空间变革力；等等（王敏 等，2018）。研究中的水网空间韧性主要是指水网空间的社会生态韧性，关注系统的恢复力、适应力和变革力，认识到城市社会生态韧性取决于人类社会系统与生态系统之间的和谐关系：首先，生态系统自身要维持健康稳定和持续性的积极演替，努力提升生态系统的生产力、安全性和多样性；其次，还需要发挥社会系统中人类的主观能动性，不断开展人类主导的社会生态实践，促进水网空间所承载的社会生态系统向更健康、活力的方向发展（沈清基 等，2016；王敏 等，2018）。该研究为对水网空间的案例研究，个别观点过于主观判断（如文中三力对应的生态系统服务类型的划分），缺乏量化实证。有学者从“设计生态”的视角研究了山地城市水系空间韧性的提升规划策略，研究指出科学合理的人工干预对提升城市空间韧性有重要作用，同时也有助于城市中自然生态系统的韧性提升。文章以四川巴中经开区水系规划为例，提出了山地城市水空间韧性的提升策略，主要包括平衡水量、提升水质、连通水系和改善水上景观四个方面（李荷 等，2019）。该研究缺乏量化研究，未对空间韧性的理论和内涵进行探讨。另有学者以水生态空间为研究对象，基于水生态空间结构提取、功能重塑和环境综合整治等方面提出了水生态空间韧性结构管控的方法（赵梦琳，2018）。

（2）滩区韧性：有学者针对黄河滩区这一特殊类型生态空间，采用田野调查与资料梳理，应用 ArcGIS 辅助分析判断，从四类滩区职能空间着手，对各地段资源的利用情况及应对外界扰动的情况进行分析，并基于结构冗余的理念展开生态空间韧性分析，并指出该地区生态空间韧性不足的主要因素为自然保留地的保护不力和生态空间结构格局失衡（马鑫雨，2019）。值得指出的是，已有研究更多是基于空间分析方法定性评价和划定韧性生态空间，但对生态空间韧性的理论建构和量化评估研究相对缺乏。

（3）社区绿地韧性：有学者基于 EMVI-met 方法对上海老小区景观进行微气候分析，针对三种绿地空间形式提出了绿地空间韧性提升的景观改造策略（王晶晶，2019）。该研究认为绿地空间韧性是诸多景观改造策略所达到的“韧性效应”的简单叠加，缺乏对系统间相互作用的关联性研究。该研究考虑社区居民的主观感受，以“热舒适度”调查问卷的形式调查和体现社区社会韧性，与客观的生态环境质量检测数据相结合，使得绿地空间韧性更有说服力。

（4）城市绿地韧性：有学者提出城市公园绿地有高韧性，有助于提升城市综合韧性，高韧性的城市公园绿地既能主动预防危机事件发生，亦能在灾害发生后凭借自我修复能力吸收冲击，实现尽快从受灾状态中恢复，最大程度地保障自身发展和人民生命财产安全（侯雁，2018）。该研究强调城市公园这种自身修复机制，吸收、适应灾害并能快速从灾害中恢复到原来状态，体现了对城市公园这一生态空间自身韧性的理解。亦有研究提出“绿色绿地”的概念，强调构建绿色绿地能够在一定程度上提升绿地韧性，使绿地在不断变化的城市环境和面对不确定性干扰时拥有更强的动态适应的能力，自下而上地提升城市综合韧性（汪辉 等，2020），也体现了对城市绿地空间自身韧性的建设。此类研究尺度多聚焦在某个公园或公共绿地的微观尺度上，在研究视角上存在防范短时急性灾害的防灾视角（侯雁，2018；赵爽 等，2020），也存在从生态空间提供生态系统服务满足人类需求，以实现生态空间在培育长期性的社会生态韧性的研究视角（王忙忙 等，2020）。此类研究已提出了对城市特定生态空间自身韧性的重视，已有研究仍聚焦于较小尺度的城市绿地应对具体灾害冲击，但多为理论探讨，尚未明确提出城市生态空间韧性的命题，尤其从宏观的尺度上应对多重干扰、整体性的城市生态空间韧性的研究相对较少。

1.5.2 基于景观生态学的城市生态空间韧性研究

在生态空间韧性相关研究方面，已有研究多采用景观生态学相关理论配合 GIS 空间分析方法对生态空间韧性水平进行评估。如有学者根据生态空间的适宜性评价和“三生空间”冲突分析，划定了天津市国土韧性生态空间的分布范围（陈晓琴，2019）。该研究分析了韧性空间与空间的韧性的区别，认为此前学界对韧性空间的特征标准尚未统一，量化表达系统韧性程度的研究鲜有见到；同时也指出学界将 GIS 空间分析方法应用于韧性空间格局优化的研究仍相对较少；指出韧性空间的理论研究相对缺乏，并亟需实践案例的支撑，尤其是在自然资源部提出划定“提升国土空间韧性”[①] 的指导要求后，构建和逐步完善相关的理论和方法体系显得尤为迫切。值得指出的是，该研究对韧性生态空间的划定多基于定性分析，未能量化呈现不同区域生态空间韧性水平的空间差异。另有研究基于景观生态格局分析的方法，以济南市韩仓河流域为例，结合该地区景观生态网络与流域水文分析，构建生态水网，为构建水生态韧性空间进行了实践探索（陈刚 等，2020），但该研究缺乏对社会要素的分析。白立敏（2019）基于景观本底，通过生境质量和景观多样性指数（式 1.1）构建了 1 公里 ×1 公里网格尺度的城市生态韧性定量测度方法。

$$ERS_i=HQ_i \cdot SHDI_i \qquad \text{（式 1.1）}$$

其中，ERS_i 为网格对应的生态系统韧性得分；HQ_i 为生境质量；$SHDI_i$ 则是景观香农多样性指数。

有学者基于景观分析构建了多样性（以香农多样性指数表征）、联系度（以散布与并置指数表征）、分布性（以景观连接性指数）和自足性（以生态系统服务供需差异指数表征）四个方面的城市韧性量化评估指数（式 1.2），从景观构成和改变的方面，分析了城市韧性的时空变化（Liu et al.，2019），该研究指标过于简单，与城市生态系统功能过程的联系较少。

$$URI=SHDI \cdot IJI \cdot CONNECT \cdot SSes \qquad \text{（式 1.2）}$$

其中，$SHDI$ 指香农多样性指数；IJI 指散布与并列指数；$CONNECT$ 指连接性指数；$SSes$ 为自足性指数。

另有学者从景观层面提出了城市景观韧性的 4 个评估维度（城市景观的社会

① 2019 年，自然资源部办公厅发布的《省级国土空间规划编制指南》（试行）中明确提出从“优化国土空间供给”的角度“提升国土空间韧性”。

经济格局与过程、人类社会在城市景观上的响应、城市景观的生物物理结构、城市生态系统的动态和功能），探讨了相应的评估标准（表 1.5）；选择生物物理结构格局与城市生态系统动态和功能两个维度构建了伊朗德黑兰市景观韧性评估指标体系（表 1.6），研究表明德黑兰市城市绿地空间的组成和构型及其相关的生态质量并不满足城市景观韧性的需求（Parivar et al.，2016），该研究不只考虑了生态系统空间格局和特征，还对社会生态系统的过程和功能进行了初步探索，但缺乏对城市生态空间韧性、城市韧性和城市生态韧性的比较探究，有一定的概念混淆。

表 1.5　城市景观中综合韧性的评估标准

标准类	标准	城市景观标准的特征
城市景观中的生物物理结构的格局	多样性	城市景观中作为提供生态系统服务源的斑块的空间多样性
	模块性	城市景观中作为提供生态系统服务源的结构时空构型
	连通性	生态网络的存在（生态廊道、绿带等）
城市景观中的社会经济格局与过程	多样性	城市土地利用的多样性、社会网络和机制的存在、社会联系的多样性、经济机会的多样性、经济资源的多样性
	社会资本	城市本地存在强度的社会网络
	多层级的社会治理	管理结构和城市管理执行级别的多样性
	模块性	制度结构的多样性和灵活性
	开放性	社会应对变化的理性开放度
城市生态系统动态和功能	主要生态系统服务的多样性	生态系统服务或支持城市景观的有益慢变量的多样性、调节服务、支持服务
	紧密的反馈机制	改善生态系统服务和储备的长期政策或地方方案
	未定价的（unpriced）生态系统服务	有对未定价生态系统服务监控和积极管理的意识、内部化丧失生态系统服务的外部成本
城市景观中人类社会的响应	生态变异（ecological variability）	社会对内外部干扰的起因有一定的知识了解和准备
	创新	为城市地方上不同利益群体的新优先事项提供体验背景

来源：笔者译自 Parivar，2016.

表 1.6　德黑兰城市景观韧性评估指标

城市韧性维度	标准	可测度的指标或数据	指标
城市景观中的生物物理结构的格局	空间异质性或多样性	绿色空间和开放空间斑块覆盖的量	斑块丰富度密度（patch richness density）
		绿色空间和开放空间斑块的数量	景观百分比（percentage of landscape）
		绿色空间和开放空间斑块的丰富度	
	连通性	各级别斑块之间的平均距离	欧式最短距离（euclidean nearest-neighbor distance）
			回转半径（radius of gyration）
	模块性	城市绿色空间和开放空间斑块的同质性或异质性数量	景观聚集度指数（contagion index）
城市生态系统动态和功能	未定价生态系统服务	空气质量	全年空气达标天数
		水资源	水资源水体质量
		不透水表面变化	不透水表面变化率

来源：笔者译自 Parivar，2016.

另外，关于生态系统的空间韧性（spatial resilience）相关研究，也应作为城市生态空间韧性研究的相关研究，予以了解和借鉴。有研究认为分析生态空间格局及其状态的转变是珊瑚礁生态空间韧性的重要指标，需要基于系统内外部要素的过程和关系分析灵活选用景观生态指标（Li et al.，2004）。有学者对西班牙安达卢西亚地区的两个区域的橄榄林农业社会生态系统关于某虫害的空间韧性进行了定量评估，以橄榄林与灌木丛的空间比例、斑块大小、景观连接度、景观破碎度等为重要指标，构建了空间韧性指数（spatial resilience index）（式 1.3），对两个区域在微观尺度（农场及周边）、中观尺度（城市）和宏观尺度（区域）三个尺度上进行了空间韧性的评估和比较（Rescia et al.，2018）。有学者采用多尺度韧性模型对瑞典科瑞克兰（Krycklan）流域大型底栖动物群落的空间分布进行评估研究（Gothe et al.，2014）。Allen（2016）综述了空间韧性（spatial resilience）评估的相关研究，提出了空间韧性量化评估的主要步骤（表 1.7），梳理归纳了学界对生态空间韧性的量化评估，多采用景观生态学、网络理论、复杂性理论、空间建模理论、GIS 等不同理论或技术方法对目标系统的空间结构－过程的功能关系进行识别，进而建立量化评估空间韧性的操作性框架和技术路线（Allen et al.，2016）。

$$SRI=10\times\left[\left(\frac{SA}{\mathrm{Max}(SA)}\right)+\left(\frac{LDI}{\mathrm{Max}(LDI)}\right)+\left(\frac{ENN}{\mathrm{Max}(ENN)}\right)+\left(\frac{LSI}{\mathrm{Max}(LSI)}\right)+\left(\frac{PD}{\mathrm{Max}(PD)}\right)-\left(\frac{OGA}{\mathrm{Max}(OGA)}\right)-\left(\frac{MPS}{\mathrm{Max}(MPS)}\right)\right] \quad （式 1.3）$$

其中，*SA* 指灌木丛面积；*LDI* 指景观多样性指数；*ENN* 指橄榄林斑块间欧式最近距离；*LSI* 指景观形状指数；*PD* 指斑块密度；*OGA* 指橄榄林面积；*MPS* 指平均斑块面积。

表 1.7　空间韧性量化评估的主要步骤

关键工作	描述
识别目标系统及干扰（disturbance）	确定是“谁的”（of what）和“为了谁的”（to what）韧性
界定空间区域机制（regimes）或边界（boundaries）	确定空间机制，即确定研究问题的空间限制，尤其是强调空间格局上的自相似性（self-similarity）以显现系统的边界
描述系统内（internal）、外部（external）要素构成	确定分析尺度下的内外部要素及相关的数据
量化系统的多样性和复杂性	基于景观生态学方法测定生态空间的多样性和复杂性，如斑块多样性指数、异质性指数等
识别系统阈值或状态转变（state transitions）	量化可以引起生态系统动态突变的过程规模（magnitudes of processes），量化特定干扰下生态系统各种可能的转变轨迹，这些转变轨迹通过内外部空间变量的变化予以表现，如内部的不对称性可能引起个别位置上的系统状态变化 量化或测度可以引起系统突变的关键变量或过程或轨迹
识别生态网络和功能连通性	生态空间结构和功能上的连通性，识别相应的节点、联系及功能过程
评估渗透性（permeability）	并非所有斑块之间的关系和相互作用是平等的，要对不同斑块之间的联系和障碍进行评估和识别
识别系统内、外部之间的信息交换机制	分析系统内、外部组分之间的关系及对整个系统的反馈机制
归纳生态记忆（ecological memory）的特征	判断历史生态条件或状态对当前或未来生态条件或状态的影响程度

来源：笔者译自 Parivar，2016.

1.5.3　基于生态服务的城市生态空间韧性研究

生态系统服务（ecosystem service，ES）作为连接城市社会系统和生态系统的重要桥梁概念（汪洁琼 等，2019），开始出现与城市生态空间韧性相关研究中。已有研究多关注生态空间通过输出 ES 对提升城市综合韧性的作用（McPhearson et al.，2014；McPhearson et al.，2015），同时也关注韧性实践中市民在获取 ES 的公平性（Meerow，2017）等问题。笔者发现，已有研究多关注于生态空间输出 ES 实现城市综合韧性的贡献上（resilience through ES），而对城市生态空间输出 ES 这种能力本身的韧性（resilience of ES）的研究相对较少。

ES 是生态学尤其是城乡生态环境研究中的重要概念（冯剑丰 等，2009；汪洁琼 等，2019），最早出现在 1970 年“关键环境问题研究小组”（Study of Critical Environmental Problems，SCEP）出版的《人类对全球环境的影响》（*Man's Impact on the Global Environment*）一书中提到的“环境服务”（environmental services）。后有不同学者对 ES 的概念定义和内涵进行了探讨：Pharo 和 Daily 将其定义为“生态系统形成和满足人类需要的环境条件与过程”（Pharo et al.，1999）；Constanza 等将其定义为“人类直接或者间接从生态系统中获得的收益”，并将 ES 划分为产品和服务两类，将生态系统细分为 17 个小类，如水源供应、供给、文化、娱乐等（Costanza et al.，1997）；2005 年“千年生态系统评估”（Millennium Ecosystem Assessment）在 Constanza 观点的基础上，将生态系统分为 4 大类，分别为支持服务、调节服务、供给服务和文化服务（Assessment，2005）。

与生态系统功能侧重于反映生态系统的自然属性不同，ES 主要考虑了人类社会系统的需求，人类的需求、消费或偏好是生态系统服务概念提出和分类的关键（冯剑丰 等，2009）。ES 为生态系统和社会系统提供了联系的桥梁，对系统性解释人类与自然之间相互影响和相互依赖关系具有重要价值（汪洁琼 等，2019）。在此基础上衍生了与其相关的 ES 供需评估、供需关系以及多类型 ES 协同权衡关系等多方面研究内容（房学宁 等，2013），成为过去一段时间以来生态学研究的热点问题。

基于 ES 的城市生态空间韧性相关研究仍相对较少。当前已有研究指出 ES、生物多样性和社会生态系统韧性之间具有紧密联系，然而从空间上对此进行可操作性的量化评估研究还相对较少。对此他们从景观尺度上提出了一种量化评估方法，对暴露土地利用改变和社会经济驱动力因子改变下的 ES 流（flow）和韧性在时间尺度上的变化进行评估。研究发现随时间推移，ES 的产生量可能没有太大变化，但实际上由于外界干扰对生态系统多样性的消极影响已造成生态系统韧性的大幅下降，这有可能造成对生态系统健康和可持续性的错误判断（Jansson et al.，2010）。另有学者发现城市生态空间的规划布局与城市利益相关群体的真实需求之间并不完全匹配，但同时也存在一些生态性服务与社会性服务形成协同的社会–生态热点（social-ecological hotspots）区域，对这些 ES 供给和需求情况的识别、测度，有助于帮助城市管理者采取一定的干预措施，从而提高城市中有限的生态空间提供ES的能力，并有助于提升的城市的综合韧性（Karimi et al.，2015；Meerow et al.，2017）。刘志敏（2019）指出，生态系统服务有助于塑造城市韧性，还需要ES自身拥有韧性，具体表现为持续供给、响应扰动的多样性以及时空间供需的匹配。有研究以西宁市多巴新城地区为例，结合对该地区现状生态基质净初级生产力和ES能力指数的计算划定空间管制区，并结合二者梯度有利关系划定潜在功能区，继而从韧性视角下对空间利用方案进行定性判断和趋势分析（杨天翔，2018）。王忙忙和王云才（2019）在其研究《生态智慧引导下的城市公园绿地韧性测度体系构建》中明确提到"（城市公园绿地）韧性是社会生态系统在干扰和变化下继续提供所需ES的能力"；亦有学者指出生态系统服务可以作为表征城市生态系统健康程度的重要方面，可通过测度评估生态系统服务的数量、质量及其空间分布等指标，进而对生态系统服务内部权衡－协同以及供需关系等分析，可用于判别城市生态风险水平并制定相应的规划优化策略（税伟 等，2019）。总体来讲，国内外基于生态系统服务的角度对城市生态空间韧性的研究仍相对较少，但已有一定程度的探索，成为研究城市生态空间韧性的重要切入视角。

当前国内外学界对生态空间韧性研究仍处于起步阶段，具体表现为研究数量较少，且已有对生态空间韧性的相关研究中，多关注于城市生态空间对城市综合韧性的贡献，将城市水系、绿地等生态空间作为城市防灾避险的一种空间载体，而对城市生态空间自身韧性的研究不足。针对城市特定生态空间韧性的研究在研究视角、研究尺度和研究内容的选择上较为分散，如有对特定生态空间如城区水生态空间（赵梦琳，2018）、公园绿地（王忙忙 等，2020）等开展的韧性研究，且存在有"生态空间韧性"提法，但这一提法多是从空间维度提升城市系统韧性的研究（表1.8），针对生态空间自身韧性及其与城市综合韧性之间关系的系统性研究相对不足。

表1.8　国内已有"生态空间韧性"研究文献的评论

文章标题	关于"空间韧性"的相关表述	评论	来源
《"设计生态"视角下山地城市水系空间韧性提升规划策略》	"水量、水质和水网结构是水系韧性关键要素" "水系空间韧性建构需要……判断一定时空尺度下水系空间需要维持生态韧性的最小需水量" "对水系空间……及既有生态空间进行韧性提升，……提出山地城市水系空间韧性提升的路径"	没有"空间韧性"作为独立概念的综述和界定，实质为针对空间要素及其空间关系的层面研究水系韧性	李荷 等，2019

续表

文章标题	关于“空间韧性”的相关表述	评论	来源
《基于传统生态智慧的江南水网空间韧性机制及实践启示》	“研究如何通过生态系统服务的桥梁搭建水网物质空间与人类社区发展之间的联系，……从而帮助理解社会－生态系统在此过程中如何培育、优化和提升江南水网空间韧性” “在此基础上，……提出社会－生态韧性构建的生态智慧”	没有“空间韧性”作为独立概念的综述和界定，甚至是针对水网空间优化提升社会－生态韧性的研究	王敏 等，2018
《基于韧性城市理论的大庆市道路交通空间韧性策略研究》	“城市道路交通空间韧性是城市韧性极其重要的组成元素”	全文并无对“空间韧性”作为独立概念的综述和界定	马令勇 等，2018
《基于功能和过程的水生态空间韧性结构管控——以自流井南部片区生态保护规划为例》	“以水生态空间结构提取、功能重塑和环境综合治理为手段的水生态空间韧性结构管控方法” “水生态空间……对城市韧性的发挥至关重要” “从多尺度、多维度对水生态空间进行韧性结构管控……”	全文并无“空间韧性”作为独立概念的综述和界定，实质研究的是水生态空间对城市韧性的作用	赵梦琳，2018
《韧性城市理论与城市绿地防灾学术研究动态》	“灾害发生时绿地为城市提供了一定的防灾避险空间，但灾中和灾后绿地本身也受损严重”……“今后在城市防灾避险规划建设中，……在关注城市绿地防灾功能的同时，也应注意提高绿地自身的抗灾能力和自恢复能力”	尚未提出生态空间韧性命题，但已意识到生态空间自身韧性研究与实践的意义	周恩志 等，2018

来源：笔者自绘

理论方面，学界已有研究对生态空间韧性概念缺乏清晰的界定，反映了对生态空间韧性理论的系统性构建不足。

值得注意的是，学界在其他类型城市空间韧性理论及量化测度评估方面，积累了一些成果，但在借鉴应用于城市生态空间韧性研究时仍需深入研究。如相关概念内涵之间有一定的重叠性和模糊性；研究视角的不同导致韧性测度评估方法和标准多样；由于生态系统过程的长期性和动态性，对于目标系统需要长期的监测跟踪，而已有的一些韧性测度评估方法以静态视角为主；指标数据多采用行政区为单位的整体性指标，缺乏对空间要素和空间关系的探讨；对社会生态系统多尺度间的相互影响与多重反馈机制的考虑不足；等等。

综上，城市生态空间韧性是城市韧性多学科交叉研究中的新生方向，学界在城市生态韧性及城市空间韧性理论建构和韧性测度评估方面已积累了一定的研究成果，为以城市生态空间为对象开展韧性理论的拓展和多视角下的韧性量化测度评估提供了可能。尽管如此，由于城市生态空间韧性涉及复杂的社会生态过程，相关研究中还存在着概念模糊、研究视角和评估标准多样等研究困难，对城市生态空间韧性的研究无疑是一项充满挑战的工作。在接下来的研究中，本书将综合运用多种研究方法，遵循韧性思维向韧性实践转化的一般过程，按照韧性理论建构、系统描述与韧性预诊、韧性测度评估和韧性提升策略四个主要环节，以上海市为例，对城市生态空间韧性理论、测度与提升策略展开研究。

第 2 章　城市生态空间韧性理论建构

“理论不是实践的简单汇总，不是统计得出的分布模式，不是规范的教义手册，也不是一套政策建议。

理论是由一组命题组成的原则和决策依据，可以把我们从单凭感性获得的观感混乱中带领出来，从而找到隐藏在现象背后的规律”。

——西摩·曼德堡（Seymour J. Mandelbaum）等，1996

《规划理论探索》

（*Explorations in Planning Theory*）

城市生态空间对城市应对气候变化、保障城市生态安全与提升城市居民生活质量具有不可或缺的作用（王甫园 等，2017）。当前已有国内外部分学者开展了“生态空间”与“韧性”相结合（陈晓琴，2019；王晶晶，2019；赵梦琳，2018），以及“生态系统韧性”与“空间”相结合（Mellin et al.，2019；Wang et al.，2018；白立敏，2019）等关联性研究，出现了“生态空间韧性”的一些提法，这些工作推动了城市生态空间韧性研究的发展，但在城市生态空间韧性理论建构方面仍有大量空白需要填补，如对城市生态空间韧性概念的清晰界定，对城市生态空间韧性的内涵、特征与多尺度下的生态空间韧性优化提升原理的探讨等。本章将从韧性基本概念出发，综合运用文献调查、演绎与归纳、发生学与类型学等多种方法研究城市生态空间韧性基本理论建构问题。主要包括：城市生态空间韧性理论基础与理论构成，城市生态空间韧性相关概念辨析、内涵、类型与特征，城市生态空间韧性提升的基本原理。

2.1　城市生态空间韧性理论基础与理论构成

理论基础是进行任何学科理论研究的重要内容，并深刻影响理论的建构深度和长远发展（易凌 等，2018）。城市生态空间韧性以人类社会与自然生态相互耦合的重要作用界面——城市生态空间为关注对象，而韧性理论又在近年来经历了多学科之间的交融演进发展，城市生态空间与韧性理论的结合从研究视角、对象和方法等方面具有典型的多学科交叉特征，因而城市生态空间韧性的理论研究势必要考虑来自多学科的理论基础。

2.1.1 相关理论基础

在本书理论建构中所涉及的基础理论主要包括以下几个方面，构成了城市生态空间韧性理论形成与发展的重要支撑。

2.1.1.1 人地关系理论

人地关系理论（theory of man-land relationship）是研究人类及其各种社会活动与地理环境之间相互作用、相互联系的理论（牛树海 等，2002）。人地关系矛盾表现在空间上，主要体现在人与自然环境要素对区域空间占有与使用之间的矛盾（李平星，2014）。在生态空间上的主要表现包括：①对生态空间的占有，人口大幅增长及人类自身发展，导致被人占据空间的扩大，动植物生活占据空间的缩小，间接造成生物多样性减少；②对生态空间过程和功能的破坏，人类生产和生活对生态空间的挤占和割裂，造成生态空间的连通性和完整性下降，阻断原有的生态过程或生态效率，导致生态空间承载的生态功能下降；③对生态空间环境质量的破坏，人类为追求最大化的物质生产效率，使空气、水体、土壤等污染日益严重，造成生态环境质量下降。城市生态空间韧性理论以人地和谐论为基本理论基础，强调人与自然的相互作用关系，即城市社会经济发展与自然生态环境之间和谐共生的关系。在城市层面，城市生态空间更加容易受到人类社会经济活动的影响和干扰，城市生态空间韧性提升的主要研究内容即是基于对生态空间结构、过程和功能实现的过程机制探究，协调城市社会经济发展与生态环境保护之间的和谐关系，以二者的协调发展为基本出发点。

2.1.1.2 可持续发展理论

1987 年，联合国世界环境与发展委员会将可持续发展明确为“既满足当代人的需要，又不损害后代人满足其需要的发展”。在 2015 年联合国发布的 17 个可持续发展目标（sustainable development goals，SDGs）中，第 11 项目标为“建设包容、安全、韧性和可持续的城市和人类住区”（make cities and human settlements inclusive，safe，resilient and sustainable），标志着韧性的概念被明确地纳入可持续发展理论的框架之下。城市生态空间韧性虽着眼于城市的生态空间，但并非独立存在，其动态发展实际上涉及有关城市可持续发展的生态、社会、经济等不同维度。城市生态空间韧性作为城市综合韧性的重要组成，以实现城市的可持续发展为理想目标，在分析框架、研究方法和行动制定等方面均可与可持续发展理论建立关联。综上，本书将可持续发展理论作为城市生态空间韧性研究的理论基础之一。

2.1.1.3　复杂适应性系统理论

复杂适应系统理论（complex adaptive system theory，简称 CAS 理论）是指由具有学习、适应能力的个体所组成系统的整体演化机制和过程的理论。CAS 理论作为复杂性科学的重要分支，以其综合性、跨学科性和方法论的普适性等优点受到城市系统研究者的青睐（仇保兴，2009）。城市生态空间隶属于城市复合社会生态系统，在一定的时空范围内，生态空间本身可被认为构成了一个结构多层、功能复合的生态空间系统（张浪，2013）。基于 CAS 理论，城市生态空间系统中的每一个单位可被认为是一个生态要素及过程与人类活动进行交互作用的“生态空间主体”，由于生物体自身对环境的耐受、学习和自适应机制以及人类活动的干预，生态空间主体可表现出对环境变化的学习和适应特征，并通过人与自然之间的互动反馈机制，对生态空间的结构、功能或活动进程进行持续性的调整和适应，进而优化或提升应对干扰和维持其生态功能一致性和积极演变的能力。同时，现代韧性理论的发展尤其是演进韧性理论的提出，更是离不开 CAS 理论的发展。综上，本书将 CAS 理论作为城市生态空间韧性理论基础之一。

2.1.1.4　景观生态学理论

景观生态学（landscape ecology）是介于地理学、生物学及生态学之间的一门交叉学科，主要研究生态系统的空间关系（肖笃宁 等，1997），其主要任务在于帮助应对当代社会对自然土地潜力的逐渐增长的需求而引起的社会与景观之间的矛盾（郭泺 等，2009）。景观生态学将生态学研究垂直结构的纵向方法与地理学水平结构的横向方法结合起来，研究景观的结构、功能、格局、过程与尺度之间的关系，应用于景观尺度上的生态开发与自然资源保护问题，特别是人类与景观的相互作用和相互协调问题，成为联系自然生态系统与人类社会系统之间重要的桥梁理论之一（Haber，2004）。景观生态学具有跨学科、注重空间异质性、关注随机过程等特征，与韧性科学在本质上具有一致性，能够为城市空间韧性研究提供理论与方法支撑（刘志敏 等，2018）。城市生态空间韧性研究整合了景观生态学、社会生态系统和系统韧性理论，为城市景观与社会、经济、环境要素间的作用和反馈提供了联系，旨在通过不同尺度上景观格局和生态过程动态来探究内外部变化影响下城市系统维持核心结构与功能的潜力（Ahern，2013）。城市生态空间韧性研究为景观生态学和城市韧性提供了联系纽带的同时，也使得景观生态学理论与方法得以丰富和深化。

2.1.1.5 干扰理论

干扰（disturbance）是有人类活动的自然界中普遍存在的一种生态过程，《现代汉语词典》（第七版）对“干扰”的解释为：“扰乱、打扰”。中度干扰理论认为，干扰的强度、范围和频率等可使那些易变化的（fugitive）或漂流性的物种得以存活，同时又不降低群落其他区域的物种丰富度（Mackenzie et al.，2001）。城市生态空间及其所承载的生态系统持续受到来自自然和人类社会活动的干扰，但生态系统本身具有一定的自我平衡能力，表现为对外界干扰的一种韧性，并可表现为一定的空间特征（Contreras et al.，2017；Lucash et al.，2017）。若生态空间所受到的干扰波动处于维持生态系统平衡的韧性阈值范围之内，则可认为是一种适度干扰。适度干扰为生态系统带来一定的外界刺激，为生态系统带来环境配置上的多样性，从而为支撑更多物种生态位和生态功能的多样性和冗余性提供了条件，在一定程度上提升了生态系统的活力，有助于系统再次恢复平衡。基于适度干扰的理念，对城市生态空间受到的干扰类型、强度、范围以及干扰造成的积极或消极的影响进行分析，有助于结合韧性理论提出生态空间及其韧性提升的相关策略。

2.1.1.6 优化理论

“优化”在《辞海》中的解释为“采取措施，使事物向良好方面发展”。优化理论中最为知名的理论是“最优化理论”，其中“最优化”是指针对给出的实际问题，从众多的可行方案中选出最优方案（傅英定 等，2008）。在城乡规划领域，优化理论是空间重构和优化的行动基础（黄安 等，2020）。在本书中主要涉及的优化理论包括多目标最优化理论、空间优化理论等。多目标最优化理论广泛应用于经济规划、系统工程和控制论等领域（傅英定 等，2008）。城市生态空间韧性受自然和社会双方面影响，尤其是受到人类活动的影响。宏观来讲，城市所处的经济发展阶段和生产模式对生态空间状态有明显影响，如有研究指出城市生态空间的韧性状态受到城市“三生空间”之间的冲突和博弈的影响（陈晓琴，2019）；微观来讲，城市中不同利益群体的需求也会对城市生态空间韧性造成影响。这势必在城市生态空间韧性评价及其优化提升过程中存在对多种目标、多种需求进行权衡，并予以优化的考虑和解答。

空间优化理论有助于指导国土空间在结构、数量、位置与时序等方面的规划布局，以实现党的十八大报告中提出的“生产空间集约高效、生活空间宜居适度、生态空间山清水秀”的国土管理目标，是在对现有城市空间分布格局与问题进行判别和分析的基础上，对未来国土空间进行优化布局调控，实现空间开发与保护相协调，实现可持续发展，有助于完善国土空间规划的相关理论、方法和技术体系（黄安 等，2020）。生态空间优化理论目前尚未形成系统完整的理论体系，已有研究多集中在“优化理念或优化思想”的探讨层面，如有研究提出的“三生空间相对集中”的优化思路（方创琳，2013），以及集合“适应性评价、多规合一和承载力评价为一体”的空间优化理论框架等（黄金川 等，2017）。主要的优化方法包括生态空间格局优化方法（Yu，1996）、空间分区优化方法（陈晓琴，2019）、多情境规划方法（陈建华，2014）、整合优化方法（唐芳林 等，2020）等。城市生态空间作为城市空间的重要组成，其存在规模、结构、功能输出等方面不同程度地受到其他城市空间的影响，因而在城市生态空间韧性的相关研究中势必要从空间层面对生态空间的结构和功能配置，如布局、网络构建、空间形态设计及与其他基础设施的配套（臧鑫宇 等，2019）等方面予以优化，以提升城市生态空间韧性。

2.1.2　城市生态空间韧性理论的层次

“理论”有狭义和广义两种理解：狭义上的理论是指“变量之间的关系”，广义上的理论是指“概念、定义及命题交互关系的系统组合，并以这种关系来解释或预测现象”（林作新，2017）。可见，对于理论的理解是有层次和类别的，如按照反映对象不同可分为自然科学理论、社会科学理论、思维科学理论（王德胜，1990），并且包括概念、范畴、原理、观点、学说、假说等多种表达形式。同时，随着社会实践的深入，不同理论之间相互融合与渗透，从而产生新的理论（曹康 等，2019；史舸 等，2009；孙施文，1997）。笔者认为，城市生态空间韧性理论是韧性理论在城市韧性实践中的拓展，是韧性理论与生态学理论、城市学理论和空间学理论等多学科理论不断融合与渗透的产物。它是多种与城市生态空间韧性相关的理论构件、实践信息及知识成分，按照一定的价值观、目标和逻辑关系进行有机组合并集成而成的具有整体性、系统性和创新性等特征的知识整体。

城市生态空间韧性的研究对象是一定地域的生态空间，其基本任务是在揭示地域空间范围内整个人地关系系统运动规律的基础上，协调该系统运行的过程中各个子系统的关系，使之向着适合人类与生物安全栖息、持续生产、健康生活的方向发展。要在这样一个复杂的系统和过程中完成生态空间韧性提升的任务，需要基于多学科理论的配合。由于研究视角和研究对象的不同，理论研究中理论的分类呈现出复杂性和多样性特征（曹伟，2014；史舸 等，2009），可以借助类型学方法对理论进行分类（表 2.1）。借鉴理论层次分类方法，按照各理论在城市生态空间韧性研究中的作用和用途，笔者将城市生态空间韧性理论分为三个层次，如图 2.1 所示，分别为基础理论层、基本原理层和应用与实践层。

其中，基础理论层即阐明生态空间韧性研究对象和生态空间韧性理论产生的主要理论依据和出发点，具体可包括研究者所持的哲学思想（如生态主义、社会主义、技术至上主义等），与社会经济发展阶段相适应的世界观和价值观（如复杂适应性系统理论、整体与分解理论等），以及基本的知识体系等。基本原理层，即为解决研究问题借助来自生态学、城乡规划学与社会学等多不同学科具体理论而发展出的城市生态韧性的基本概念、原理和观点，包括研究者从各自研究视角出发的基础科学理论或原理（如工程韧性视角的物理学、力学基本原理，生态韧性视角的生态学、地理学基本原理等）。应用与实践层则涉及以目标城市为对象，对其城市生态空间韧性的问题与干扰分析、测度评估与规划提升策略等方面的具体模型、方法与技术手段，以及所获得的实践经验和知识等。具体包括风险与灾害的监测与预警技术、韧性测度与评估方法、韧性提升的规划方法与技术导则、城市管理与治理相关的知识与技术方法等。

三个层次之间的关系如图 2.2 所示，基础理论层为建构城市生态空间韧性的理论提供基础，该部分理论的内容包括城市生态空间韧性的概念界定、内涵辨析、分类和特征分析，以及基于各学科基本理论发展的城市生态空间韧性优化提升的基本原理和理论框架。在此基础上，对城市生态空间韧性予以测度和评估，形成多视角下的城市生态空间韧性测度方法，而评价过程则会应用到景观格局、生态系统服务、生态记忆、压力－状态－响应模型等不同学科的基本原理和研究方法。在城市生态空间韧性评价与反馈的结果上，则按照不同的组织单元和层次提出具体的提升策略，以服务于实现城市生态空间韧性提升的具体目标。本书将基于以上三个层次理论构成的逻辑架构，尝试建构城市生态空间韧性相关的规范性理论、实证性方法与实践知识的有机整体。

表 2.1　理论的分类视角

理论分类角度	理论分类（或层次划分）	资料来源
理论层次角度	哲学层次、科学层次、技术层次	孙施文，2019； 张京祥，1995
	哲学层次、科学层次（基础理论＋过程理论）、实践层次	李阎魁，2005
	学科层次、理论层次、研究内容层次	王立非 等，2016
	基本理论层、学科基本原理层、基本知识层、理论与实际相结合的实践层、基本技能层	杨远桃，2012
	自然观和价值观，基本理论、分枝理论、方法手段、实施运行	曹勇宏 等，2005
价值判断角度	实证理论、规范理论	孙施文，1997

续表

理论分类角度	理论分类（或层次划分）	资料来源
内涵范畴或实用角度	规划中的理论（theory in planning），或称为实质规划理论，即在规划中运用到的理论；规划的理论（theory of planning），或称为过程理论，即规划本身的理论	Faludi，1973
	总体理论、专题理论、背景理论	孙施文，1997
	结构理论、规程理论	胡俊，1994
	基础理论、应用理论（多学科融合形成的理论）	周卫，1997
	基本理论、专项理论、问题理论	张庭伟，2000
	城市自身发展机制理论、城市问题相关理论、城市各系统发生发展机制理论	张京祥，1995
	功能理论、规范理论、决策理论	Lynch，1981
	规划中的理论、规划的理论、关于规划的理论	Friedmann，2003
	总论、主干理论；以及基础理论、实体理论、保障理论	任琳，2013
	理论基础、方法体系、技术体系、工程体系	温继文 等，2007
	概念体系、认识论、方法论体系、价值体系	王琦，2008
	基本理论、基础理论、应用理论和发展理论	何晖，2010
理论研究客体本身角度	如客体（以城市为主要代表）的空间规模，如村镇理论、城区理论、城市理论、都市圈理论等	史舸 等，2009
	宏观、中观、微观理论	张静梅 等，2016
	学科历史、学科理论、学科方法论	马毓，2007
理论研究主体角度	框架性理论、社会科学哲学、社会理论、外生性理论、内生性规划理论	Dickinson，2013
时间阶段角度	“术、理、学”不同历史阶段的理论	黄博 等，2014
	不同时期的理论	文晓英，2018
本身与动静态角度	发展过程理论、规划过程理论、状态理论	Harrison et al.，1984
哲学思想角度	理想主义（乌托邦）、理性主义、实践论、系统思想、生态思想、权威主义（极权主义）、功利主义、社会主义、实证主义、实用主义等	孙施文，1997
	乌托邦思想（理想主义）、极权主义、技术至上主义、理性主义、功利主义、社会主义、实证主义、无政府主义、实用主义等	曹康 等，2005

来源：笔者自绘

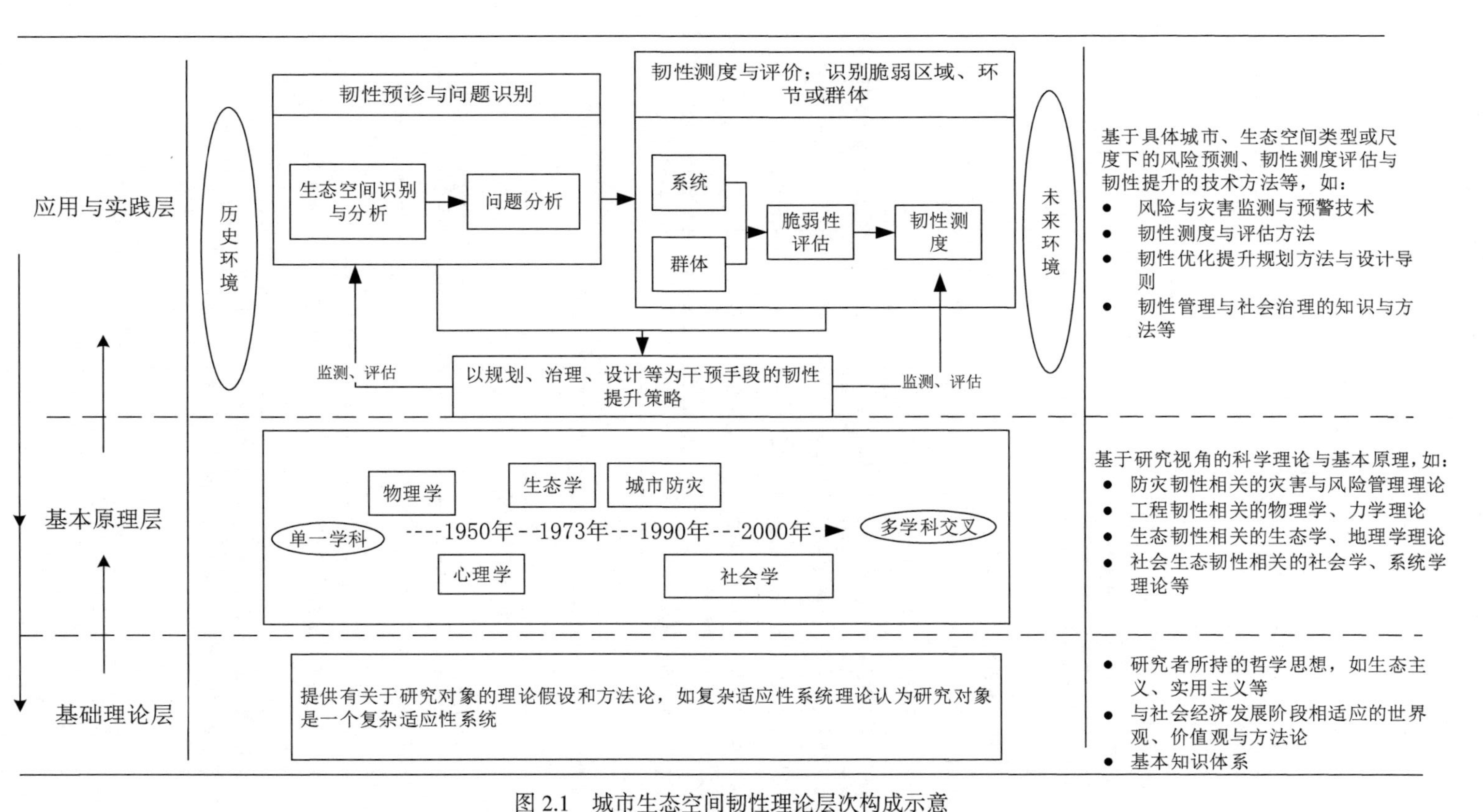

图 2.1 城市生态空间韧性理论层次构成示意

来源：笔者自绘

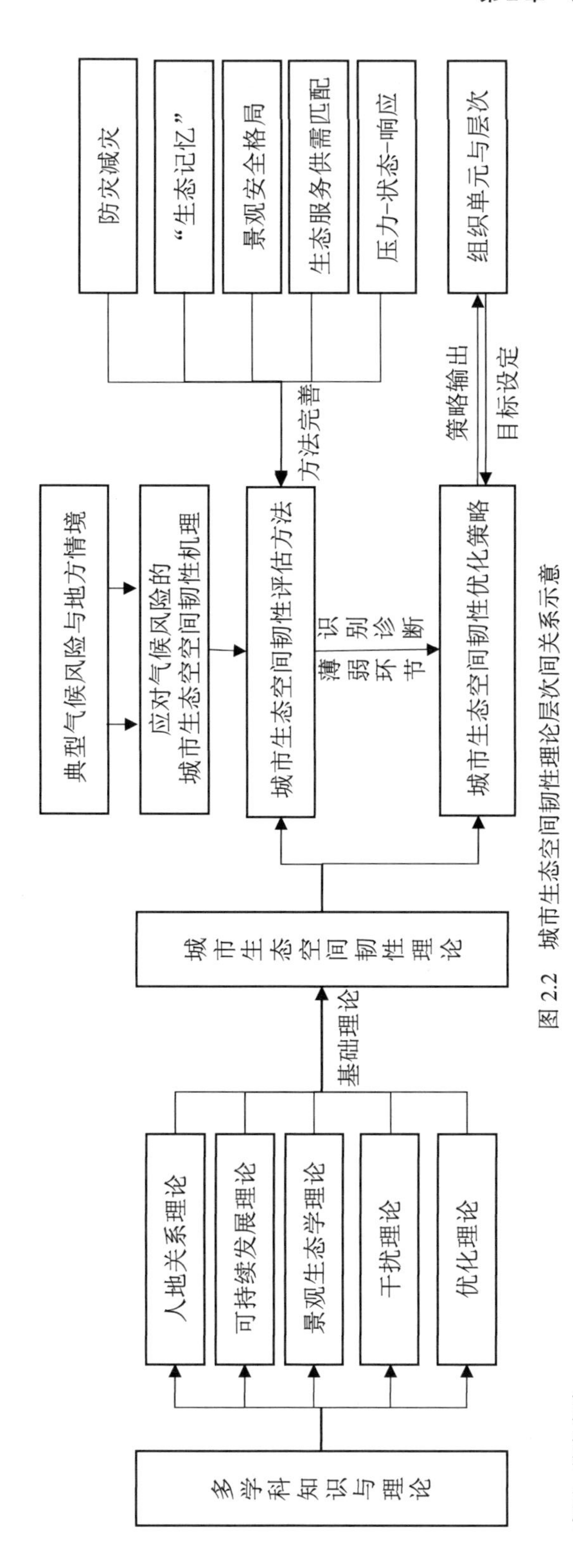

图 2.2　城市生态空间韧性理论层次间关系示意

来源：笔者自绘

2.2 城市生态空间韧性概念辨析

本书中所提出的“城市生态空间韧性”（urban ecological space resilience）是一个组合概念，容易与学界已有的“生态韧性”（ecological resilience）、“空间韧性”（spatial resilience or space resilience）、“韧性空间”（resilient space）等产生混淆与误解。本节将基于相关研究综述的情况，辨析相关概念的区别与关系，以明确和阐明城市生态空间韧性的概念。

2.2.1 生态空间韧性与韧性生态空间的区别

韧性与生态空间的关联要从韧性生态空间与生态空间韧性的区别与关系予以讨论。从本质上来讲，参照相关学者对城市定位理论与城市核心竞争力理论的比较（仇保兴，2002），笔者认为“韧性生态空间”中的韧性带有目标性，指生态空间营建及提升中的方向定位，而“生态空间韧性”中的韧性则意在表达生态空间在变化的环境中维持功能和服务稳定输出的核心竞争力。

2.2.1.1 韧性生态空间

韧性生态空间是指那些在外来干扰下依然能够维持其主导生态功能或生态服务，或从冲击后得以快速恢复或积极演进的生态空间。外界干扰在不同层面对生态空间带来不同程度的影响，如山火既能够毁灭生态空间表面的生物量，但同时作为一种建设性力量有助于促进生态系统物质循环、提高土壤性能，在某种程度上有利于生态系统健康（陈忠，2006）。又如人类活动对生态空间既有侵占、破碎等负面影响，但也可以通过原地保护、修复、改造、营建等形式实现生态空间的功能改善，典型的例子如设置自然保护区、划定生态保护红线以及实施生态修复工程等。韧性的生态空间能够通过各种方式承受住干扰的消极影响，可以在逆境下得以生存和适应，实现功能的稳定或积极演变，即体现出对干扰的韧性，而缺乏韧性或韧性不佳的生态空间在干扰的消极影响下会引起生态空间的衰退或消逝。因此，具备韧性的生态空间是指针对外界不同的扰动的结果而言具有韧性，体现了生态空间的某种特征和属性，主要是指在一定时空范围内能够经受住外来干扰的消极影响，维持其主导生态功能持续供给的生态空间。有研究从“三生空间”博弈的角度指出韧性的生态空间的核心在于充分发挥多样性在生态系统恢复中的作用，使生态系统有足够的资源冗余和功能替代方案来应对各种人类活动带来的外部干扰及负面影响（陈晓琴，2019），这种界定在干扰类型上主要关注人为干扰，但对自然干扰的考虑不足，空间尺度上主要在城市层面进行研究。笔者认为，根据生态空间的主导功能分类（表 2.2）并结合一定的时空尺度限定，韧性生态空间可以包括对干扰具有一定抵抗力和适应力，能够保障和维持相应主导生态系统功能或服务功能的自然生态空间、农村生态空间和城镇生态空间（图 2.3）。

表 2.2　生态空间分类

	自然生态空间	农村生态空间	城镇生态空间
定义	具有自然属性的生态空间（如自然保护区）	农村中部分具有农林牧混合景观特征的生态空间（如农村中的大型农林防护网）	城镇中具有人工或半人工景观特征的生态空间（如城市中的植物园、森林公园）
主导功能	提供供水涵养、土壤保持、防风固沙、生物多样性维持等重要生态功能，以及防控土地沙化、石漠化、水土流失、盐碱化等生态功能（李昭阳 等，2017；谢花林 等，2018）	提供农作物生产、环境改善、景观等生态系统服务功能，部分具有生态涵养、生物多样性保护等功能（刘凌云 等，2018；巫丽俊 等，2018）	提供调节微气候、保护生物多样性、自然与文化遗产保护、生态旅游与休憩场所、美化景观、隔离和缓冲有害环境等功能（张馨文 等，2018）
主要干扰	自然干扰：气候变化、降雨、风暴潮、地震、虫害等； 人类干扰：城市化和工农业生产带来的空间侵占、环境污染等	自然干扰：病虫害、大风、冰雹等 人类干扰：土壤污染、农业生产模式等	主要受营建、改造和修复等人类干扰较多
有韧性的体现	生态结构的自然原真性、完整性；生态网络的连通性，生态系统功能的健康性、持续性等	生产力的持续性、土壤质量的健康性、积极的人工干预等	景观的多样性、美观性，空间上的可达性，空间布局的均匀性、公平性，积极的人工干预等

来源：笔者自绘

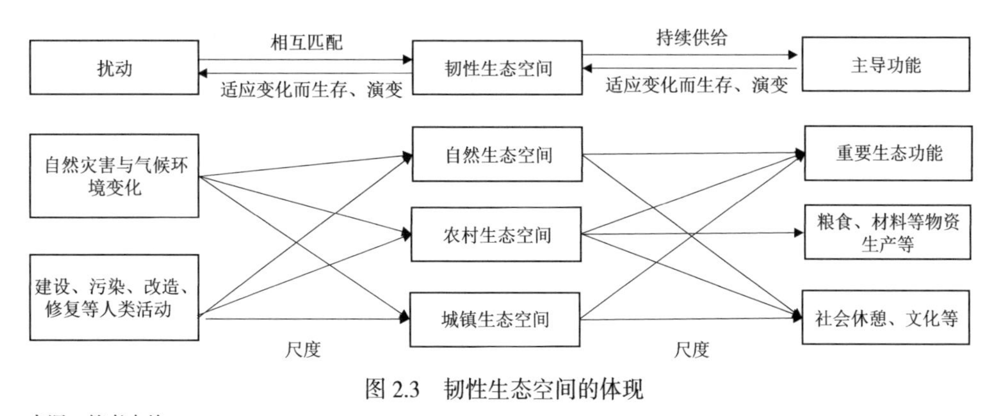

图 2.3　韧性生态空间的体现

来源：笔者自绘

2.2.1.2 生态空间韧性

韧性生态空间体现了生态空间的某种属性或特征，而生态空间韧性则是指生态空间在受到外界干扰和冲击时表现出的一种应对能力，包括对干扰的吸收、抵抗、变化和适应等，并进一步体现为生态空间通过自组织或他组织的方式对其结构和功能的优化调整。二者的侧重点是不同的。

生态空间作为生物要素与非生物环境要素相互作用与活动变化的“舞台”（张宇星，1995），对外界干扰的应对体现出“自组织力”（self-organization）与“他组织力”（heter-organization）[①] 同时并存的特征。在外界干扰下，部分生态空间能够在不受外界力量的干预下利用自身结构和功能过程予以调整变化，通过重组和更新来实现吸收和缓冲灾害风险冲击，适应冲击和恢复原有结构和功能的能力。如受到局部破坏的珊瑚礁体可以在洋流作用下受到其他周边更大空间范围上的珊瑚礁的支持，实现珊瑚礁的恢复和再生（框 2-1）（Mellin et al.，2019）；又如森林在面对火灾时，其植被类型和物种的多样性可以在一定程度上分散火灾的冲击风险，并在火后实现再生。这都是生态空间通过自组织方式来提升自身适应能力和促进功能演变的体现。

人工或半人工的生态空间，可以依靠人类活动的积极干预来适应变化。如在长江三峡水库消落带湿地区的观察实验中，研究发现增加挺水植物、浮水植物等物种多样性，尤其是保持一定的耐淹水植物比例，有助于水生生态系统度过缺氧的淹水期，保持长期稳定健康（袁兴中 等，2011）；又有学者在橄榄林应对虫害的韧性研究中发现，可以通过增加周边景观生态空间的连通性，调整橄榄林之间的最近距离等措施提升橄榄林对虫害的承受能力（Rescia et al.，2018）。这些都体现了生态空间能够通过空间主体的有效干预进行调整和组织构建韧性，以增强生态空间适应变化和承受干扰冲击的能力，在这种形式下，生态空间韧性体现为人类对生态空间积极的规划干预、保护、营建、修复等组织管理方式和手段，若方法合理则使得生态空间维持较高的韧性量级，否则则会降低生态空间承受和适应冲击的能力，从而衰退或消逝。

综上，笔者认为生态空间韧性主要是指在一定的时空范围和主导功能限定下，生态空间通过其自组织能力和积极的人类活动他组织能力，体现出的对干扰和冲击影响的抵抗、适应能力。

---

① 在复杂科学中，包括偶发作用力的任何外力，只要能够引起系统结构改变，发挥了组织作用的影响力被称为组织力。组织力来自系统内部的称为自组织，来自系统外部的称为他组织（宋爱忠 ,2015）。

框 2–1　自组织力作用下的珊瑚礁空间韧性

外界干扰对生态系统结构以及生态系统进行抵抗、吸收、适应或重组过程（韧性）的影响，是很多因素的综合作用，如生物的生态习性、生物量、生物多样性等。在韧性发挥作用的动态过程中，生物和生物间的原有关系将会被重构，而重构过程涉及生物和物质从邻近的区域迁移到受干扰的区域。在这种情况下，不同区域之间的距离和流动性就显得非常关键。对珊瑚礁生态系统来讲，受到干扰的单个珊瑚礁的恢复和重建在很大程度上取决于在更大空间范围的珊瑚基质支持系统的恢复能力如何。以图 2.4 为例，受干扰珊瑚礁 P0 与其他珊瑚礁之间有无连通、空间距离，以及珊瑚礁的质量（如该斑块的大小及与其他周边斑块的连通性）都将对 P0 进行结构和功能重组的能力产生影响。

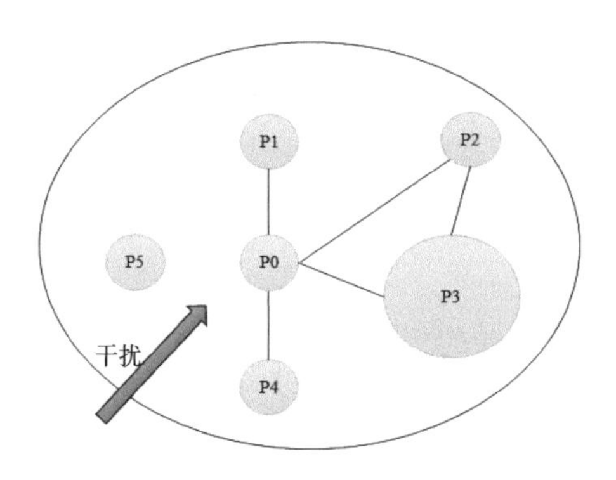

图 2.4　珊瑚礁空间韧性机制

注：P0—P5 代表单独的珊瑚礁；圆圈大小代表珊瑚礁的大小；圆圈之间连线代表二者之间具有连通；连线的长度代表距离。

来源：笔者自绘

2.2.2　生态空间韧性与生态韧性、城市韧性的关系

2.2.2.1　生态空间韧性与生态韧性

生态韧性（ecological resilience）在不同的语境下可以有不同的概念理解，笔者认为可分为广义和狭义的生态韧性。

广义的生态韧性可被认为是描述一般意义上生态系统应对干扰动态响应机制的抽象理论模型，并可作为指导不同类型生态系统应对干扰维持系统功能稳定的基础性理论。对于实现生态韧性的触发条件和表现形式，不同学者有不同观点：如最初的生态韧性概念提出者霍林（1973）认为生态韧性强调系统在一定的阈值范围内，能在受到干扰后恢复到一定的平衡状态，虽然并非一定回到原来的平衡

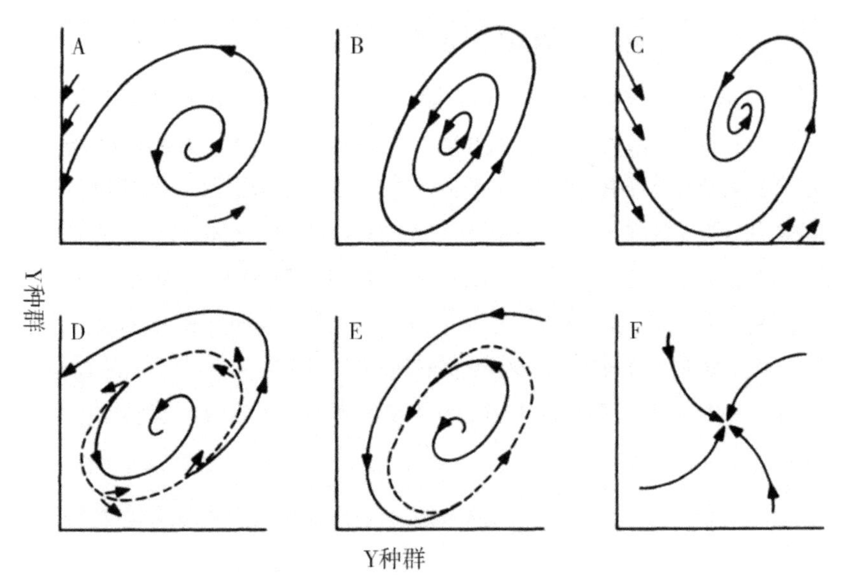

图 2.5　系统在一个相面上可能存在的行为模式

来源：笔者译自 Holling，1973.

状态，并会表现为多种可能的行为模式（图 2.5），但仍能实现原有系统状态的稳定性（stability）；而 Walker 等（2006）则认为韧性不应该仅仅被视为一种系统对初始状态的恢复，而是复杂系统为回应压力和限制条件而激发的一种抵抗、适应和转变的能力；Folker 等（2010）和 Chelleri（2012）等对生态韧性的能力进行了划分，认为韧性可以包括在一定干扰程度内的持续性的韧性（resilience as persistence）、适应性（或称为系统增量变化的过渡，system incremental change）和干扰积累效应后引发的转变性（或称为系统重构，system reconfiguration）等，将对生态韧性的理解发展成为社会生态系统视角下的演进韧性理论。

狭义的生态韧性则因研究者关注对象、尺度和具体问题等方面的不同而存在多样化的理解。如图 2.6 所示，狭义的生态韧性研究包括在微观或中观尺度上微生物、动植物等对冷、热、营养物等环境条件改变的耐受性（resistance）研究（Baho et al.，2012；Nicastro et al.，2008）；宏观尺度上针对森林、湖泊、草原、珊瑚礁等不同类型生态系统在干扰下的恢复性研究（Chung et al.，2019；Churchill et al.，2013）；以及在人类活动影响下的乡村农田、海岸带和城市自然生态系统、城区生态组分的相关韧性研究（白立敏，2019；臧鑫宇 等，2019）等。

为应对韧性的概念模糊问题，学界有代表性学者如 Merrow 等（2016）在综述与界定城市韧性概念的研究中明确指出，在城市韧性相关概念界定中要明确回

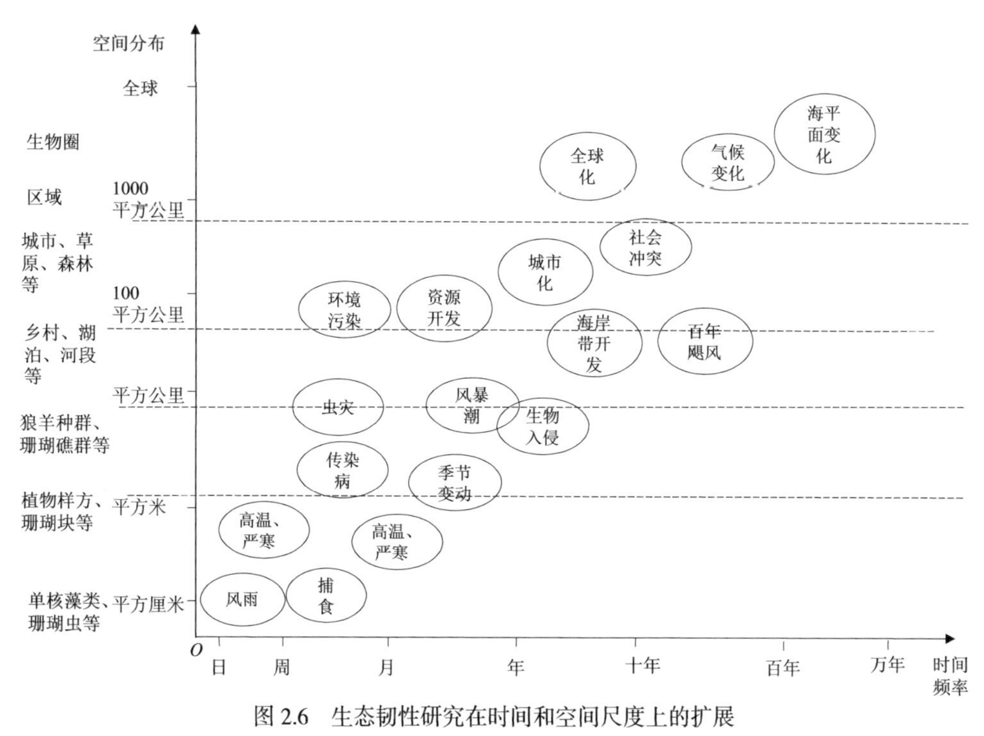

图 2.6　生态韧性研究在时间和空间尺度上的扩展

来源：笔者自绘

答好韧性的“5W”（what，whom，where，when，why）的问题，城市韧性的相关概念才会变得更具有实践意义。为辨析生态空间韧性与生态韧性之间的概念区别，可以从解答“5W”问题着手（表 2.3）。总体来讲，生态空间韧性和生态韧性都是韧性理论在生态维度上的应用，其根本区别在于概念应用对象的差别，并因此产生在受益对象、干预主体、时空间范围等方面的差异，并由此产生生态空间韧性在概念内涵和特征上与生态韧性的不同。

表 2.3　生态空间韧性与生态韧性的概念区别

	生态空间韧性	生态韧性
概念定义	生态空间韧性是指一定时间和空间范围内，与生态空间相关的空间变量及相互关系，使得生态空间在干扰下依然维持其关键功能，并具有与之前运行状态的一致性或积极演进的能力	生态韧性是指生态系统从扰动中恢复到新的稳定状态的续存能力（沈迟 等，2017）
研究对象	生态空间的类型、位置、面积、功能等空间变量及其相互关系	生态系统相关的生物因素、非生物因素及其相互关系

续表

	生态空间韧性	生态韧性
受益对象	兼顾生态系统与人类需求，强调生态安全和人类获取生态福祉的协同	因生态系统类型不同，受益对象不同，更偏重于自然生态系统自身恢复稳定和持续存在的能力
时间与空间尺度	视干扰或问题的区别，受到人类活动干扰强度和频率的影响	视干扰的时间和空间特征而定
干预主体	主要受人类活动干预	视生态系统类型及与人类关系密切程度而定

来源：笔者自绘

2.2.2.2 城市生态空间韧性与城市韧性的关系

城市生态空间韧性既是城市韧性的重要组成，又是城市韧性在多重维度上特定韧性的交集。城市韧性可被认为是城市多方面韧性的集合，如有学者认为城市韧性分为技术韧性、组织韧性、社会韧性、经济韧性（仇保兴，2018）；城市生态空间韧性是城市韧性的一个重要的构成要素，并具有一定的复合性，呈现为城市生态韧性、社会韧性、技术韧性和组织韧性等其他相关韧性的交集（图 2.7）。在生态韧性方面，城市生态空间所承载的生态要素及其过程显然有与生态韧性产生交集的部分；在社会韧性方面，城市生态空间为社会输出生态系统服务功能并承载一定的社会活动的特性反映了生态空间韧性与社会韧性的关系；在技术韧性方面，包括人类干预生态空间的生态修复、环境治理等常规技术，还包括可以服务于生态保护的大数据、人工智能等新兴技术；在组织韧性方面，涉及城市生态空间利用、保护和管控等各种社会主体形成的管理机制体制。

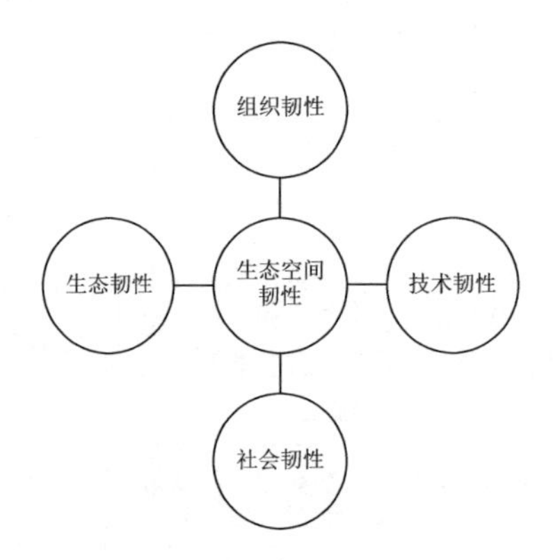

图 2.7　生态空间韧性与其他韧性的关系

来源：笔者自绘

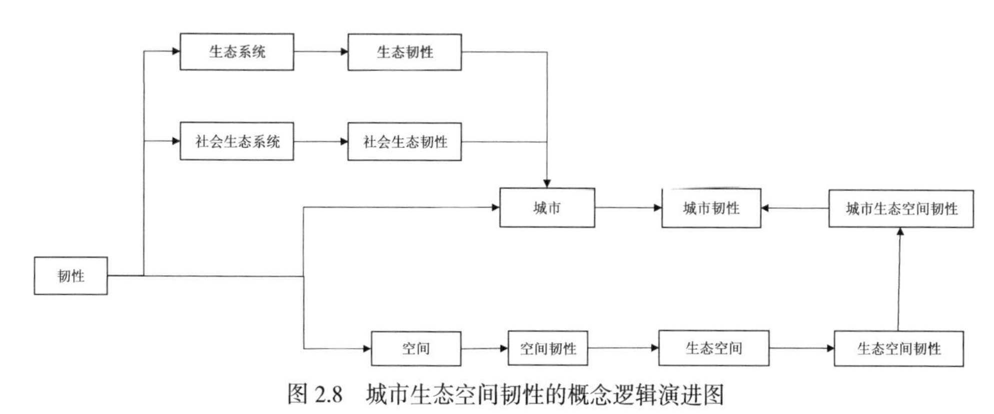

图 2.8　城市生态空间韧性的概念逻辑演进图

来源：笔者自绘

2.2.3　城市生态空间韧性的概念逻辑

对概念的探讨能够反映目标概念与相关概念之间的逻辑关系，有助于确定目标概念的类型、概念的内涵和外延以及与各种相关概念的联系和区别（王绍平，1990）。从韧性概念到城市生态空间韧性概念的逻辑演进来看（图 2.8），城市生态空间韧性的概念形成既有其独立的逻辑路线，又与其他相关概念的演进具有紧密联系。一方面，城市生态空间遵循了韧性应用到空间、生态空间和城市生态空间的逻辑路径；另一方面，城市生态空间作为城市系统和生态系统的重要组成部分，城市生态空间韧性的研究离不开对城市系统和生态系统结构、功能、过程及相互关系，尤其是人地关系的充分认知，从这个方面来说，城市生态空间韧性与城市韧性、生态韧性有紧密联系。

笔者认为，识别相关近似概念的逻辑关系有助于在理论上分辨概念的区别与联系，避免在实际应用中产生概念模糊、界限不清的问题。而问题的关键仍在于对韧性研究视角以及韧性研究的现实意义的界定，例如在研究视角上，研究者对包括时间和空间的研究尺度的界定、研究者是持有“自然至上”还是“人类至上”的价值基础；又例如在现实意义上，研究者是关注于应对某种特定干扰或灾害，还是关注对多重干扰的应对；等等。为应对这些问题，有必要对城市生态空间韧性的内涵及其特点予以探讨。

2.3　城市生态空间韧性多维内涵解析

“内涵”（connoation）作为逻辑学的一个基本概念，在《现代汉语词典》（第七版）中的解释为“逻辑学上指一个概念所反映的事物的本质属性的总和”。在英文中是指“事物或概念蕴藏或与之相关的想法或含义”，或单词字面含义之外所反映的一系列联想[①]。概念的内涵并非一成不变，“由于事物是不断发展变化的，人类对于事物的认识也是一个不断深入发展变化的过程，事物可以有不同的属性，从不同的维度对它们加以反映，从而形成不同的概念内涵”（马钦荣 等，2004）。从类型学的角度出发，对城市生态空间韧性内涵的探讨也理应从多个维度进行。

2.3.1 多维内涵构成

城市生态空间韧性的内涵是韧性内涵在城市生态空间这一对象上的深入和发展，体现城市生态空间韧性所有本质属性的总和，也是“城市生态空间韧性”在不同维度或视角上的具体化表达的内容。在对生态空间的概念研究中可以发现，受研究者所处时代、研究领域或尺度等限制，他们对生态空间的定义一般是描述了生态空间某一方面或视角下的特点，因而只具有相对的真理性。

与此同时，纵观韧性概念应用于城市不同对象产生的相关韧性“衍生”概念（如城市生态韧性、城市空间韧性、城市综合韧性等），不难发现研究者对韧性概念的应用对象往往存在某种理论假设前提，如将韧性的应用对象看作一个系统，这个系统可以是一个机械的“无生命的”受人类管控的物质系统（如基础设施系统、能源系统等），也可以是一个“有生命的”可以自组织的有机系统（如自然生态系统、人体系统等），又可以是一个社会生态多元素之间的相互耦合系统（如人类社会生态系统），这种理论假设本身就融入了研究者所持的研究视角或关注维度的考虑，而韧性的目的更是有防灾减灾、功能维持和多重效益等区别（Bizzotto et al.，2019）。因此在对城市生态空间韧性的认知中也应该予以重视，不应局限于对韧性狭义范畴上的理解，应尽可能从多重维度去探讨其概念内涵。

城市生态空间韧性理论作为韧性理论与城市理论、生态理论和空间理论等知识体系的结合，具有多学科交叉的特点。本书对城市生态空间韧性内涵的探讨主要从“生态”与“城市”相结合的视角予以探讨，这是由其服务对象、作用过程和驱动力等方面决定的。

（1）从其服务的对象来讲，城市生态空间韧性具有“自然 + 社会”的双重性与耦合性。一方面，城市生态空间有韧性有助于形成安全的自然生态本底，为该地区的生物多样性提供健康的栖息环境，增强其对风暴潮、海水倒灌等自然灾

---

① 引自《美国传统英语词典》，原文为“An idea or meaning suggested by or associated with a word or thing”或“The set of associations implied by a word in addition connotation to its literal meaning”。

害冲击以及水沙动力过程改变、环境污染、空间侵占与破碎化等人为干扰的抵抗、适应与恢复能力，形成健康可持续的自然生态系统；另一方面，城市生态空间有韧性有助于改善区域生态环境，增强或优化生态系统服务输出能力或空间格局，能够在更合理的程度上满足城市、社会及普通市民对生态系统资源供给、环境调节、文化娱乐等多重物质与精神方面的需求，从而可以增强整个城市社会的韧性，并最终形成自然与社会之间相互适应和协同共生的耦合优化系统。

（2）从城市生态空间及其韧性培育、增强、优化等一系列动态过程来讲，城市生态空间韧性是通过城市生态空间发挥其生态功能和输出生态系统服务的过程机制上实现的。霍林在生态系统研究中就曾提出对系统韧性及外界干扰是否触及系统阈值离不开对系统状态的监测与识别（Holling，1973），系统功能是否正常或表征系统功能的相应状态变量也常可以作为指示系统是否具有韧性或指示系统可能变化趋势的监控指标（Walker et al.，2012）。

（3）从对形成和调控城市生态空间韧性的驱动力或主体来讲，除了生态系统的自组织性、自我平衡等能力之外（笔者将其概括为生态空间的"自构力"），在很大程度上仍将是居住城市中的人类。一方面，人类为满足自身生存向自然生态系统的索取、生产等低程度影响行为以及不合理的开发建设等高程度影响行为对生态空间及其韧性产生消极影响，另一方面，人类通过思维认知、监测评估、空间规划与社会治理等不同的手段对城市生态空间的结构要素和功能过程进行修复、改造等优化调控行为又将提高生态空间质量、提升生态空间韧性，使其韧性效应达到人类期望的程度并积极演进。

总体来讲，对城市生态空间韧性的认知，既涉及人类对于自身群体生存状态和持续发展能力的哲学思考，又涉及对城市生态系统及各关联系统的结构和功能的综合属性和多维度特有属性的探讨，而这种探讨带有时间上的动态性和要在空间尺度上落实的现实性。基于以上认识，笔者认为有必要对城市生态空间韧性在哲学、功能、生态、社会、时间和空间等多个维度的内涵进行探讨。其中，哲学内涵是在多种内涵解释的基础上从哲学层面进行的统领式的思考；功能内涵是从韧性作为事物一种特有属性的角度出发，探讨城市生态空间韧性的表现形式；生态内涵与社会内涵则是从城市社会生态复合系统的结构和功能维度出发，探讨城市生态空间韧性的具体现实组成；时间内涵与空间内涵代表了城市生态空间韧性的存在与发展形式。

2.3.2 哲学内涵

根据相关研究对哲学内涵维度的划分（刘希良 等，2014），城市生态空间

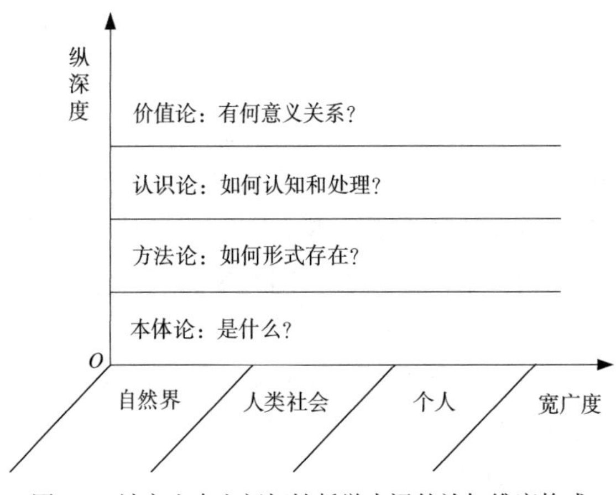

图 2.9　城市生态空间韧性哲学内涵的认知维度构成

来源：笔者自绘

韧性的哲学内涵可以从对世界认知的宽广度和纵深度两个维度进行探讨。如图 2.9 所示，宽广度是对其哲学内涵的横向考察，基于对世界的认识和划分，可以从自然界、人类社会和个人三个方面进行探讨；纵深度是对其哲学内涵的纵向考察，主要包括本体论、方法论、认识论和价值论等方面。

（1）宽广度方面，城市生态空间韧性的哲学内涵首先体现了对世界连续性与离散性[①]、不确定性与相对的确定性、整体论与解析论上的辩证统一。城市生态空间韧性是指城市生态空间及其与之紧密相关的人类与自然要素复合系统应对外界扰动的能力。一方面，宏观来看，多层次、多类型、成网络的城市生态空间构成了一个整体性、连续性的生态空间系统（郭淳彬，2018；张浪，2018），其结构与功能实现涉及自然组分、社会组分以及每个独立的城市人。这些组分间彼此联系、相互作用形成一个耦合系统，对外界的诸多不确定性扰动体现为整体性、外部性的应对和响应，即综合韧性。另一方面，城市生态空间的特定韧性要着眼于生态空间的特定类型、特定问题以及要素间的特定关系进行具体分析。如在城市具体河段或区域的防洪韧性上多强调其鲁棒性建设，如上海市的海塘修筑要考虑应对不同等级破坏力的潮水或风力影响[②]；在城市宏观尺度上，则更注重生态

① 连续性在哲学领域是指事物之间存在相互依存、相互制约的关系，而离散性是由于受到主体认知能力的限制，主体在认知过程中不得不对客体进行离散，为了实现客体能够在主体意识的认知能力范围内认识客体（南宏宇，2016）。

② 2013 年发布的《上海市海塘规划》提出上海陆域及长兴岛主海塘防御能力达 200 年一遇高潮位 +12 级风，崇明岛及横沙岛主海塘防御能力达 100 年一遇高潮位 +11 级风。

空间景观上多样性、连通性等方面的营建（陈思清 等，2017）等。

（2）纵深度方面，根据刘希良和侯旭平（2014）对哲学内涵纵深维度主要包括两种关系和四个维度的判断（表 2.4），笔者认为在纵深度上回答城市生态空间韧性的哲学内涵，就是要回答城市生态空间韧性的本质是什么，它是如何形式存在的，谁来主导及其价值性等一系列的基本问题。

表 2.4　城市生态空间韧性哲学内涵纵深度内容

关系	纵深维度	阐释	城市生态空间韧性
主客观关系	本体论（ontology），又称“存在论”“是论”	主要是回答世界是什么的问题，如世界是物质的还是意识的	人类社会生态耦合系统在生态空间界面上应对各种干扰时维持其原有平衡态或向新平衡态积极转变的能力属性
	方法论（methodology）	是关于世界如何存在或生成的理论或学说，主要回答如何改造世界的问题，如世界是动态、发展的形式存在，还是以静态、孤立的形式存在	具有状态上的动态性以及实现过程上的时间顺序性，结构和功能实现表现为一定的空间过程和关系，并且受到空间观察尺度的影响
主客体关系	认识论（epistemology）又称知识论	指人类认识的本质及其发展的一般规律的思想、理论或学说，主要回答作为主体的人类与作为客体的世界之间的认识与被认识的关系问题，如人类是如何发现、提炼某一事物的知识并对其验证和发展的	是人类基于对以上各种与城市生态空间韧性不同层面相似“类”的共性和特性进行集合、辩证之后而形成的认识结果
	价值论（axiology）	是研究主客体之间意义关系的本质及其发展的一般规律的思想、理论或学说，主要回答客体对于主体有什么意义的问题，如某一事物的“优”与“劣”如何判断	具有积极属性，强调一种人类期望的积极状态，但应尊重自然规律的客观性，实现人与自然的和谐发展

来源：笔者自绘

第一，从韧性的本质来讲，尽管韧性概念经历了多个学科领域的应用与发展，但在其概念演变过程中，始终没有偏离一个本质问题：即某一事物（或系统）在受到干扰后其状态是如何变化的？具体可表现在事物（或系统）外在结构、功能以及内部关系等方面的变化，并可使用稳态、平衡态、持续性、吸引域等概念来表征这些变化特征（Holling，1973；Meerow et al.，2016）。如霍林指出韧性和稳定性都描述系统的一种属性，当系统只有一个稳定平衡态时，稳定性和韧性没有什么区别，都指系统受干扰时以变化最小代价实现平衡状态的能力；但当系统可以有多个平衡态时，稳定性指尽可能恢复到原来平衡态的能力，而韧性则是使系统稳定在原来或一个新平衡态的能力（Holling，1973；Holling，1996）。基于对韧性本质的认识，笔者认为城市生态空间韧性的本质即是描述城市社会生态耦合系统在生态空间界面上应对各种干扰时维持其原有平衡态或向新平衡态积极转变的能力属性。

第二，辩证唯物主义认为时间和空间是物质运动存在的形式（孙海义，2003），城市生态空间韧性自然也不例外。从时间维度来看，城市生态空间作为城市系统的一部分，本身具有随时间进行演变发展的动态性特征，而韧性发挥作用的过程也存在干扰前、中、后的时间顺序。如 Walker 和 Salt（2006）将韧性作用划分为恢复、增长、衰退和重组的四个阶段。从空间维度来看，城市空间是城市各种活动的载体，城市生态空间的结构和各种功能包括韧性实现本身就表现为一定的空间过程和关系，并且受到空间观察尺度的影响，如城市尺度观察的城市生态空间韧性不同于区域尺度或社区尺度观察到的韧性，并且不同空间尺度之间的韧性具有联系性。

第三，从主客体关系来看，概念的提出和细化体现了人类作为主体对世界客体的认知过程，并存在一个主体对客观事物“类”化认知以识别其中共性和特性的过程（南宏宇，2016）。城市生态空间韧性概念的提出便体现了人类主体对生态空间这一客体特有属性认知过程，笔者认为主要通过三种形式体现：其一，城市生态空间作为一个对象同其他类对象（如金属物体、人体、社会生态系统等）的韧性相比有什么共性与独特属性；其二，针对城市空间这同一事物，在其不同类型的城市空间（如城市社会空间、生产空间等）所具有的共性与独特属性；其三，在城市生态空间内部的构成要素（如水体、草地等不同类型斑块、廊道等），彼此间的联系，功能实现过程等方面认识到的城市生态空间形成、实现或优化提升韧性的过程中的共性或特性。由此，城市生态空间韧性概念是基于对以上各种“类”的认识集合之后而形成的认识结果。

第四，韧性概念具有明显的正极性和中性（或负极性）的争论，笔者认为城市生态空间韧性在价值性方面具有相对明显的积极属性。尽管韧性被视作实现人类可持续发展的重要途径而备受推崇（Magis，2010），并常被作为一种具有积极属性的概念出现在学术性文章和城市政策中，其中不乏“构建韧性”（building resilience）、“增强韧性”（enhancing resilience）或“韧性提升”（resilience improvement）等说法（Bush et al.，2019；Mai et al.，2018；韩雪原 等，2019），这些说法认为城市韧性可以存在由无到有的构建与提升，或简单认为城市韧性是脆弱性的反面，脆弱性降低，则韧性提升。但在对韧性的价值性探讨中，也有学者认为在没有确定明确的利益相关对象之前，无法确定其价值性（Meerow et al.，2016；沈清基，2018）。举例而言，如水域生态系统本身具有适应外界变化维持自身稳定的韧性，即便是在富营养化程度下，也可以维持一种较为稳定和高韧性的状态，难以快速清除富营养化。而考虑水域附近生存的人类的时候，显然这种高韧性的状态却并非有利于人类。城市生态空间韧性以人类高密度集聚或邻近的城市生态空间作为研究对象，在本质意义上是要实现一种人类所期望的状态，与城市韧性相关的建设和管理等人为干预手段都表现出一种“向优”和“积极演进”的特征。但值得指出的是，现代韧性理论认为外界干扰对复杂系统某一方面功能的损耗，如果超越某一阈值范围，则有可能引发系统非线性的剧变而造成系统的重组（Folke et al.，2010；Scheffer et al.，2001），这种系统重组的后果并非一定是人类所期望的，也未必是其能够承受和控制的。笔者认同韧性更多的应该是被“优化提升”，即承认事物存在固有韧性，在阈值范围内被人工干预予以管理和调控（Walker et al.，2012），使其达到人类期望的程度或水平，对于受人类活动影响并影响人类需求的城市生态空间韧性更是如此。对城市生态空间韧性的建设和优化提升等活动，应在更高的层面审视人类与自然环境之间关系的协调性，尊重自然规律的客观性，实现人与自然的和谐发展。

综上，本书将城市生态空间韧性的哲学内涵理解为：人类希冀城市生态空间及其所承载的人地关系耦合体在面对各种干扰时维持其原有平衡态或向新平衡态积极转变的能力属性，反映了人类从空间视角认知与处理城市生态系统内部与外部的诸多因素与相互关系，以及更高层面上的人类与自然关系时的积极愿景、基本价值观和思维 – 实践模式。从回答以上一系列问题的过程中可以发现，韧性哲学实质上是认知和处理韧性相关的各种关系的学问或知识，是有关“韧性关系”的理论、思维、方法和实践的集合。

2.3.3　功能内涵

“功能”在《辞海》中的解释为“具有特定结构的事物或系统在内部和外部联系和关系中表现出的特性和能力”（大辞海编辑委员会，2003）。城市生态空间韧性体现了城市生态空间在其内外部联系中表现出的一系列特性和能力。其中，韧性限定了城市生态空间功能的性质方向，城市生态空间则限定了韧性的应用范畴。从笔者对城市韧性典型概念定义的关键词词频分析来看，常见的关键词有“能力”“恢复”“应对”“吸收”“功能”和“适应”等，这对于我们认知城市生态空间韧性的功能内涵具有重要意义。对于城市生态空间韧性的功能内涵，笔者认为主要包括了城市生态空间的三种能力，即固有韧性能力、适应能力和转变能

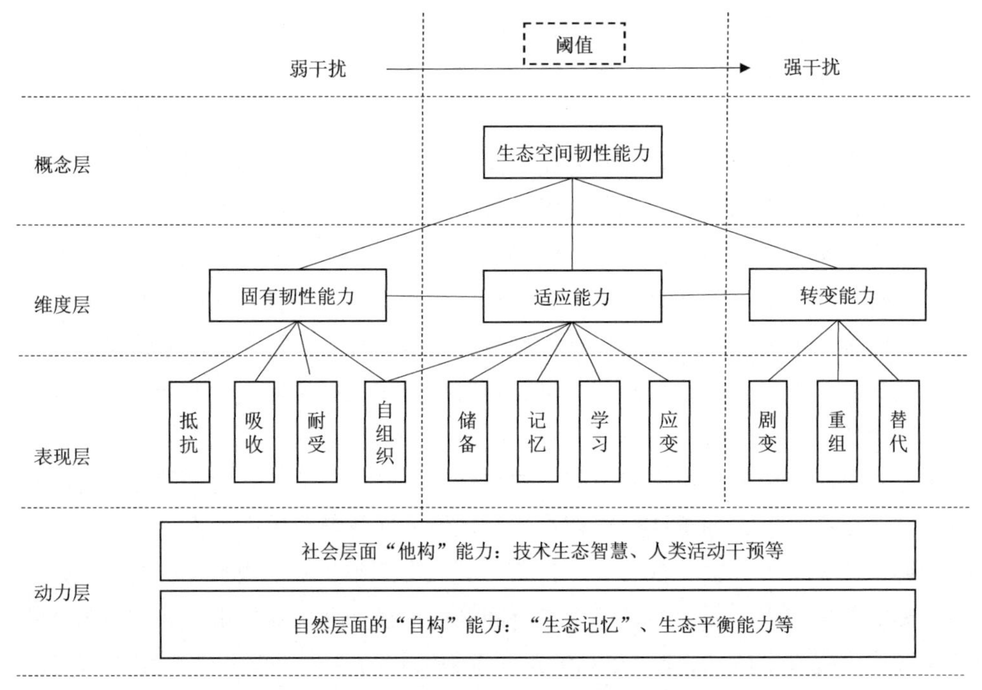

图 2.10　城市生态空间韧性的韧性能力构成

来源：笔者自绘

力，见图 2.10。

第一，无论受到外界干扰与否，城市系统表现出固有韧性（inherent resilience）能力。固有韧性是指研究对象如个体、组织、社区或基础设施自身固有和已经存在的韧性（Cimellaro，2016；Davis-Street et al.，2018；Park et al.，2015；Rousakis，2018），并在灾害或干扰冲击发生时最先发挥作用（Norris et al.，2008）。从长期的时间视角看，城市生态空间作为一个由人类社会和自然生态相互耦合的作用界面和空间载体，其本身具有一定的维持自身结构和功能和动态平衡的能力。一方面，生态系统可以在长期演化中形成有一定的“生态记忆”（ecological memory），并在受到干扰时发挥出对干扰的吸收和恢复作用（Barthel et al.，2010；Nystrom et al.，2001）。另一方面，人类社会依靠社会个体的主观能动性，以及社会群体的领导、协调、经验学习与传承机制形成的一些生产和生活存在的生产方式、行为习惯和知识传承等“城市结构基因”[①]，也有助于维持

① 根据仇保兴（2009）提出的 CAS 的“系统的选择保存原理”，即系统构型不同的突变体具有不同的对环境的适应性。对城市系统来说，通过其发展战略、城市规划、文化资本、产业结构、历史文化习俗的传承创新与政治体制和管理制度等“城市结构基因”能够帮助实现城市的自适应能力。

生态空间要素的自适应性，帮助其增强抵抗干扰或从干扰中快速恢复的能力。如考古学发现地中海黎凡特地区在公元前 2000 年以前就修筑了水坝、蓄水池、阶梯式护土墙保护的梯田耕作技术（图 2.11）等来实现对水资源和土壤的保护，并进而提高了农业生产效率（Redman，1999）；又如研究发现一些城市苗圃、城市农场（图 2.12）及其附带的“社会生态记忆”（social-ecological memory）效应有助于人们形成关于尊重自然生产、保护生态环境的观念并得以传承，有益于保护生物多样性和培育社区凝聚力，对培育城市的一般韧性和特定韧性均具有重要

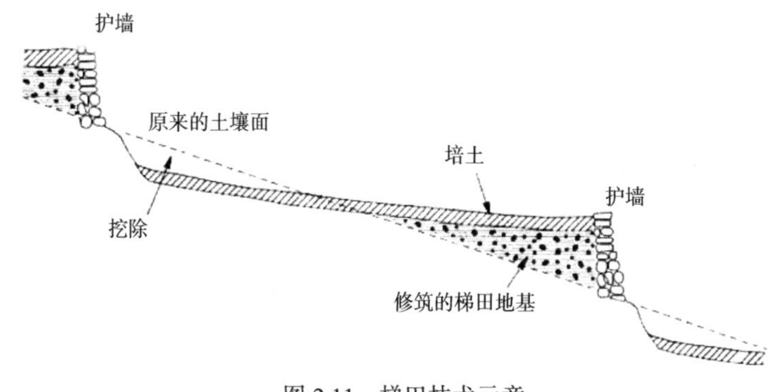

图 2.11　梯田技术示意

来源：笔者改绘

（a）辛辛那提市康科特（concord）社区花园；（b）西雅图市 P-patch 社区花园；（c）P-patch 社区花园公告栏；（d）P-patch 社区花园人造鸟巢；（e）P-patch 社区花园动物保护标志

图 2.12　美国辛辛那提市、西雅图市的城市农场及设施

来源：笔者自摄

意义（Barthel et al.，2010；Nykvist et al.，2014）。从以上角度来看，城市生态空间韧性的功能内涵首先体现为固有韧性能力。

第二，在城市生态空间受到干扰冲击后且系统没有重大功能变化或下降的情况下，存在自然要素和人类主体均表现出的学习和存储知识、重新调整和配置系统资源与功能，实现灵活性地创造解决问题方案的能力，即适应能力（adaptive capacity），或简称适应力（adaptability）（Resilience Alliance，1999；Walker et al.，2012）。对于韧性与适应性的概念关系，学界已有不少探讨（图 2.13）：如有研究认为韧性与适应性是系统的两种不同属性，且适应性通过系统参与者管理和控制来影响韧性，具体的表现是移动阈值，或让系统远离某个阈值移动，或让系统朝向某个阈值移动，或让系统更难触及阈值，或让系统更易触及阈值（Walker et al.，2004）；另有研究在前人研究的基础上认为韧性与适应性是理解动态系统的关键概念，适应性是韧性的一部分，二者在多重尺度上相互联系（Folke et al.，2010）。笔者认为，城市生态空间中自然生态要素的适应性主要体现为生态要素对干扰和冲击的驯化性，生物可以在一定程度的缓慢变化中形成对新环境的适应能力和生存能力，在某种程度上，自然要素的这种驯化性也是属于前文所述固有韧性的一种，但区别于固有的“生态记忆”，这一适应性能力的积极效果带有一种随机性、新生性的特点。此外，城市中人类个体、群体及其代理机构（agent）可通过社会学习（social learning）（主动的或被动的）、实验的方式从过往灾害事件中积累经验，可以通过人工干预的行为，如基于生态系统的适应方案（ecosystem-based adaptation）和基于自然的方案（nature-based solutions），积累知识、改变生活习惯和长期决策等提升生态空间抵御未来同等强度或更加严重城市灾害的能力（Godschalk，2003；Seddon et al.，2020；Walker et al.，2004；徐波，2018），尤其是人工智能和智慧城市技术的发展，也使得城市的物质系统逐渐具有“学习”能力，基于对过往事件的学习，逐渐增强应对未来类似事件的能力（刘严萍 等，2019），适应能力体现了系统管理韧性的一种能力，实现方式可包括：避免系统跨越阈值；或调整系统进入一个期望的状态；或调整系统的阈值创造一个更大的安全操作空间（Walker et al.，2012）。适应能力的存在，使系统在面临

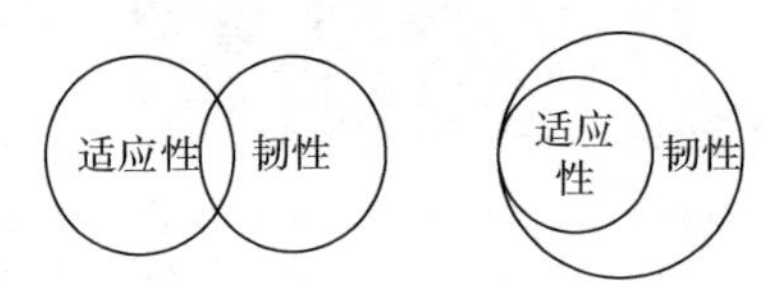

图 2.13　关于“韧性”与“适应性”的两种概念关系

来源：笔者自绘

不确定性风险时有了更多进行主动重组和更新的选择权，属于城市生态空间韧性功能内涵的重要组成部分。

第三，当外界干扰超过原有系统的阈值时，系统原有的生态、经济和社会条件导致现有系统不再稳定，系统将会发生剧变，成为另外一个不同的系统，并创造一种新的运作方式，这种能力称之为系统的转变力或转变性（transformability）（Walker et al.，2004）。从较大的时空尺度来看，系统转变性的现象如生物进化史中爬行动物时代逐渐转变为哺乳动物时代，又如人类采集狩猎文明被农业文明所取代，继而又出现了城市文明，这些都是系统转变性的例子。尽管转变性可能会带来系统的剧变，但随着世界愈发增加的不确定性风险，转变能力或转型能力也愈发被社会科学研究者所重视，而被认为是韧性管理中的重要内容之一。如有研究基于当前世界未能果断有效减少碳减排应对气候变化的现状，提出了转变性气候治理的框架，具体包括管理、解锁、转变性和编排四种主要能力（表 2.5），来缓解和适应气候变化，引导社会向更加低碳、韧性与可持续性的方向发展（Holscher et al.，2019）。值得一提的是，由于学界对转变性的理论尚处于发展中，并且城市生态空间本身具有复杂性，本书认同转变性能力是城市生态空间韧性功能内涵的重要组成，但并不将其作为研究的主要内容。

表 2.5　转变性气候治理能力的关键概念

转变性气候治理能力	动态过程描述
管理能力（stewarding）	对突发事件、不确定性和冲击等干扰的准备和响应能力
解锁能力（unlocking）	识别和分解那些不可持续的路径依赖因素和正在受到侵蚀的不可持续制度
转变性能力（transformative）	创建和嵌入新颖要素，构建新型的可持续选项
编排能力（orchestrating）	对不同尺度、不同部门和不同管理过程的利益相关群体的协调

来源：笔者译自 Holscher et al.，2019.

综上，本书认为城市生态空间韧性的功能内涵主要体现为面对诸多不确定性风险挑战时所体现的固有韧性能力（包括吸收、缓冲、鲁棒、稳定等能力）、适应力和转变力等多种形式的能力组合，以维持生态空间关键功能的稳定输出和积极演进。

2.3.4　生态内涵

城市生态空间韧性具有深厚的生态内涵可以表现为两个方面：一是其理论基础及概念演进轨迹源自生态学；二是其研究对象主要涉及生态要素及其相关的生

态关系。

一方面，现代韧性概念的演进过程，一般认为是从生态学领域开始的。尤其是 1973 年加拿大生态学家霍林提出韧性和生态韧性的概念，对后续韧性理论和概念的发展具有较大的影响力。生态韧性理论不仅仍被研究者直接应用于城市研究,如有研究基于生态韧性的理论视角探讨了城市水环境导向的城市设计策略(陈天 等，2019），并且对后续韧性理论的发展，尤其是被引入社会科学领域和空间规划领域具有重要影响，产生社会韧性（Pelling，2003）、社会生态韧性（Adger et al.，2005）、空间韧性（spatial resilience）（Allen et al.，2016；Cumming，2011）等概念和研究方向。这一事实就可以在一定程度上说明生态内涵是城市生态空间韧性内涵的重要组成部分。

另一方面，生态学是研究生物与其周围环境之间相互关系的一门学科。城市生态空间韧性的主要研究对象是城市生态空间及其相关变量间的生态关系，从结构上来看，包括城市生态空间内部生命要素及过程所依附的生态关系（如互利共生、竞争、捕食等生态位关系），生命要素及环境要素之间的生态关系（如物质循环、能量流动等）；城市生态空间外部及其界面上的人类社会与自然生态系统之间的相互关系，如粮食生产、资源开发、污染排放及修建改造等（王南希 等，2011；杨培峰，2004），以及在更大宏观尺度上受到来自区域、国家乃至全球层面的环境变化等影响过程。从这个角度来看，城市生态空间韧性具有明显的生态内涵，并表现为生态空间及其相关变量之间达成的一种动态的、有自组织性的，并对外界干扰具有抵抗、适应、恢复和重组等一系列特征的生态关系，有助于维持生态基质或生态功能体的正常运转。

从城市生态空间韧性实现的机制来看，生态系统自身具有抵抗一定程度外界干扰的能力属性，即生态韧性，形成城市生态空间韧性实现的“自构力”。具体表现为生物个体对冷、热、水淹、大风等不良环境的抵抗性和耐受性，生物种群内部的协调分工以及种群间的互利共生等维持系统长期稳定的能力，以及更高尺度上群落或生态系统的自我平衡能力及其空间分布形成的“生态记忆”在外来干扰下形成的恢复能力、适应力和转变力（Nystrom et al.，2001；孙儒泳，1993）等。此外，城市生态空间具有韧性的效应或后果直接受益的也是城市生态空间以及负载其上的生态要素，并表现为较高的城市生态空间质量，具体可表现为生物多样性的增加、生态用地规模与质量提升、对污染的消纳能力的增强和环境改善、对缓解热岛效应和减少洪水内涝损失等防灾功能的提升（刘鹏飞 等，2020；吴衍昌，2019）等方面。

综上，笔者认为城市生态空间韧性的生态内涵主要体现为其深厚的生态学理论基础，以及作为其主要研究对象的生态空间及相关变量在动态发展过程中所实现的，并从中受益反过来促进和提升生态空间质量的一种生态关系。

2.3.5 社会内涵

城市生态空间韧性的社会内涵是由城市的社会属性所决定的。城市作为一个由人类主导的社会生态复合系统，是自然界和人类社会长期共同发展的产物，并由环境要素和社会要素构成（龙晔 等，2012）。城市生态空间韧性在受到自然规律约束和环境要素影响的同时，也受到社会主体及其主导下的经济、建设、文化等社会活动的影响；相反地，城市生态空间具有韧性也将对城市应对社会危机，维持城市社会功能稳定和良性发展具有重要意义。

一方面，城市生态空间通过提供生态系统服务产生与人类社会的多重生态关系（彭文英 等，2015），这些生态关系在很大程度上要受到城市人类和社会活动的影响（表 2.6），并对城市生态空间韧性产生影响。城市生态空间韧性的实现需要社会层面的参与贡献，起到一种“社会驱动力”或“社会构筑力”的作用，即城市社会系统在生态理念的指引下，从社会态度和行为两方面努力实现城市生态空间内部及外部各种生态关系的协调，保持生态空间关键生态功能的持续稳定输出或积极演进。具体来讲，笔者认为应包括以下内容。

（1）处理好生物要素与非生物环境关系。在保障人类生命健康与发展基本需求的前提下，注重保护生物多样性以及生物赖以生存的非生物环境质量。

（2）处理好人类对生态资源[①]和生态空间利用的协调关系。对生态资源的类型、存储量、空间分布及其演变趋势有所判断，实现对生态资源的资本化、趋优化与再生化管理，实现生态资源与人居环境一体化和谐发展；对生态空间的科学合理布局，优化生态空间的完整性、多样性和连通性，以此来保障生态资源和生态服务功能并催生韧性。

（3）在城市或区域宏观尺度上，处理好城市与外部区域及自然生态空间的协调关系，形成对周边地区的生态责任感。现代城市的运行与发展对外部系统在资源、能源、空间等方面具有极大的依赖性，城市能源和物质强度远高于周边区域，其对资源的索取式消耗及“代谢”产生的污染物将极大影响外部生态环境质量，降低周边区域的韧性水平。城市对周边地区的生态责任和生态道德担当应作为城市生态空间韧性生态内涵的重要构成之一。

---

① 生态资源是指具有一定结构和功能的各类资源的总和，包括土地资源、水资源、森林资源、气候资源、生物资源和空间资源等。

表 2.6　城市生态空间提供的生态服务和生态关系体现

大类	小类	内容举例	结构关系	可选指标
生态产品供给	农产品供给	粮食、蔬菜、水果等	城市 – 外部；人类 – 生物；生态空间等	种植养殖面积、农副产品年生产量
	自然资源供给	水、土地、矿产、林木等	生态资源利用；人类 – 自然	各项资源利用量
	生态空间供给	休闲娱乐、农业观光、采摘、避难等	生态空间	各活动面积与等级，旅游观光总收入
生态调节净化	净化功能	水、土壤、大气净化、热量调节等	生物 – 非生物环境；生态空间	森林、水体、湿地、草地、农作物、废弃物排放、未利用地面积
	调节功能	气体与气候调节、水分调节、热量调节等		
	保持功能	水源涵养、土壤保持、生物多样性保持等		
	储存功能	废弃物卫生填埋等		
生态文化服务	生态科学发展	生态学、生态经济等	城市内部生态 – 经济 – 社会关系	科学发展地位
	自然风险防范	生态建设、环境保护等		项目建设面积、资金
	生态科技服务	科技下乡等		人力、物力、财力
	生态文化营造	宣传、培训等		居民生态意识水平
生态危害影响	面源污染	农田农药化肥的施用等	生物 – 非生物环境关系；生态空间	土壤、水体污染面积
	污染物排放	废气、废水、固体废弃物的排放等	生物 – 非生物环境关系；资源利用	年、日排放总量
	生态用地挤占	城市化扩张	生态空间	占用农地面积

来源：笔者整理自彭文英 等，2015.

（4）从更高的层次来讲，追求人类与自然之间的和谐关系。人类与自然的协同进化、和谐共存已成为人类追求的理想目标之一，而城市正是人类对自然界进行干预、改造后的聚落环境的外在表现（杨培峰，2004）。无论是受人类建设活动直接干预的人工或半人工生态空间（如农田、城市绿地等），还是独立于人居环境之外、不受人类直接干预的自然生态空间（如荒漠、冻原、冰川等原生环境），都应意识到人类与自然是生命共同体，人类必须尊重、顺应与保护自然，尽可能地降低或调控人类对周边自然生态的消极影响。

另一方面，城市生态空间的韧性实现在受到社会层面影响的同时，城市生态空间的韧性效应为生态与社会共享。城市生态空间韧性效应是指城市生态空间具有韧性所引起的反应和产生的效果。具有韧性状态的城市生态空间的存在及其合理的空间布局、设计与功能实现，由于其多样性的自然环境价值和社会文化价值（表 2.7），有助于提升城市的社会韧性和综合韧性（de la Barrera，2017；Garcia et al.，2014），对城市的粮食供应、文化传承、群体焦虑缓解、精神健康和城市发展等方面具有直接或间接的推动作用（Barthel et al.，2013）。如有研究指出东京在近代历史上通过发展工业进行城市重建和保持城市竞争力，维持了城市对灾害短期意义上韧性和适应力，然而他们指出城市的绿色生态空间作为一种资源正在城市蔓延发展中不断丧失枯竭，从而使城市丧失了某种长期韧性（long-term resilience）（Kumagai et al.，2015）；又如西班牙的巴塞罗那市发布的《2020 绿色基础设施和生物多样性计划》中提道：据计算，植被覆盖率达到每公顷 100 棵树时，可有助于清除约 216.9 吨的空气污染物，其中包括 117.9 吨可吸入颗粒物（粒径在 10 微米以下的颗粒物，又称 PM_{10}）、51.5 吨臭氧、38.8 吨二氧化氮、4.8 吨二氧化硫和 3.9 吨一氧化碳，相当于为社会提供了价值 120 万美元的生态贡献（古越，2020）等。从这个角度来看，城市生态空间韧性具有明显的社会内涵，并首先体现为城市生态空间韧性的效应或成果为社会层面所共享，体现为城市生态空间服务功能供给的可获得性、公平性和持续性供给，以及在干扰加强时，实现快速恢复或通过适应改变，有助于提升城市社会韧性和综合韧性。

综上，本书认为，城市生态空间韧性的社会内涵主要体现为通过考察、辨识、模拟与设计等过程协调和处理城市生态空间内部及外部与社会系统之间的良性互动关系，调控和引导人类活动对生态环境的积极影响与正面作用，以维持或改善城市生态空间所承载的关键生态功能，促进人类与自然之间和谐共生与可持续发展。

表 2.7　生态空间体现的环境和文化价值及其表现特征

价值	特征
自然环境价值：自然、多样性、复杂性、连接性	生境质量：地表、土壤质量、地形多样性、渗透性、水
	生物质量：物种丰富度、生境丰富、原地 / 异地指数密度、分成、动植物群落的健康、独特性

续表

价值	特征
社会文化价值：健康、美观、文化、福利、联系、景观	环境质量：声适感、气候舒适度、空气质量
	感官质量：嗅觉质量、声学质量、色彩质量、视觉质量
	可接收能力：积极性和时间性变化、近距离、无障碍环境、低噪声交通
	文化兴趣：复合用途、社会机会、身份、历史意义、艺术兴趣、教育兴趣

来源：古越，2020.

2.3.6 时间内涵

“时间”在哲学中一般被认为是物质的存在形式，与“空间”相对，是指“物质运动过程的持续性和顺序性”，又指“时间计量，包括时间间隔和时刻两方面，间隔重在时段性，时刻重在瞬时性”（大辞海编辑委员会，2011）。一般来讲，时间具有方向性、曲折性、非逆性、持续性、次序性等特征（柯涛，1990；文雪等，2006）。城市生态空间韧性从其概念溯源、形成与作用机制等方面表现出明显的时间内涵。

首先，城市生态空间韧性作为韧性理论的延伸，不得不回到对韧性概念的认知（表 1.1）。在最初的韧性概念界定中，尤其是工程韧性观点下被认为是“系统受到扰动偏离既定稳态后，恢复到初始状态的速度”，尤其关注系统的恢复所花费的时间和效率，并用来表征系统韧性的程度高低；生态韧性观点则重在强调系统在阈值范围内对干扰的吸收和抵抗能力，即功能维持在平衡状态的持续性特征；演进韧性观点则抛弃了对平衡态的追求，强调系统的动态性变化，认为韧性是一种持续变化、不断调整的能力。可见从韧性概念对“初始状态”“平衡状态”“持续性”“变化”等词语的运用中，均体现了时间已成为韧性概念重要的结构性内涵，城市生态空间韧性概念自然也具有时间的结构性内涵，但受到对生态空间观测尺度的影响，而在其形成和作用过程中表现出不同的特性。

城市生态空间韧性的作用方式是一个动态的持续性过程，并受到观测空间尺度的影响。景观生态学认为景观的时间尺度可以分为短、中、长三种，景观修复到稳定状态所需时间越长，选择的时间尺度就越大，在较高的组织水平上的观测指标应突出较长时间尺度的时间因子。如持续的人类干扰过程，从短期来看可能是稳定的，生态空间的景观特征也可能持续较长的时间，但从长期来看，景观的稳定性有可能降低（刘惠清 等，2008）。从较长的时间尺度来看，城市生态空间韧性表现为其结构和功能输出的稳定性和时间维度上的持续性，对各种阈值范围内的环境干扰（包括快速的冲击或慢性的压力）呈现出一种综合性的承受能力，或可将其称之为一种固有韧性，并具有一定的历史继承性的特点。如有学者指出生态系统的长期发展尤其是空间格局上形成的“生态记忆”（图 2.14）对其受到干扰后维持功能正常和恢复，以及未来的生态响应能力有重要影响（孙中宇等，2011）；又如 Redman（1999）发现在古代时期自然环境深深受到人类农业生产活动的影响，但若人类农业生产活动控制在一定的阈值范围内，在一定程度上是可以实现一种人类与周围环境之间平衡而可持续的生产业态，当这种生产活动的频度或强度超出了生态系统的恢复能力时，则会造成土壤肥力的不断下降（图 2.15）、水资源的枯竭，继而导致生产的下降，并进入一个恶性的循环，最后导致土壤的沙漠化，栖居于此的人类不得不迁居其他地方或不得不面临毁灭的结果。而从较短的时间尺度来看，生态空间当外界冲击触及或超过生态空间的阈值时，则表现出瞬时性的变化以适应和恢复原有的功能，表现出受灾害前、受灾中和受灾后不同的动态性的时段性的响应机制，如许婵等（2017）指出空间韧性的响应机制根据时间顺序可以有前摄性的预测行动、后摄性的适应行动和习得性的更新行动等；又如有研究指出生态问题往往是长期性的慢变量作用累积效果，如生态缓冲湿地面积的减少，生物多样性的降低等，在生态空间的修复工作应针对主要

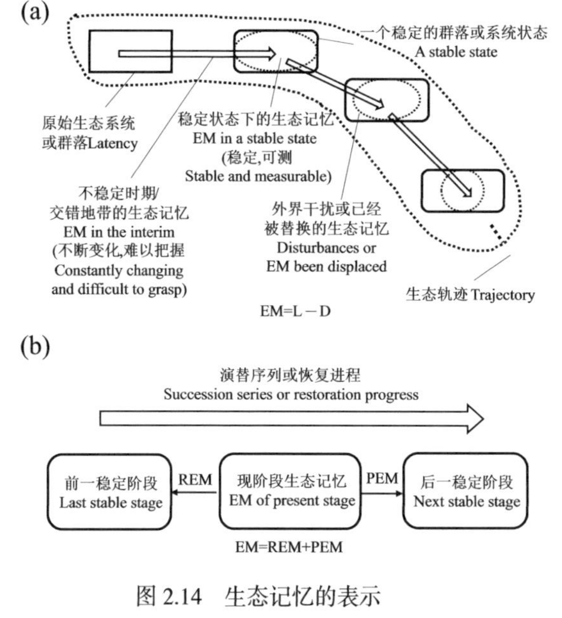

图 2.14　生态记忆的表示

来源：孙中宇 等，2011.

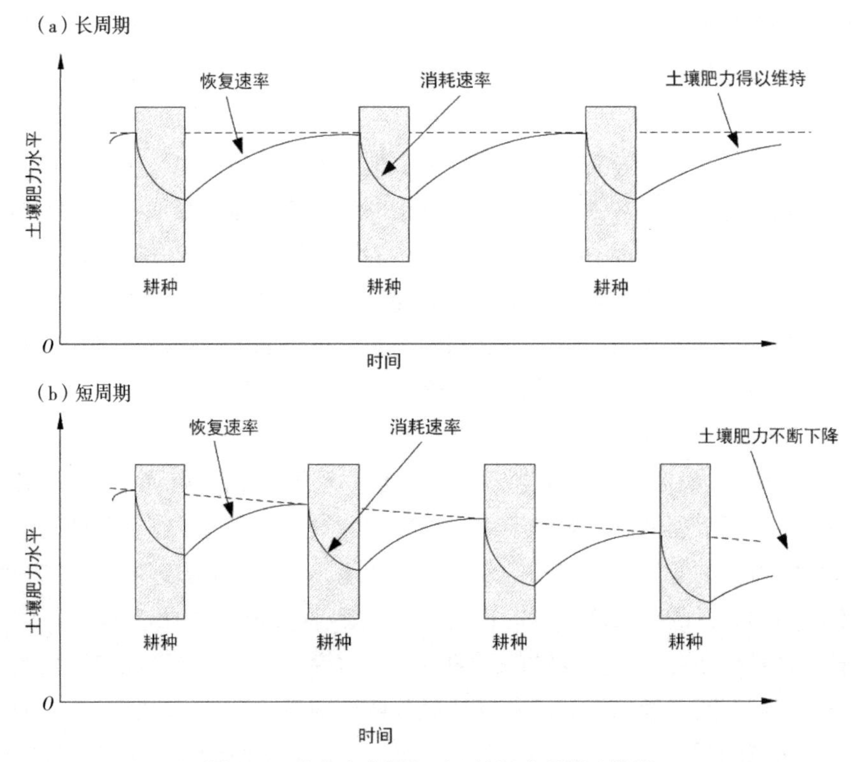

图 2.15　农业生产周期对土壤肥力的影响模拟

来源：笔者译自 Redman，1999.

的风险冲击特点制定长期韧性修复策略，从而在灾害周期内提升韧性阈值（赵红红 等，2018）。

综上，笔者将城市生态空间韧性的时间内涵概括为在一定的观测尺度下，城市生态空间及其相关的生态组分和社会组分之间相互影响、相互作用的动态发展过程，具体可包括韧性能力生成的历史继承性、韧性作用的动态的持续性以及随环境变化的时段性响应机制等方面。

2.3.7　空间内涵

“空间”与“时间”是事物存在的两种基本形式。城市生态空间韧性作为城市空间韧性乃至城市综合韧性的重要组成，城市生态空间及其相关变量间存在的空间关系本身就说明其具有空间内涵，如刘志敏等（2018）指出已有城市空间韧性研究中包括四种范式：景观生态的范式、空间形态的范式、空间组织的范式及物质空间和社会机制相结合的范式，说明空间韧性具有空间内涵是不言而喻的。笔者认为，城市生态空间韧性的空间内涵具体可从空间类型、空间格局、空间内外部关系等多个方面进行探讨。具体包括：

（1）生态空间类型要有一定的多样性，形成对外来干扰时实现生态功能的冗余性和灵活的配置性（框 2–2）。在韧性实践中，多样性多被认为是构建和提升系统韧性的关键策略，包括“100 韧性城市”[①]（100 resilient cities，100RC）和“韧性联盟”等国际组织倡导的城市韧性理论框架中都体现了这一点（邱爱军 等，2019）。在城市生态空间韧性构建中亦是如此，如有研究以新西兰奥克兰城市水社会生态系统相对韧性的评估研究，以及在城市系统韧性评估相关研究中，都体现了将生物多样性、生态空间景观多样性、空间形态的多样性等作为重要的评价指标构成（Liu et al.，2019）。可见，尤其是面对区域性或城市防御系统脆弱方面的扰动，城市生态空间布局要有一定的冗余和多样性，为城市未来发展预留弹性和战略留白。另外，应注重对生态空间的分类管理，如有研究根据主导功能和受干扰影响程度将生态空间要素划分为基础型要素（如森林、水库、湿地等）、利用型要素（如公园绿地、文化遗产、鱼塘等）和威胁型要素（如矿产开采区、污染废置区等）进行分类管理（吴敏 等，2018）。

（2）空间形态与布局的合理组织，如有研究认为可以通过空间的合理组织、整合空间碎片和拓展空间弹性等途径，提高城市对自然和人为灾害等诸多城市灾害和风险的应对水平，统筹和协调城市各类空间来实现城市空间韧性（柴海龙 等，2018；汤放华 等，2018），在景观生态学视角下的生态韧性研究中多将生态空间的景观连通性、完整性等指标作为评价和生态系统健康或脆弱性的重要指标（McGarigal et al.，2018；Willis et al.，2012）。

（3）生态空间内外部关系的协调，如有研究将空间韧性定义为“相关变量在目标系统内部和外部的空间变化影响系统韧性（并受其影响）的方式”，城市生态空间布局和功能多受其外部人类活动及更大尺度上的区域性环境变化影响。亦有学者提出要在城市内部和外部都要注重对生态空间的保护，提升城市空间韧性（戴慎志，2018），其中，城市内部主要是建立立体的城市绿地系统，外部主要是对生态保护红线内的重要生态功能承载区、生态敏感区进行严格的保护，因此生态空间内外部之间的和谐关系可被认为是城市生态空间韧性空间内涵的重要组成。

① “100 韧性城市”于 2013 年由美国洛克菲勒基金会（Rockefeller Foundation）发起，是目前世界上最大的韧性城市私人资助项目。该项目从全球选取 100 个城市，支持这些城市强化韧性以应对 21 世纪面临的诸多挑战。

框 2-2 生态空间冗余性在抵御洪水灾害时的意义

根据 2020 年 7 月 13 日《湖北日报》报道：受连日来长江流域暴雨影响，为缓解下游洪水风险，按照防汛指挥部指示，在湖北省小池镇滨江圩进行扒口泄洪。在约 200 米长的堤坝被挖开后，洪水被引入滨江圩造成一万多亩土地被淹。经过该次事件反思，如果留有足够的自然生态空间作为洪水灾害与人民的城镇和农业空间之间的“冗余地带”，能够为城市抵御洪水灾害提供更多的“弹性空间”，减少对人类生产和生活的损失和影响。

注：原报道题为《湖北黄梅县滨江圩长江堤防被挖开 万亩土地被淹》。

综上，笔者将城市生态空间韧性的空间内涵概括为：城市生态空间要素、类型、布局及其内外部关系上对外界干扰的综合响应和自我平衡，主要包括空间要素与配置的多样性、空间布局的连通性、完整性以及空间内外部之间的和谐共生关系等。

2.3.8 内涵概括

城市生态空间韧性概念的形成，体现了韧性概念在不同学科领域和研究问题上的应用深入和发展。综合以上从哲学、功能、生态、社会、时间和空间等多层面对城市生态空间韧性内涵的辨析，以及与韧性、城市韧性概念内涵的比较（表 2.8），体现了城市生态空间韧性内涵的特殊性。

表 2.8 韧性、城市韧性、城市生态空间韧性内涵对照表

维度	韧性	城市韧性	城市生态空间韧性
哲学内涵	韧性即恢复或弹回，即事物受干扰后恢复或弹回到原来状态	城市多稳态或动态平衡的能力，反映了处理城市内部多因素、城市与外部因素关系，以及城市与自然关系的愿景、基本价值观和思维－实践模式	人类希冀城市生态空间及其所承载的人地关系耦合体在受到干扰时维持其原有平衡态或向新平衡态积极转变的能力属性，反映了人类从空间视角认知与处理城市生态系统内、外部关系，以及更高层面上人类与自然关系的能动性思考
功能内涵	强调事物自身的变形、适应，以及抵御外力而不损毁的能力	城市吸收、适应、转化的能力，以维持城市关键的功能和特性	城市生态空间对外界干扰体现的固有韧性能力、适应力和转变力等多种形式的能力组合，以维持关键功能的稳定输出和积极演进
生态内涵	从一种平衡转换到另一种平衡状态前可承受的扰动	将生态学基本原理原则与城市韧性理论思想加以有机融合的内涵类型	其深厚的生态学理论基础；受生态空间及其相关要素自组织过程驱动生成，并从中受益反过来促进和提升生态空间质量的一种生态关系

续表

维度	韧性	城市韧性	城市生态空间韧性
社会内涵	在遭遇破坏性力量时所显现的，维持社会整合，促进社会有效运行的特质	城市中社会成员、社会群体所处的社会结构能连接多元主体、调整社会关系和凝聚广泛共识	协调和处理城市人类活动与生态环境之间的各种生态关系，以维持或改善城市生态空间所承载和输出关键生态服务功能，促进社会韧性
空间内涵	系统能适应、消化、抵消外部干扰，基础结构强健，附加结构柔韧的空间类型	从宏观、中观、微观不同的城市空间尺度建立冗余性的关键基础设施、稳定开放的空间格局和模块化可扩展的空间单元	城市生态空间要素、类型、布局及其内外部关系上对外界干扰的综合的应对能力，包括空间要素与配置的多样性、空间布局的连通性、完整性以及空间内外部之间的和谐共生关系等
时间内涵	—	—	一定的观测尺度下，城市生态空间及其相关的生态组分和社会组分之间相互影响、相互作用动态发展过程，包括韧性能力生成的历史继承性、韧性作用的动态的持续性以及随环境变化的时段性响应机制等方面

来源：笔者自绘

综合以上，本书提出城市生态空间韧性的本质内涵主要包括以下几个方面：①尺度性。城市生态空间受到观测尺度影响，体现为不同的结构、形态和功能过程，因此城市生态空间韧性的探讨需要限定一定的观测尺度。②综合性与特殊性结合。城市生态空间韧性一方面体现了一定观察尺度下特定类型生态空间对具体问题的特定韧性能力，另一方面也包括对各种干扰的综合性应对，即综合性的韧性。③生态关系。城市生态空间韧性的实现既涉及生物要素与非生物环境要素之间关系，也涉及生态系统与城市人类社会系统间的互动关系，并最终体现为受到人类活动影响和生态系统自组织作用下的一种协调的、交织的综合生态关系。④固有韧性与适应性的结合。城市生态空间在阈值范围内的干扰下体现为长期性、继承性的固有韧性，同时对超过阈值的新环境变化体现为适应能力。⑤韧性能力和韧性效应的结合。城市生态空间韧性包括两方面，一方面生态空间本身在“自构”和“他构”各种驱动力下持续存在和正向生长的能力，表现为生态空间格局的健康、活力与可持续性等；另一方面体现为生态空间所承载的生态系统功能和生态系统服务能力稳定、持续输出及平衡，表现为生态空间积极的韧性效应。⑥可提升性。城市生态空间韧性受到生态“自构”过程和人类活动的“他构”双重过程的影响，尤其从人类的角度来看，人类希冀从生态空间韧性中受益，决定了人类也可以调整其社会态度和行为，通过各种干预措施形成对生态空间韧性水平和韧性效应的增强、提升等效果。

2.4 城市生态空间韧性类型与特征

2.4.1 城市生态空间韧性的分类

由于研究视角和关注问题的差异，韧性有多种类型，如最著名的工程韧性、生态韧性和演进韧性的分类（沈清基，2018），城市生态空间韧性也存在多种类型。本书从类型学的角度出发，认为城市生态空间韧性可以具体分为以下类型（表2.9），进行分类的角度包括：综合性 / 特殊性的角度，空间范围或组织水平的角度，时间过程的角度，基于生态空间主导功能的角度，对韧性内涵学科界定的角度，韧性能力获得性的角度等。

表 2.9　生态空间韧性的分类

分类角度	类别	阐释与举例
综合性 / 特殊性的角度	综合韧性	城市生态空间系统应对各种干扰的综合应对能力
	特定韧性	城市生态空间特定组分应对特定干扰时的应对能力，如有研究对黄河滩区不同空间的鲁棒性、冗余性和连接性和适应性的研究（马鑫雨，2019）
空间范围或组织水平的角度	宏观层面（如国家、区域等）生态空间韧性	空间范围和组织水平差异决定了生态空间韧性关注的空间分辨率、空间主导功能和指标上的不同，以河流为例，空间上可分为区域、流域和河流廊道和河段尺度。 区域尺度关注的是社会干扰源的优化，以分散对河流生态系统的干扰程度；流域尺度上，更为注重流域的完整性，将土地利用变化、景观格局与过程变化累积的负面效应降低；河流廊道尺度上更注重不同方向上的联系性；河段尺度则研究如何修复被扰动的单元，强调工程和设计（刘惠清 等，2008）
	中观层面（市域、城区等）生态空间韧性	
	微观层面（社区、建筑等）生态空间韧性	
时间过程的角度	干扰前、中、后的分时段生态空间韧性	如灾前的准备韧性、灾中适应韧性、灾后恢复韧性（Foster，2007）等
	长期韧性	应对长期慢性压力和不确定性风险的长期韧性（Rockefeller Foundation，2019）
	短期韧性	应对短期冲击和基于历史经验灾害事件的短期韧性，如防洪堤岸鲁棒性的加强基于历史洪水破坏力建模计算而来（Xian et al.，2018）
基于生态空间主导功能的角度	自然生态空间韧性	主导功能的不同，决定了对影响其功能实现的主导因素或过程的关注不同，如自然生态空间多关注维护生态安全和关键的生态功能供给，城市公园绿地韧性更为关注调节、文化等生态系统服务（王忙忙 等，2020），橄榄林农业空间韧性多关注粮食生产安全、防范病虫害（Rescia et al.，2018）等
	城镇生态空间韧性	
	农业生态空间韧性	

续表

分类角度	类别	阐释与举例
对韧性内涵学科界定的角度	防灾韧性视角	多在防灾领域，强调对空间对灾害及不良环境（如洪水、热浪）的抵抗与适应能力
	社会生态韧性视角	多为城市学、社会学领域，强调社会生态系统的复合性，重视对社会要素如居民活动及其学习适应能力对韧性的贡献（翁恩彬 等，2019）
	生态韧性视角	多在生态学领域，重在维护生态系统维持多稳态或进入新的平衡状态的能力（臧鑫宇 等，2019）
韧性能力获得性的角度	固有韧性	生态空间系统自身固有和已经长期存在的韧性能力（Davis-Street et al.，2018），表现为生态要素对灾害的抵抗性、耐受性，社会要素长期以来所继承的可持续的生产关系或文化习惯等
	适应性韧性	在经历事件和响应变化中，尤其是社会层面进行学习和积累获得的能力，并有助于改善生态空间抵御风险的能力，如对采煤塌陷区进行生态修复的经验被借鉴和推广至存在类似问题的地区进行空间景观和服务功能的改善，并在一定程度上降低地质灾害风险（徐艳 等，2020）

来源：笔者自绘

笔者认为，城市生态空间韧性具有多种类型，是研究问题所需，也是对韧性认知深度和广度的反映，并成为韧性理论在城市和生态领域进一步应用和发展的具体表现。众多学者已在城市韧性的相关研究中提出韧性研究与实践要对有关韧性的载体、受益对象、应对干扰类型等方面进行具体的限定，概念的应用才有实践意义（Cutter，2016；Meerow et al.，2016）。在生态空间韧性的相关的研究与实际应用中，同样如此，需要辨析生态空间韧性的各种类型，从而采取针对性的途径和手段。

2.4.2　城市生态空间韧性的特征演绎

在理论上厘清城市生态空间韧性的内涵和特征，是建构城市生态空间韧性优化理论框架的重要基础，也有助于在进一步的研究与实践中对其进行推论、验证与发展。本章节将从韧性与韧性系统的特征出发，基于生态空间特征的相关论述，探讨城市生态空间韧性的特征。

2.4.2.1　韧性的特征

对韧性的特征分析，应该对“韧性的特征”和“有韧性的系统特征”区别开来分析。这是在韧性研究中容易混淆的部分。

从韧性的特征来讲，自 1973 年霍林提出“生态韧性”的概念以来，对韧性的认知主要有工程韧性、生态韧性和演进韧性三种观点认知。如在早期学者对工程韧性和生态韧性的特征的关注多强调在系统状态的稳定性（stability）、持续性（persistence）或一致性（constancy）、适应性（adaptability）、恢复速度的效率性（efficiency）、阈值范围内的可预测性（predictability）（Holling，1973；Holling，1996；Ludwig et al.，1997）等方面。伴随着复杂适应性系统理论的出现以及韧性概念进入社会生态系统研究范畴，尤其是演进韧性观点的提出，Walke 和 Salt（2006）与 Folke（2010）等学者开始从动态发展的角度提出韧性系统具有转变性（transformability）、不可预测性（unpredictability）等特征。

笔者参与的上海市科委课题“城市韧性内涵与理论体系”中对韧性的特征进行了研究，研究基于文献综述及频度梳理，总结出韧性有 14 个主要特征：不变性、可预测性、不可预测性、高效性、稳定性、持久性、适应性、可转换性、动态平衡性、兼容性、流动性、扁平性、缓存性和冗余性。笔者认为以上 14 个特征中仍有重叠和矛盾之处，如不变性与可转换性、可预测性和不可预测性都具有一定的矛盾，应予以优化。综合以上，笔者研究认为韧性的特征主要包括：稳定性、持续性、适应性、转变性、动态平衡性、兼容性、流动性、缓存性、冗余性和相对的预测性，共有 10 个，其解释和举例如表 2.10 所示。

表 2.10　韧性的特征

韧性特征	特征描述	举例
稳定性	韧性的状态、程度等表现具有维持或恢复原有平衡态的能力	如生态系统维持动态平衡能力也包括对韧性状态的平衡
持续性	韧性的力度或作用效果在受到阈值范围内的扰动时仍能够保持在当前的程度而不改变的能力	如阈值范围内的周期性气候变动不会引起草原剧烈变化是持续性在作用
适应性	系统能够调整其对不断变化的外部驱动和内部过程的回应的能力，从而允许在当前的稳定领域内沿着当前的轨迹发展	如水库消落带对植物的淹水实验，能够增强植物对淹水的适应性，体现为韧性适应性
转变性	当系统无法维持时，系统可以改变自身以形成一种不同类型的系统，韧性也进入一种新的状态	如进入富营养化状态的水体进入一个新的高韧性状态
动态平衡性	系统的各个组成部分之间具有紧密的联系和反馈的作用	如景观廊道和连通性在生态系统恢复中的重要意义

续表

韧性特征	特征描述	举例
兼容性	多元的系统可以有所选择性地削减外部冲击	如植物的渗透性对性质相似但不同化学元素种类导致的土壤盐碱化均有一定的调节功能
流动性	系统可以及时调动和补充内部资源，填补所需的部分	如系统廊道和斑块间连通性对受损珊瑚礁恢复的作用
缓存性	系统具有一定的超出需求的能力，以备不时之需	如生物具有存储营养物质和能量的生态习性以度过粮食缺乏或生长环境不佳的时期
冗余性	系统的组成部分有一定程度的功能重叠以防系统失效	如生态系统食物网中不同营养级上往往有多类型物种组成
相对的预测性	指基于历史事件经验，系统可以在一定范围内对韧性的作用程度和效果具有预测性	如人类防洪设施往往是基于历史洪水的破坏力进行建造，但对未来仍有一定的不确定性

来源：笔者自绘

2.4.2.2　韧性系统的特征

韧性理论的发展伴随了学界对韧性系统的特征（或系统具有韧性的特征）的认识的加深。学界不少学者或国际组织从不同的角度探讨系统具有韧性的特征，笔者对此进行了整理（表 2.11），如对韧性的系统结构或功能上的特征表述如缓冲性、冗余性、抵抗性、多样性等提法。

表 2.11　学界对韧性系统特征多种提法

韧性的系统特征	提出者与年份
借鉴经验用于未来的能力（reflective），根据实际调整和识别相应的资源应对方案（resourceful）；对不同群体的包容性（inclusive），对相关群体、资源的整合性（intergrated）、鲁棒性（robust）、冗余性（redundancy）、灵活性（flexibility）	Rockefeller Foundation，2013
系统能够承受一系列改变并且仍然保持功能和结构的控制力（鲁棒性、稳定性），自组织性和学习自适应性	Resilience Alliance，1999
多样性、生态变异性、模块性、冗余性、承认变化、紧密反馈、社会资本、创新、生态系统服务	Walker et al.，2012
动态平衡性、兼容性、高效率的流动性、缓冲性、冗余性	Wildavsky，1988

续表

韧性的系统特征	提出者与年份
动态平衡、多样性、高流通性、平面性、缓冲性、冗余性	Wardekker et al.，2010
多功能性、冗余度和模块化、生态和社会的多样性、多尺度的网络连接性、有适应能力的规划和设计	Ahern，2011
多样性、变化适应性、模块性、创新性、迅捷的反馈能力、社会资本的储备以及生态系统的服务能力	Allan et al.，2011
抵抗力（resistance）、根基力（rootedness）、智谋力（resourcefulness）	Brown，2015
智谋性、协调性、冗余性、前瞻性、合作性、创造性、高效性、鲁棒性、稳定性、灵活性、独立性、敏捷性、适应性、自组织性、多样性等	Sharifi et al.，2016
动态演化性、非均衡性、复合多元性	徐波，2018
内稳态、多样性、高流动性、平整性、缓冲性、冗余性	李彤玥，2017

来源：笔者自绘

以上这些韧性特征表述不一，且多有内涵上的重复性，笔者对这些特征提出的视角进行归类，如表 2.12 所示，主要的视角包括系统的结构或功能视角（如鲁棒性、多样性等）、系统动态发展的视角（如紧密反馈性、可变性等）、系统内外部关系的视角（如整体性、包容性等）还有韧性作用的时间顺序性等视角（如吸收、恢复、适应等）。内涵相同或重叠也产生了韧性概念的模糊不清，造成了术语使用的不规范，这无疑也增加了对韧性理论的进一步应用与实践的困难。笔者认为，对韧性特征的归纳和应用不能脱离韧性理论具体应用的对象，根据应用对象的结构和功能特征，从中分析其拥有的韧性的共性属性和特有属性。为应对韧性特征纷繁多样、内涵重叠的问题，笔者认为应采用一种简单的、通识的框架进行分类，便于韧性理论在城市生态空间韧性这一具有实践意义的主题上应用。

对于韧性系统特征表述复杂、内涵重叠等问题，笔者曾借鉴来自社会研究中关于“硬实力”“软实力”和“巧实力”的概念提出一种韧性系统特征的归类和韧性优化框架（孟海星 等，2019）。如图 2.16 所示，“硬”韧性特征重在对城市物理基础设施等进行强化和功能优化提升，如鲁棒性、冗余性、模块性等特征；“软”韧性特征重在对社会、文化领域等“软实力”的强化和功能优化提升，如包容性、协调性、独立性等特征；“巧”韧性特征重在对系统动态特征的把控，对不同韧性优化与提升策略的灵活配置，如灵活性、反馈性、动态性等特征。这种归类也体现了韧性实践中更多重在根据实际情况，对资源配置予以优化调控的重要性。

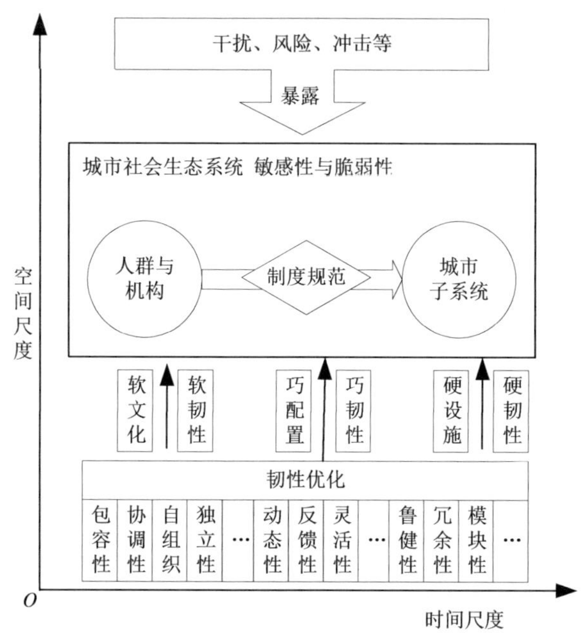

图 2.16　基于“硬－软－巧”概念的韧性特征归类与优化示意

来源：笔者自绘

表 2.12　韧性特征提出的视角分类

特征	系统构成、组织的视角	系统演进、发展的视角	系统内外部关系视角	韧性作用及效应时段的视角			
				准备	吸收	恢复	适应 / 转型
多尺度的网络连接性	√	√	√	√	√	√	√
紧密反馈	√	√	√	√	√	√	√
动态平衡性、动态演化性	√	√	√	√	√	√	√
兼容性	√		√	√	√	√	√
整合性	√		√	√		√	√
灵活性		√	√	√		√	√
多样性、复合性	√		√	√	√	√	
模块性	√		√	√	√	√	
高效性			√	√	√	√	√
协调性、合作性	√		√	√	√	√	√
稳健性、鲁棒性、抵抗力、根基力、稳定性	√			√	√	√	

续表

特征	系统构成、组织的视角	系统演进、发展的视角	系统内外部关系视角	韧性作用及效应时段的视角			
				准备	吸收	恢复	适应 / 转型
具备生态系统服务	√			√	√	√	√
缓冲性	√			√	√	√	
包容性	√		√	√			√
冗余性	√			√	√	√	
自组织性	√	√		√			√
独立性	√			√	√	√	√
敏捷性			√	√	√	√	
智谋性、经验学习用以资源配置		√		√			√
适应性		√		√			√
生态变异性、可变性		√		√			√
利用社会资本							
创新性		√		√			√
前瞻性		√		√			√
操作性				√			√
恢复性						√	

注：模块被标注为“√”表示符合该视角下分类。
来源：笔者自绘

2.4.2.3 城市生态空间韧性的特征

城市生态空间韧性作为韧性概念的理论延伸和应用，其本身拥有韧性的共性特征之外，还拥有一些与城市生态空间这一特殊对象结合后呈现的特有的属性特征。在探讨城市生态空间韧性特征之前，理应对生态空间及城市生态空间的特征有所认知。

根据生态空间的主导功能，广义的生态空间可分为自然生态空间、农业生态空间和城镇生态空间（高吉喜 等，2020）。值得注意的是，在已有的学术文献和政策文件中对生态空间和城市生态空间的概念和包含范围界定尚没有统一。对一般性的生态空间来讲，有研究指出生态空间具有与生物活动紧密相关、承担生态保护与保育功能并呈现自然异质性、等级结构性、局部的随机性和尺度依赖性等一般特点（祝光耀 等，2016）。而城市生态空间受城市人类活动影响，呈现出与远离城市的自然生态空间不同的一些特征，笔者根据相关研究（陈柳新 等，2018；高吉喜 等，2020；黄京，2019），对此进行了整理，详见表 2.13。有研究指出城市生态空间整体性与层级性、自然性与社会性、动态性与稳定性、自组织和自适应性，以及滞后性等特征（茹小斌 等，2019；史津，2002）。其中，整体性与层级性是指城市生态空间是由不同层级的生态空间通过一定联系所构成的整体性网络系统，各层级组织在形态上具有多样性和自相似性；自然性与社会性是指城市生态空间受自然地理环境条件约束而呈现相对独特的形态特征，但其空间形式又受到城市人类社会文化活动的影响而呈现明确的社会属性；动态性与稳定性是指城市生态空间受到城市外来压力的“被动发展”和来自生物学系统内部的“主动发展”共同作用影响，并受生态系统自我平衡机制和空间形态 – 社会功能相互适应机制影响而呈现一定的稳定性；自组织和自适应性是指城市生态空间各主体在临界范围内具有一定自我适应能力，根据环境信息变化而改变行为规则，进行自我组织和自我适应；滞后性是指城市生态空间所受城市方面影响，不会立刻显现，而是随时间流逝而逐渐显现（史津，2002）。

表 2.13　城市生态空间与远离城市生态空间的特征比较

方面	城市生态空间	远离城市的自然生态空间
位置	城市范围内，位于城市群中央或城市边缘	远离城市或位于城市外围
组成	是自然、人工和半人工的生态单元的集合，用地类型较为多样	多为自然生态空间，在原生态的土地利用上呈现相对的多样性、生态功能相对完整
格局	分布相对分散，有斑块小、总量少、功能多、空间异质性高等特点，斑块的大小、形状、数目、类型和结构变化较大	空间分布有连续性和相对的完整性
生物活动	受人类活动影响，缺乏相对的独立性和时空稳定性，即便是相同或相近自然条件下，物种类型、分布等也可能有一定差异性	受人类活动影响较小，生物分布与活动直接受所处的区域气候环境、海拔、地形等因素影响
功能	既有自然生态保护功能，又有向人类提供生态系统服务的功能，尤其是防护、生产、文化等以满足人类需求为主的服务，具有生态、经济与社会多维功能（王智勇 等，2016）	以生态保护和生态保育功能为主，多为重要珍稀野生动植物的重要栖息地
管理与权益	管理主体、权属状态和涉及的利益群体较为复杂，利益诉求内容也是多元和复杂的	管理主体、权属状态和涉及的利益关系较为清晰

来源：笔者自绘

城市生态空间韧性是韧性概念应用于城市生态空间这一特殊对象而提出的概念，城市生态空间韧性的特征除了包含韧性的一般特征之外，也受到城市生态空间特征的影响，而呈现城市生态空间韧性的独有特征。笔者认为主要包括复合性与多样性、尺度依赖性、可操作性、地方性、协同共生性等几个方面，详见表2.14。值得注意的是，对城市生态空间韧性的特征认识要与韧性的城市生态空间进行区别。前者是对城市生态空间所具有的一种属性自身特征的探讨，而具有韧性的城市生态空间的特征则聚焦于生态空间，是一种韧性系统所呈现的特征，应结合具体的研究尺度和生态空间类型进行具体分析和研究。

表2.14　城市生态空间韧性基本特征分析

类型	特征	特征要义	特征解析与举例
构成特征	复合性	既有自然系统的贡献，又受到人类能动性活动的影响，体现为“自组织+他组织”的复合性特征	如生态系统的演替与恢复有自组织性的现象（程开明 等，2006），但人类主导的生态修复工程可以加速和干预这一过程
	多样性	城市生态空间在类型、组成要素和功能机制上的多样性，以及韧性内涵和切入视角上的多样性，决定了城市生态空间韧性在类型上的多样性，并实现在外来干扰下功能的冗余性和可替代性	如城市绿地的抗灾韧性（赵爽 等，2020）、城市绿地的系统韧性（王祥荣 等，2016）、耕地利用系统韧性（孟丽君 等，2019）、水生态空间韧性（赵梦琳，2018）等
范围特征	尺度依赖性	其范围、要素、过程和表征指标受到观察尺度（时间和空间）的影响	如生态修复常见空间尺度有地块、地区、国家和全球层次等，或可分为微观、中观和宏观的不同层次，需考虑不同尺度上特定形式和特殊问题的不同属性，以实现生态系统结构和功能的整体恢复（吴次芳 等，2020）
行为特征	可操作性	城市生态空间在很大程度上受到人类活动的影响，可以通过规划、建设、改造、修复等方式对其韧性进行调控和优化	如城市规划中保留的“闲置地”在洪水灾害发生时，可以在有限的时间内将这些地区作为蓄洪区，以减少洪水高程
目标特征	地方性	对韧性目标、资源和干预方式等方面受到地方政治、经济和人民需求等地方情境的影响	如100RC指出发达国家城市多重视生态空间在城市中布局的公平性等问题，而在经济、资源相对落后的一些地区和城市则更重视社会资本在韧性构建中的重要性（Rockefeller Foundation，2019）
价值特征	协同共生性	是城市社会与自然生态、人类与环境之间相互关系协同进化的结果	如Brown（2008）研究识别了城市社会生态耦合的热点区域，指出城市生态空间布局与社会需要之间可以减少冲突，促进匹配，实现降低脆弱性和增强韧性的效果（Alessa et al.，2008）

来源：笔者自绘

2.5　城市生态空间韧性优化提升基本原理

基于前文关于城市生态空间韧性的多维内涵和特征探讨，笔者对“城市生态空间韧性提升”内涵认知主要包括两方面：其一，就城市生态空间韧性的价值性而言，需要对其进行优化和调控，使其达到人类认知范围内所期望的一种协调可持续的积极状态。而这种积极状态包括城市自然生态系统稳定运行与城市社会系统可持续发展两个方面。其二，在其具体实践中需根据城市生态空间的类型、尺度和主导功能等特征进行针对性的干预措施，而非一味以“构建”“强化”或“增加”为代表的单向性干预，而应注重干预措施上的灵活性、配置性和动态性等方面。即要在重视和维护城市自然生态系统的符合自然规律的自组织、自我平衡等韧性“自构”能力，维持城市生态空间固有韧性的基础上，灵活施加人类与社会层面的“他构”能力，提升城市生态空间的适应性韧性。为拓展城市生态空间韧性理论及指导相关实践，有必要对其优化提升的基本原理予以探讨。

城市生态空间韧性提升的基本原理是基于对城市生态空间韧性的本质内涵及分类特征进行认识的基础上而提出来的，是指导城市生态空间韧性优化和生态空间规划建设的基本原则和核心思想，对于从生态和空间维度对城市综合韧性的优化和提升同样具有重要作用。城市生态空间韧性提升的基本原理构成了城市生态空间韧性理论体系的重要组成内容。笔者将从系统趋优、生态自构和社会他构三个方面探讨城市生态空间韧性优化提升的基本原理。

2.5.1　系统趋优原理

系统趋优是相互联系的各要素在结构和功能上实现的整体性的积极发展与良性循环。系统趋优原理的核心内容是指城市生态空间韧性要充分考虑城市生态空间系统所涉及的各系统关系及其在时间、空间上的关系，从而实现其发展的趋优性。具体来看，包括以下内容。

2.5.1.1　尺度性原理

尺度指某一研究对象或现象在空间或时间上的量度，包括分辨率（resolution）或范围（extent）两方面的意义（郑新奇 等，2010）。城市生态空间韧性的研究与实践可以从不同的空间和时间组合范围进行。特定的问题一般由特定的时间和空间尺度（或范围）所限定，但在具体实践中也要综合考虑更大及更小尺度上各种因素的综合变化和影响，从而制定综合性的优化与调控策略。

在具体的城市生态空间韧性实践中，应注意对生态学尺度分析[①]和尺度效应[②]的应用（肖笃宁 等，1997）。城市生态空间韧性的研究对象是城市生态空间，在不同的时空尺度范围下，对生态空间结构和功能过程的阐释将产生差异。同一干扰在生态系统不同尺度上的影响不同，在小尺度上常表现出突变特征，而在大尺度上却可能仍表现为稳定特征，大尺度上的生态系统可通过景观结构上的调整，实现对局部小尺度上不稳定要素的吸收和缓冲，从而实现系统整体性的稳定状态。如在大兴安岭时有发生的弱度地表火可以在40—50公顷的尺度上造成火烧斑块，并受气象因子影响表现出一定的频发性（蔡恒明 等，2021），但大兴安岭整体上仍能保持大尺度上的生态稳定结构。但在特定要素比较明显的情况下，也有例外，如有学者在研究西班牙两处橄榄林抵抗害虫韧性时，发现其中一处橄榄林的韧性在1,500米半径的小尺度、市级行政范围的中尺度和整个区域的大尺度这三个尺度上都明显低于另一处橄榄林，其原因在于该地区的橄榄林平均斑块和斑块间的连通性均较低，明显降低了其在各尺度上的景观异质性（Rescia et al.，2018）。

城市生态空间韧性在注重多尺度间紧密联系的同时，应根据研究问题的需要选择合适的研究尺度和观测指标。在时间尺度上，有学者研究了气候变化对上海城市空间格局的影响，对上海市近50年来的相关指标进行了统计分析（王宝强，2016）；在空间尺度上，如白立敏（2019）研究长春市的生态安全和生态系统韧性问题时，通过遥感卫星图像从市域的景观格局的角度进行了研究。而在应对更加微观和具体的城市生态空间韧性问题研究中，要相应地要考虑研究尺度、观测指标和数据获取方式的改变。如澳门绿地抗台风韧性研究从自然因素和人为因素两个方面分析了影响绿地抗台风韧性的原因，其中自然因素涉及台风登陆地点、强度、土壤条件和树种的生物特征等，人为因素则涉及绿地建设选址与城市建筑布局的关系、树种的选择和日常维护等方面（赵爽 等，2020）；有研究对城市公园绿地的热韧性（hot resilience）的测度中选用特定时间段和温湿度环境下人类活动数量作为表征指标，更为关注人类的主观感受（Sharifi et al.，2016）；而针对多灾害的城市公园防灾韧性建设中，有研究从生态、社会、经济、制度、基础设施和适应能力六个方面构建了评价体系（侯雁，2018）。可见，城市生态空间韧性虽然是一种城市特定韧性，但由于城市生态空间在尺度、覆被物和应对干

---

① 尺度分析是指将小尺度上的斑块格局经过重新组合而在较大尺度上形成空间格局的过程，往往伴随着斑块形状规则化和景观异质性减小的现象。

② 尺度效应指随着尺度的增大，景观出现不同类型的最小斑块，且最小斑块面积逐步减小的现象。

扰类型方面的多样性，可以构建多样性的韧性测度和韧性提升的思路和方案。

2.5.1.2 区域原理

城市的发展是在一定的区域背景下进行的，城市生态空间及其所承载的社会生态活动势必也受到来自区域层面的影响。城市生态空间韧性是一定区域范围内的生态与社会经济活动耦合作用下形成的一种应对外界干扰、维持生态空间自身功能，同时持续服务周边社会经济活动的综合能力。其中包含由人类活动所主导的发生在生态空间之上以及生态空间与其他城市空间之间的各种生态关系，如城市生态空间与生产空间和生活空间之间的博弈共生关系（陈晓琴，2019）；城市生态空间与建设空间之间的竞争与互相转化关系（沈悦 等，2017）；此外也存在着基于自然的设计在保障生态功能和过程流畅的同时，使得生态空间向建设空间输出生态产品和生态服务的能力发挥到最大化的共生关系，如美国著名景观规划师伊恩·麦克哈格在美国的得克萨斯州林地地区进行的生态设计，被证明在社会经济、洪水防御和热岛效应防范等方面表现出相对更高的景观绩效和韧性水平（Yang，2019）。城市生态空间韧性要实现系统趋优，则需要从区域管理层面出发，在不断认知和符合自然规律的基础上，通过科学合理的人工干预手段和管理措施平衡城市生态空间与其他社会经济活动和城市空间之间的竞争关系，尽量实现生态与社会活动的共生关系。

城市生态空间韧性优化的内容和方向，要考虑城市所处的地理区位和所在区域的主体功能设计，以及区域层面的自然环境基础、资源优势与共性挑战以及社会经济发展方向等方面。不能只着眼于“城市伦理”，还必须追求“区域伦理”，“区域伦理”要实现城市的建设不能建立在对“区域的生态剥削上”，而应该形成区域和周边地区的生态责任和生态道德。城市生态空间韧性的构建与优化应在区域生态空间的合理规划与保护下进行，共同构成一个以城市和区域的可持续发展为主导，以自然环境为依托，以区域协调共治和管理体系为经络的复合共生的生态绿色一体化发展系统，给未来城市和区域的发展留下充裕的扩展空间和良好的生态基底。城市生态空间韧性的建设应植根于所在地域，根据区域性的自然环境特点和社会经济发展阶段，充分发挥本地优势，挖掘地方传统智慧，制定因地制宜的韧性优化策略。

2.5.1.3 动态性原理

动态性原理是指系统是一个始终处于运动变化中的有机体，其稳定状态是相对的。城市生态空间韧性不仅作为城市生态空间的一种固有能力而存在，而且在其受到外界各种干扰时发挥作用，同时，这种能力也处于不断发展变化中。城市生态空间内部及其与外部的各种活动联系就是一种运动，其韧性状态或水平不仅会随着各种生态空间状态或关系等内外条件的作用下而变化，其韧性的效应或收获的效果也将因生态空间关系的变化而变化。城市生态空间韧性的动态性原理即是强调城市生态空间韧性的优化与实现要根据情况的发展变化，在韧性优化中对生态空间的格局和功能进行动态调控。

第一，关注生态系统过程的周期性变化和自然规律。生态系统中存在多种遵循时间规律的生命现象，如植物的生长、开花、结果需要满足一定的生长时间和适宜的光照和养分条件才可以完成，并在季节和存活年份上各有不同；一些动物如鸟类则存在随季节进行迁徙；而更大的范围的林地或湿地生态系统的形成和发育甚至要几年到几十年的时间。城市生态空间韧性的营建与优化要重视自然规律的存在，不可急于求成，过分期待在较短时间内看到理想的效果。要有“前人栽树，后人乘凉”以及“功成不必在我”的精神对待城市生态空间韧性的培育与形成。

第二，关注城市社会经济发展对生态空间需求的变化。城市生态空间韧性的意义除了在城市遭遇自然灾害或冲击时展现其维持生态安全、维持生态组分的状态稳定和恢复之外，还体现在持续向城市社会提供多种生态系统服务的保障上；城市通过对生态系统服务的消费来满足和提高自身福祉，这对形成城市的社会韧性和综合韧性具有重要作用。然而受生态空间布局、城市社会经济发展、人口结构和素质等方面的影响，城市相关利益群体对生态系统服务的需求具有动态性的变化，包括社会群体或个体的偏好，获取生态服务在时间、空间成本上的公平性等方面都存在动态性的变化（严岩 等，2017）。城市生态空间韧性为收获在城市社会层面的韧性效应，则需要关注城市生态空间所承载的生态系统服务供给能力与城市社会对生态系统服务的需求的匹配与平衡能力，协调整体上的自然生态性功能服务与社会性功能服务之间的平衡，以及社会性功能服务与需求在空间分布上的均衡性、可及性与满意度等，以可持续性地、最大程度地实现生态空间生态系统服务供给与需求之间的平衡。

第三，在具体的城市灾害、冲击或干扰发生时，城市生态空间韧性发挥作用具有时间或程序上的动态性效应，具体表现在灾前的准备能力、灾中的抵抗与缓冲能力以及灾后的恢复、适应与重建能力等。这种时序上有所侧重的韧性能力，尽管在不同的阶段有一定的区别，但整体上又具有一定穿插性和持续性特点。在城市生态空间韧性的营建和优化过程中应注重对生态空间在灾害发生的不同阶段的主导能力特点进行具体的模块化拆分与时序性建构，形成一个韧性实施的“工具库”，在可能的灾害发生时，在资源配置、实施形式和社会参与机制上予以灵活搭配，实现动态的、持续性的韧性效应。

2.5.1.4　社会 – 生态耦合原理

城市是一个以人为主导的复杂社会生态系统，由社会、生态、经济、技术等不同的子系统相互作用耦合形成的整体。城市的综合韧性也通过各子系统韧性的累积、关联、传递和协同等形式共同表达出来（申佳可 等，2017），相应地，由于系统及其组分之间的联系性，城市子系统韧性的实现也受到其他子系统因素或过程的影响。城市生态空间作为维持和输出多重生态功能和生态服务的空间载体，既有维持覆盖其上的生态系统自身结构和生态系统功能稳定的需要，同时也向城市输出供给、调节、文化和支持等满足人类需求的生态系统服务（冯剑丰 等，2009）。城市生态空间韧性的核心内涵即是要求在外界干扰下依然能够维持这种功能和服务输出的能力，或使其在受到干扰后快速恢复、适应甚至是发生积极的演变。从这个角度来讲，城市生态空间韧性的实现反映了社会系统与生态系统之间积极、健康和可持续性的耦合关系。

城市社会系统与生态系统之间的耦合关系实质上是一种人类社会经济活动与生态环境之间的相互关系，存在拮抗耦合、低水平耦合、磨合型耦合和协调性耦合等形式（廖春贵 等，2018）。协调城市经济社会发展与生态环境保护之间的矛盾，实现二者的耦合协同发展，是构建和实现城市生态空间韧性，促进区域可持续发展的重要途径。具体可包括以下几个方面：①城市经济社会活动的强度和范围应在生态阈值的范围内进行。尽管学界对生态阈值范围的科学测度还没有定论，但过度的人类活动干扰造成生态环境退化或不可逆的破坏，继而引起城市社会文明的衰退在历史上已经发生多次（Redman，1999）。具体举措如控制人口总量和城市建设密度、节约减排的同时，加大城市污染处理能力等，减少对生态空间的压力。②城市对生态系统服务的需求和索取应与城市生态空间所能提供的生态系统服务在数量和空间分布上相匹配。生态系统服务是根据人类的需求而确定的，然而有限的城市生态空间所能承载和提供的生态系统服务在类型、数量和空间分布上均有一定的限制性，这就要求在人口集聚的城市中需要对人口和建设活动进行科学有序的引导，使得生态系统服务供需情况得到匹配和平衡，并随着城市发展进行可能的优化调整。如通过增加生态空间面积、连通现有生态空间斑块等手段提升高社会服务需求区域的生态空间数量或能力；如保护和提升低社会服务需求区域的生态空间质量和健康度，强化其生态功能等。③在经济社会发展到一定阶段后，加大对城市生态系统的“反哺”作用。从历史经验来看，一般在城市发展的早期阶段存在一定的生态环境退化现象，但在经济发展到一定阶段后将呈现生态环境的优化，即呈现“库兹涅茨倒U形曲线”现象（孙英杰 等，2018）。这一现象在本质上反映了发达城市对生态环境保护与治理的重视，通过经济投资、工程建设和社会宣传教育等措施实现的生态系统结构和功能的重建和优化过程，而并非一个绝对必然遵循的城市发展规律。社会－生态系统耦合原理要求在城市发展过程中，应在满足人类基本发展需求的前提下，尽早地对通过生态补偿、生态修复等手段对生态空间及其之上的生态系统结构和功能进行修复和优化。

2.5.2 生态自构原理

生态自构是指一定时空范围内的各种生态要素在结构和功能上的活动联系实现的整体功能的自我供给、自我组织、自我修复和自我适应。城市生态空间承载着各种自然、人工或半人工的生态系统。这些生态系统之所以存在并对外呈现出相对的稳定性，尽管受到不同程度的人类活动影响，但本质上离不开以各种有机体为基础，依赖于基本太阳功能系统①（basic solar-powered systems）完成的物质循环、能量传递和信息交换等过程，实现将能量从高利用状态转换到低利用状态来维持它们高度组织的低熵（低无序度）状态。城市生态空间承载的生态系统及其表现出的空间形态均遵循这种内部规律性机制进行演替，呈现有序、结构化的非平衡态自组织现象（刘杰 等，2019；张浪，2012；周侃 等，2019）。城市生态空间韧性的提升首先要顺应生态系统这种自然性、耗熵性、自组织的生态过程，维持和提升这种生态系统固有的韧性能力。具体来说，生态自构原理主要包括以下几个方面。

2.5.2.1 自然原真性原理

城市生态空间韧性提升应以保护和维持生态系统自然属性的原真性和完整性为出发点。生态系统的恢复速度或质量一般认为受到其近自然程度的影响，即一般认为自然是具有自愈性的，系统的状态越接近自然也就越能够自然地恢复，而受到人类影响的生态环境恢复则需要投入更多的重建力量（Miller，2020；UNEP，2019）。研究表明，自然生态系统受损退化后的恢复，其物种多度只及本来的50%左右，生物多样性降低约30%（罗明 等，2020）。世界自然保护联盟（IUCN）在2009年联合国气候变化框架公约中明确提出：在生态空间修复中尤其提倡保护优先、顺应自然，最大限度地维持自然生态系统的原真性；可以根据生态系统状态和保护修复目标，考虑借鉴基于自然的方案（NBS）适度干预，

---

① 由太阳光能及其他太阳能的间接形式能量（如降雨、流水和风等自然力等）构成的能量系统。

将人工的工程技术措施与自然环境的自组织和自我设计相结合，促进生态系统自我恢复和维持完整，提升生态空间和生物群落自适应气候变化的能力。对城市生态空间来讲，城市建设不可避免地会对生态环境的原有自然状态产生不同程度的影响，如对原有水文条件、物种搭配、植被覆盖面积或连通程度的改变等，因此在城市生态空间韧性建设中应注重保护生态空间自然本底的原生性与完整性。有学者提出在生态城市的规划设计中要着眼于对城市的自然山水、历史地貌、野生动物栖息地和植被景观等的保护性利用，在城市空间环境改造和设计中尽可能保持自然本底的完整性，并建设网络化、连通性的生态系统网络，优化提升城市生态空间的生态功能和多重效益，增强韧性（匡晓明，2020）。

2.5.2.2　层次 – 位 – 流调控原理

生态系统存在“巢式”的组织等级层次，一个等级内的每一个层次会影响其邻近的层次，低层次过程经常以某种方式受高一层次的制约（Allen et al., 1982）。这种层次间的相互作用在低层次上趋于非平衡、循环，甚至紊乱，如种群间的竞争或寄生生物与宿主生物之间的共生现象，而缓慢而长期的相互作用在高等级层次上趋于波动稳定状态。生态系统高层次上的波动稳定状态的一个原因在于生态系统每个层次上存在相对稳定的生态位（ecological niche），每个生态位上往往具有多种生态功能相似种或生态等值种（ecological equivalent）（Odum, 1997），这样在环境变化导致某个物种种群数量减少的时候，仍有其他具有类似功能的物种能够代替这种物种发挥作用而维持原有生态关系的稳定，并给予种群数量减少物种休养生息和恢复的机会。不同生态位之间通过包括捕食、寄生、共生等生物动力过程和水流、风等非生物过程进行物质和能量的传递，表现为生态系统的能流现象。生态系统的功能稳定或韧性的实现则是建立在这种不同层次、不同生态位之间及其内部各种物质和能量流动基础之上的。值得指出的是，这种生态层次 – 位 – 流的实现都要有一定的栖息地（habitat）的支撑，对外则表现为支撑生态系统的生态空间。从控制论的角度来讲，城市生态空间韧性的提升实质上要根据环境变化，基于对各层级和生态内部的正负反馈机制的认知（Patten et al., 1981），对生态系统中的层次 – 位 – 流关系进行有机调控，实现生态系统整体性的功能过程的波动式稳定。具体可做的工作包括：①结合城市规划尺度从建筑—社区—城区—市区—区域不同空间范围考虑构建城市生态空间多层次结构；②识别城市所在区域的常见物种、优势种和关键种，并进行生态位分析，在农业生产和城市绿化中注重不同生态位上功能相似的替代种的搭配，形成物种多样、功能复合、冗余的生态位组合，并严格防范外地生物入侵占据本地生态位而造成

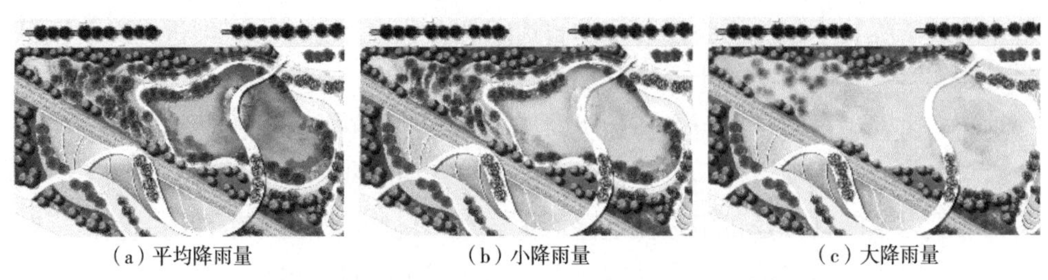

（a）平均降雨量　（b）小降雨量　（c）大降雨量

图 2.17　北京新首钢生态湖公园不同降雨量下水面变化情况

来源：奥雅纳，2020.

本地物种的数量锐减和功能丧失；③开展环境质量治理，提升生态空间生物生长所依赖的土壤、水源质量，以及不同城市生态空间通过土壤或水体之间的连通性（陈思清 等，2017），减少生态斑块的破碎化和割裂，充分利用地形坡度产生的重力势差、季节风向和城市通风廊道（王芳，2019）形成风力势差以及各种人工疏通技术促进生态空间内部生态流的畅通，等等。如图 2.17 所示，北京新首钢地区的生态湖公园通过连通大面积的旱溪、干塘与生态湖，根据旱季和雨季的降水量不同，打造与降雨量相适应的不同景观效应，降雨量小时作为绿地景观，降雨量大时作为水面淹没景观，既提升了应对季节性气候变化的能力，又增加了景观的多样性和场地的生态韧性（奥雅纳，2018）。

2.5.2.3　格局 – 过程 – 功能趋优原理

景观生态学认为，生态系统的格局、过程和功能是三个相互影响、相互联系的有机系统（高吉喜，2018）。格局是指生态系统不同生态功能体的空间组合方式，过程是指各类生态要素和功能体之间经由介质发生联系，相互作用和相互影响，形成物质循环和能量流动等"生态流"的过程，功能则是生态系统提供产品和服务的能力。特定区域的生态空间格局是在自然环境和人类活动共同作用下形成的，不同区域具有不同特征的生态安全格局，并且存在着某种生态学意义上的最优的"集聚间有离析"（aggregate-with-outliers）格局（Forman，1995）。这种最优的生态空间格局有助于实现生态系统不同位置上的风险分担，遗传多样性得以维持，并有助于在干扰下协助物种的空间运动以进行趋利避害和传粉等活动，从而维持稳定健康的生态过程和生态功能。同时，生态过程和生态功能的稳定反过来对生态空间格局产生持续的影响，维持生态空间格局的优化。城市生态空间格局在较大程度上受到人类活动的影响，如建设空间侵占和割裂生态空间，造成生态空间格局的破碎化和连通性下降，无疑会引起生态系统抵抗外界消极干扰和从中恢复的能力下降。生态空间的景观格局的优化调整无疑对城市生态空间韧性提升至关重要，对此要做到：①掌握不同历史时期的城市生态空间格局演变，识别最优格局；②识别影响城市生态空间格局演变的主要驱动因素和过程；③识别当前城市生态空间格局的敏感性与脆弱区域；④通过人类生态服务需求的消除、迁移和转换以及人类主导的生态空间修复、连通和营建等活动，促进城市生态空间格局 – 过程 – 功能系统的优化，尽量恢复或接近最优景观格局的状态；⑤对城市生态空间格局在不同尺度上进行持续地监控，建立生态空间格局的分区、分类、分级的预测、预警和管控机制等。

2.5.3　社会他构原理

社会他构是指从外部来看，城市生态空间在某种程度上受到来自城市社会经济建设、制度演进、文化传统和技术革新等诸多形式人类活动的影响，并对城市生态空间功能状态及韧性产生构建、稳定、增强、优化甚至削弱等积极和消极的作用。通过社会他构原理提升城市生态空间韧性就是要充分发挥人类主导性作用，在不断科学认识人地关系的自然规律和社会规律（王爱民 等，2002）基础上，挖掘历史文化传统中的生态智慧（沈清基 等，2016），依托制度创新和技术创新等形式，引导和推动城市生态空间韧性实践，提升城市生态空间自身应对外界环境变化的综合适应能力，稳定和调控其输出生态系统服务能力与社会需求相匹配，同时促进城市社会系统的韧性提升，实现城市综合韧性与可持续发展。

2.5.3.1　生态资源促进韧性原理

生态资源是指具有一定结构和功能的各类资源的总和，包括土地资源、水资源、森林资源、气候资源、生物资源和空间资源等（叶有华 等，2010），是承载城市生态系统服务功能并催生城市生态空间韧性的物质和功能基础。城市生态空间不断被城市建设空间所侵占或生态空间质量下降，从本质上看是由于城市不断集聚的经济建设活动对城市生态系统所提供的生态资源的不可持续利用所造成的。从调控优化经济建设与生态资源保护的角度来提升城市生态空间韧性，要做到以下几个方面：①先导性生态资源保护，一些具有水源保护、海岸保护、土壤保持等重要生态性主导功能的生态空间，向城市居民提供安全居所、洁净用水和粮食生产安全等生存基本性资源，是城市社会系统能够存续的内核基础。在城市经济建设过程中，应重视将该部分生态空间作为一种先导性资源进行考虑，对工业生产和社会生活的布局应追求对生态性主导功能生态空间最小限度的破坏和影响，重视生态优先、绿色发展，营造“绿水青山就是金山银山”的城市发展模式，才能夯实城市生态空间韧性的基础。②生态资源资本化与经济补偿，城市生态空间韧性的优化提升，从经济视角来看，实质上是对城市生态资源的优化管理，目的是实现资源利用和综合效益的最大化，而生态资源和生态服务的有限性决定了它们可以被资本化或产品化的经济属性（张文明，2019），并可通过生态经济补偿、生态购买、生态系统服务付费等形式实现对生态资源在经济层面的管理（罗万云，2019），为权衡生态利益与社会需求的不匹配和不均衡，优化提升城市生态空间韧性提供了一种新的政策工具。科学的生态资源资本化使得生态资源可以永续利用，提升了城市生态空间环境质量和服务能力，因而也提升了城市生态空间自身韧性和对城市综合韧性的贡献。③生态资源补偿与再生，生态资源作为一种可再生资源，在一定的环境压力范围内能够实现生态资源的再生；相反，当环境压力超过生态资源系统可承受的阈值范围时，会引起生态域的迁移甚至导致生态系统结构和功能的破坏，继而导致生态资源会遭受损害（Petrisor et al.，2016）。那么城市发展中应重视生态空间所承受的社会需求不大于其承载能力，只有达成生态资源质量和价值两方面的趋优发展，才能进一步维持生态资源的可再生性，形成持续性地承载和催生生态空间韧性的结果。具体做法包括：提高生态空间所承载的水质、土壤和空气等非生物生态要素环境质量，增强生态空间之间及与其他公共空间的连通性，疏导强社会需求区域的人类活动，实现生态资源价值的补偿与再生。

2.5.3.2 社会生态基因转促韧性原理

基因（Gene）作为生物学概念，指“生物体携带和传递遗传信息的基本单位”（大辞海编辑委员会，2011）。此后“基因”被引入城市领域，形成城市基因的概念，指城市一些内生属性的组合，这些内生属性是在长期累积中形成的，并具有稳定性和延续性，可以对城市发展产生一定的指向意义（盛维 等，2015）。城市中一些与生态要素、生态单元或生态空间相关的社会活动（如家庭野餐、城市农场和节庆祭祀活动等）会形成集体性的社会生态记忆（social ecological memory）（Rodriguez et al.，2019），符合城市基因具有内生性、稳定性、传承性和指向性的特征，可被认为是耦合了生态与社会两个维度的一种城市社会生态基因。

通过社会生态基因可以转而促进生态空间韧性和城市综合韧性主要体现在以下方面：①社会生态活动促进生态空间韧性，社会生态活动一般是家庭和朋友之间的野餐、休憩、小型聚会等（图 2.18），往往在环境优美的城市生态空间（如公园绿地、海岸等）举行。这些活动反映了人们对城市生态空间输出的文化、景观等生态系统服务的消费需求，需求本身构成了对更多量和更优质的生态空间的主观因素，而这种有助于家庭和朋友间和谐亲密关系的美好记忆，势必将这种对

图 2.18　美国纽约中央公园草坪与湖面上聚会、游玩的人们

来源：笔者自摄

生态空间保护和需求的力量传承下去，转而形成促进生态空间韧性的社会基因。②历史生态活动促进生态空间韧性提升，历史生态活动是指发生在生态环境较好的，与历史文化和历史传说相关的民众自发式的世代传承聚集性活动。如，中国清明节或端午节有“挂艾草辟邪”“赛龙舟”等活动，东北长白山地区的“开山”仪式等，都是一种与历史文化相关同时又带有一定生态活动特性的活动。因为这些活动都与一些植物等生态要素或河流、山林等生态空间相联系，本身构成对特定生态空间保护的需求和“敬畏自然”的精神导向，同时也有助于那些民族精神和文化的传承，从而提升整个民族应对灾难和困境的韧性。③历史遗产中的生态智慧[①]有助于提升生态空间韧性。人类历史文明发展中积累了大量的生态智慧（如战国时期修建的都江堰水利工程），可以为现代人所借鉴传承，用于包括城市生态空间在内的生态空间韧性的构建与优化提升。生态智慧蕴含了人类生态知识与生态实践的经验结晶，包含了人类与自然相互作用过程中积累形成的各种能使环境更适于生存的策略和理念（Xiang，2014；赵红 等，2008），能够帮助人们在实践中充分利用自身智慧、技能和手段，合理规划布局生态要素，实现人类系统健康和生态系统健康的耦合，获得城市生态服务的综合性效益，并最终优化和提升城市生态空间韧性及城市综合韧性。

2.5.3.3　生态技术助推韧性原理

生态技术是指遵循生态学原理和整体性原则，通过生态系统整体优化配置，实现资源综合利用、减少环境损耗和资源浪费，以最小的环境代价获得多重收益，促进人与自然和谐以及经济社会可持续发展的技术手段和方法（奚洁人，2007；

① 生态智慧是指生态科学与生态实践有机融合而产生的生态伦理道德观念的集合，也是人类在其与自然互惠关系深刻感悟的基础上进行生态实践的能力（沈清基 等，2016）。

朱永忠 等，2012）。广义的生态技术不仅包括那些基于自然的、再生型或低耗型常规技术，还包括依托生物技术、信息技术等高新技术实现消除污染、节能减排和促进生态环境质量提高与人类生态福祉提升等综合生态效益的技术手段和应用。Redman（1999）在其著作《古代人类环境影响》（*Human Impact on Ancient Environment*）曾指出，人类活动对生态环境的影响早在远古时代就已存在，其中技术发展是决定这种人类影响方式和程度的重要因素，除了技术发展带来的环境污染等消极影响，在很多时候也扮演积极的角色。如考古发现地中海黎凡特地区在公元前2000年以前就修筑了水坝、蓄水池、阶梯式护土墙保护的梯田耕作技术等，不仅提高了当时的农业生产效率，还起到了一定的水土保护功能，在当时实现了某种程度的可持续生产模式（Redman，1999）。Redman指出应对环境危机和充满不确定性的未来，充分利用技术革新带来的力量仍是人类重要的选择。又有学者在研究伦敦金丝雀码头（Canary Wharf）发展时指出，面对未来的不确定性，以技术、数据和管理等要素形成的韧性迭代效应成为促进地区发展的致胜因素（吴志强 等，2020）。

笔者认为，推动技术创新、充分利用多种形式的生态技术用于城市生态空间保护以及协调与社会经济发展之间冲突矛盾，是提升城市生态空间韧性的重要路径之一。具体来讲可包括以下方面：①结合古气候数据和古生物分析技术、遥感监测、野外调查等多种技术手段，揭示长时间尺度下生态空间格局形成与演进的生物学机制（叶鑫 等，2018），为生态空间保护提供更多生态学依据；②结合多源遥感数据和生态格局演变定量分析方法，分析生态空间变异情况，未来可与自动化与智能化技术手段相结合，形成自动、实时动态、分时段、分区域可追踪的景观生态空间安全监控和预警机制；③通过生态环境因子在线监测、大数据、移动终端、虚拟现实等技术，实现城市居民对城市热浪、洪水等风险等级、临近避难场所（如有降温效应的生态空间分布及其承载状态）和路线等信息的高速、动态和有效的掌握（ISCAPE，2019；Rockefeller Foundation，2019），能够充分发挥城市生态空间在减灾避难中的作用，并调节人类活动对高需求性生态空间的压力，有助于实现生态空间保护和提升社会人群适应灾害能力的协同效应。

综合以上，笔者就城市生态空间韧性的获得和提升的基本原理进行总结。首先，城市生态空间韧性的获得是一个系统性动态趋优过程，一方面要求多尺度上生态空间所承载的生态系统健康（维持生态系统功能稳定、保障生态安全和保护生物多样性）及社会、经济多重效益（粮食生产、空气净化、满足人类健康和精神文化需要等）的实现，另一方面调控人类社会活动对生态空间的影响控制在适度范围内或实施积极干预，实现社会系统－生态系统之间积极、健康和可持续的耦合关系；其次，城市生态空间韧性的获得在自然生态过程的“自构”和城市社会系统人类主导性的“他构”共同作用下实现，并不能局限于生物或自然环境系统而获得的固有韧性，必须与城市社会经济发展政策、土地开发利用规划与社会公众参与等进行协调整合，以获得从社会系统驱动的适应性韧性；再次，城市生态空间韧性的获得在学科上要借助于多学科多专业的原理、知识与技术，形成覆盖从自然生命科学到社会科学管理的理论知识与技术方法体系，为城市生态空间韧性的理论认知、科学规划、工程建设和综合管理提供支撑；最后，城市生态空间韧性的获得要与城市发展的生态化（包括生态资源开发、生态智慧与韧性基因挖掘、生态技术研发与应用等）建立关联，当城市的经济生产模式与全体市民的生活方式或文化理念具有绿色、低碳、循环乃至生态化等特征时，将对生态空间的韧性的提升产生积极的意义和作用。

在韧性理论建构之后，在本章之后的部分将进入韧性实践的部分。本书将在第 3 章对上海市生态空间现状、演进及其存在的主要干扰、问题等进行系统描述和韧性预诊。

第 3 章　上海市生态空间识别与问题诊断

“不明察，不能烛私。”

——《韩非子·孤愤》

“韧性实践的第一步就是系统描述……包括尺度、人与治理（主体、权利和规则）、什么的韧性（价值和对象）、对什么的韧性（干扰）、驱动与趋势（历史与未来）等五个不分次序、彼此有内容重叠且相互关联的方面。”

——布莱恩·沃克和大卫·萨尔特（Brian Walker & David Salt），2012

《韧性实践》

（*Resilience Practice*）

“韧性思维”（resilience thinking）为人们提供了理解周围世界和管理自然资源的一种新方式，从而在逐渐成为一个在多学科、多领域受到广泛重视的热点（Walker et al.，2006），此后学界开始更加关注如何应用韧性思维以解决实际问题的“韧性实践”（resilience practice）问题（沈清基，2018）。Walker 和 Salt（2012）在其论著《韧性实践——构建吸收干扰和维持功能的能力》一书中将韧性实践概括为三个部分：描述系统（describing the system）、评估韧性（assessing resilience）和管理韧性（managing resilience）；国内学者也有类似认识，有学者提出韧性城市建设的总体思路包括三个阶段：理解和描述事件风险—分析与评估系统脆弱性和韧性—优化与管理城市韧性（黄弘 等，2020）。如果说前文对城市生态空间韧性概念内涵、分类特征及提升原理的讨论属于韧性理论范畴的话，那么本章节及之后内容将开始以上海市为研究对象，探讨城市生态空间相关的系统描述、韧性测度评价及其韧性提升策略等韧性实践问题。

本章节主要探讨韧性实践关于系统描述的部分，即主要对上海市生态空间现状、历史演变及其存在的主要问题等方面进行研究，以为后续开展韧性测度评价和提出优化提升策略奠定基础。本章节的研究内容主要包括：基于 Landsat 遥感卫星图像，结合使用遥感图像处理软件 ENVI①（the environment for visualizing

---

① ENVI 是一个完整的遥感图像处理平台，应用汇集的软件处理技术覆盖了图像数据的输入 / 输出、图像定标、图像增强、纠正、正射校正、镶嵌、数据融合以及各种变换、信息提取、图像分类、基于知识的决策树分类、与 GIS 的整合、DEM 及地形信息提取、雷达数据处理、三维立体显示分析。

images）和地理信息系统管理软件 ArcGIS 对上海市不同历史时期的生态空间及其他土地覆盖类型予以识别和提取，并量化分析其现状结构与历史演变特征；使用景观格局分析软件 Fragstats 对上海市生态空间景观指数进行计算分析；结合对上海市不同历史时期与城市生态空间相关规划资料的梳理与总结，探讨上海市生态空间演变的主要政策背景；最后在前三节研究内容基础上，分析归纳上海市生态空间存在的主要问题、风险与干扰，从而为后续进行城市生态空间韧性的测度和提升策略制定奠定基础。

3.1　上海市生态空间概况与相关规划

上海市位于中国东部，地处长江入海口，东临太平洋。上海市全市陆域辖区范围面积 6,340.5 平方公里，海洋功能区划面积 10,754.6 平方公里。上海地区是我国近 20 年来城市化过程最为剧烈的地区之一，2022 年年全市常住人口 2,475.89 万[①]，城镇化率已达 89.33%[②]，是我国城镇化率最高的地区之一，是中国典型的超大城市。上海在 GaWC（Globalization and World Cities Study Group and Network）发布的 2024 年世界城市体系排名中被评为“世界一线城市”。上海市长江入海口的地理区位和江南水乡的农耕文化造就了上海“农林水复合，林田湖相间”的生态特色（郭淳彬，2018）。

3.1.1　自然地理环境

上海市是典型的河口海岸城市，北邻长江入海口，东濒东海，南接杭州湾，西部与江苏省和浙江省接壤。上海市整体地形平坦，主要为长江三角洲平原，平均海拔仅 2.19 米，西南部有少量丘陵，最高海拔处为大金山岛(海拔高度 103.7 米)。上海市四季分明，气候温暖湿润（2023 年全市平均气温 17.8℃，年降水量 1,280.6 毫米），属于典型的亚热带季风性气候。由于是沿海城市，每年夏秋季节容易受到风暴潮等极端天气的影响。

上海市地处长江下游地区，水系较为发达，水网密布，主要有苏州河和黄浦江两大水系，最大湖泊为淀山湖（面积约 62 平方公里），上海市水域覆盖面积达市域面积的 11%。上海还是一座湿地资源丰富的城市，虽湿地总面积不大，但类型丰富，主要包括近海及海岸湿地、湖泊湿地、河流湿地和人工湿地 4 种类型。

---

① 数据源于《2022 年上海市年国民经济和社会发展统计公报》。

② 数据源于《中国统计年鉴 2023》。

上海市较好的生态环境条件使得上海及周边地区成为众多河口经济物种（如刀鱼、中华鲟、中华绒螯蟹等）进行繁育、育幼和洄游的重要栖息地，也是重要的候鸟迁徙和越冬的停留地，具有重要的生态保护价值。在自然植被方面，上海市属于典型的中亚热带常绿阔叶林带，植被类型呈现常绿、落叶阔叶混交林地的过渡性植被类型。但受近年来快速的城市化进程影响，上海地区的自然植被破坏较为严重，大多数林地植被以次生林和人工林为主。

3.1.2 社会经济情况

上海开埠时人口不足10万人，此后城市人口数量不断扩大。截至2023年年末，全市常住人口2,487.45万人，其中外来常住人口约占总人口40%，为1,007.28万人，人口自然增长率为–2.42‰。2022年户籍人口平均期望寿命83.18岁，已相当于世界发达国家的水平。值得注意的是，上海市是我国最早进入老龄化社会的城市之一，截至2023年年末，上海市60岁及以上的户籍老年人口数量为568.05万人，占全市户籍总人口的37.4%。老龄化程度较高。行政区划方面，1949年年末，上海划分为20个市区和10个郊区，后经历多次行政区划调整和撤县建区。据民政部门统计，至2024年7月，上海有16个市辖区，共108个街道、106个镇、2个乡、合计216个乡级区划。

上海市是国务院批复确定的中国国际经济、金融、贸易、航运、科技创新中心。根据历年《上海统计年鉴》数据显示，近年来上海国民经济一直快速稳定增长。2023年上海市GDP产值达到47,218.66亿元，比上年增长5.0%[①]。得益于经济发展水平的快速提升，近年来在国际上的城市竞争力不断提升，尤其表现在经济方面，但在环境与可持续发展、宜居性等方面的表现还有待进一步改善。在日本MMF基金会城市策略研究所发布的2023年“全球实力城市指数”中，上海的综合排名第15位，在具体维度上，可达性（排名9）、经济（排名11）和研发（排名13）领域表现较强，在文化交流（排名23）领域表现一般，在宜居性（排名30）和环境（排名33）领域表现较弱。

3.1.3 上海市生态空间相关规划

城市规划是指导城市建设和发展的重要政策工具，科学合理的规划在提升和优化城市韧性过程中扮演重要作用（Fleischhauer，2008；Yumagulova，2017）。100RC在其2019年发布的《韧性城市韧性生活》（*Resilient Cities Resilient Lives*）

① 数据源于《2023年上海市国民经济和社会发展统计公报》。

报告中指出，许多地方城市开展韧性实践所关注的具体问题和方向很大程度上受到地方政府对城市现状和城市发展定位等方面判断的影响（Rockefeller Foundation，2019）。自然地，与生态空间相关的规划策略制定，势必也对城市生态空间韧性提升产生一定影响。梳理近年来上海市颁布的生态空间相关规划，有助于了解城市生态空间演变背后的政策驱动因素，并为后文构建城市生态空间韧性测度评价模型、评价指标选取以及提出适合当前城市规划方向和内容的生态空间韧性优化提升策略提供有益参考。

改革开放以来，伴随着上海城市社会经济发展水平的进步和国际上对城市生态环境质量的愈加重视，上海市对生态空间的布局和规划也得以在一定程度上得以发展和优化，并在不同时期颁布了一系列生态空间相关的规划和政策文件。刘新宇等（2019）总结梳理了 1978—2018 年间上海市生态空间建设和发展的过程和经验，指出上海市生态空间的发展和建设的主要成果表现为从上海绿地系统布局向基本生态网络空间的转变[①]，并将上海生态空间建设与发展过程大致分为五个时期（表 3.1）。笔者发现，自 2010 年以来，伴随着生态文明建设在上海市城市规划与建设过程中的不断深入体现，密集发布了一批生态空间保护和优化的相关规划。本书以 2010 年为界，将上海市生态空间相关规划分为 2010 年之前的生态空间相关规划和 2010 年之后的生态空间相关规划。另外，上海市还针对特定的生态空间类型（如森林、水体、滩涂、耕地等以及特别区域如崇明岛）发布了一系列相关规划，成为构建城市特定生态空间韧性的重要规划保障。

其中，2010 年之前的相关规划以城市绿化系统专项规划和城市总体规划为主，该阶段的上海市生态空间规划更多重在城市绿化系统方面，且多关注城市绿化的结构布局，对城市生态空间的功能维护的关注相对较少，但开始出现对于地质灾害、环境污染整治等方面干扰影响的关注。随着上海逐渐进入城市化的快速发展时期，城市社会经济发展的同时，生态空间总量下降，生态网络性不足等生态环境问题也开始凸显。为适应新的时代发展要求，不断提升上海市社会、经济、生态等多方面综合竞争力和城市发展水平，上海市在 2010 年之后密集编制了一批生态空间相关规划，不断推动生态空间的格局优化和功能提升，开始重视市域层面整体生态安全和抵御风险的能力，强调在市区层面更加重视生态系统服务供需的平衡和市民的舒适度，韧性的理念与提法在相关规划（如“上海 2035”规划等）中不断得以体现。

① 又一说法如阎凯（2019）在其博士论文《上海市生态网络优化研究》中指出上海市生态空间建设经历了“生态—生态空间—生态网络空间—生态网络体系”的演变。

表 3.1　上海生态空间优化主要阶段划分

时期	城市发展背景	生态空间优化特征	主要问题	颁布的相关规划
缓慢发展时期（1978—1986 年）	上海城市定位由“单一工业化城市”转型为“多功能城市”	逐步展开城市绿地建设，形成绿地系统布局	城区绿地面积短缺，内河污染等	《上海市园林绿化系统规划》
稳定增长时期（1986—1998 年）	浦东开发开放，城市转型加快	城市绿地建设稳定增长，形成点、线、面相结合的城市绿地系统	城区外部生态空间快速减损	—
快速发展变化时期（1998—2005 年）	进一步优化产业和经济结构	上海生态空间由传统绿地系统布局向基本生态网络空间转变	外部生态空间下降	《上海市城市总体规划（1999—2020 年）》《上海市城市绿地系统规划（2002—2020）》《上海市中心城公共绿地规划》《上海市森林规划》
机遇与挑战共现时期（2005—2010 年）	加快建设“四个中心”，提出建设生态城市的目标	进一步完善“环、楔、廊、园、林”的绿化布局结构，将耕地和基本农田归入生态空间系统，基本形成网络化的生态空间系统框架	生态用地总量明显减少，既有生态网络问题暴露；外部生态空间缩减、内部生态空间增长，总体减损	《上海市土地利用总体规划（2006—2020 年）》
生态文明建设时期（2010 年至今）	世博会举办，出台一些类生态空间相关政策和规划法案	立足战略导向、展望未来，建立网络化、多中心的空间体系	生态空间增量空间小、生态空间连通性和破碎化程度高	《上海市基本生态网络规划》《上海市生态保护红线》《上海市城市总体规划（2017—2035 年）》《上海市生态空间专项规划（2018—2035）》等

来源：笔者自绘

3.2　上海市生态空间识别与演变

生态空间识别和分类划定是进行生态空间保护的重要手段，也是了解生态空间现状与问题，进行生态空间韧性相关分析、评价和规划管理的基础性工作。在上海市生态空间识别方面，有研究发现 1980—2010 年间，上海市的生态空间总量明显减少，生态空间与发展空间相互穿插演化，呈现斑块化与破碎化特征（徐毅 等，2016）；另有研究基于生态系统服务功能评价结合土地利用现状，将上海市生态空间划分为以供给与支持功能为主导功能的生态空间（占 4.8%），以调节功能为主导功能的生态空间（占 86.84%）和以社会服务功能为主导功能的生态空间（占 8.37%）等（沈琰琰，2019）。值得指出的是，以上研究者对生态空间概念界定、识别方法等方面的差异，对城市生态空间的包含内容和具体范围的结果也多有不同，且数据结果有一定的时间滞后性，其结果也不能直接用于本书后续章节对生态空间韧性的评价研究。

本书通过对上海市 2019 年春、夏两个季度及近 30 年来 6 个历史不同年份夏季遥感卫星影像的监督分类解译，获得相应时期的土地覆盖情况，可以在一定程度上反映上海市生态空间的现状及演变特征。本书所选择年度和季度的遥感图像，主要考虑植物生长季节、卫星飞临研究区域以及飞临时期的云遮盖情况来选择，即选择植物生长季节和云遮盖较少时期，以增加遥感数据监督分类解译的准确性和可比性。

3.2.1　上海市生态空间识别的数据与方法

3.2.1.1　数据来源

本书生态空间识别涉及的数据主要包括以下类型：Landsat 系列卫星遥感影像数据、城市行政边界数据、Google Earth 图像数据、社会统计数据等。具体数据格式及来源情况见表 3.2。

需要说明的是，对 Landsat 系列遥感卫星图像的选择标准主要考虑以下因素：①优先选择最新一代卫星获取的数据，如在 Landsat 5 卫星与 Landsat 7 卫星数据同时存在的情况下，优先选择 Landsat 7 卫星数据。②由于 Landsat 7 卫星在 2003 年 5 月 31 日发生故障，导致此后获取的图像信息不完整，即便是经过修复也将对解译质量造成较大影响，故在 2003—2013 年之间没有选用 Landsat 7 数据。③遥感图像极易受到云量的影响，甚至在云量较多的年份或季节没有可供使用的遥感影像，不得不选用临近年份或月份的数据作为代替，本书选择相应月份云量较少当日的遥感影像，一般要求云量少于 2%。④在对历史年份土地监督分类时，本书选取的是每年夏季（一般为 8 月）云量较少时的图像作为解译数据源。之所以选择夏季数据，是因为夏季植物生长旺盛，比较容易识别植被覆盖。本书选用 8 月份的数据，并将耕地与林地、草地合并在一起作为植被覆盖土地，这也与近年来上海市对生态空间的范围界定是符合的[①]。⑤有研究曾指出中国北方遥感影像解译时适宜采用5月中下旬数据，其理由是该时间耕地上的作物刚开始生长或尚未生长，比较容易识别耕地。但在本书中发现采用5月份的数据进行解译存在两个缺点：其一，不同年份5月份耕地农作物生长情况不一致，也造成不同年份耕地识别结果的失真性，不利于进行不同年份的比较；其二，耕地与建设用地和林地的可分离性不稳定，存在耕地少计、林地多计或耕地与建设用地混淆的情况。综合以上情况选择了1989年8月、1995年8月、2000年9月、2013年8月、2015年8月、2019年4月和7月的数据进行解译分析。

表3.2　遥感解译数据来源统计表

<table>
<tr><th>数据名称</th><th>类型</th><th>精度</th><th>版本 / 时间</th><th>来源</th></tr>
<tr><td rowspan="3">Landsat 8 OLI 卫星遥感图像</td><td rowspan="3">栅格数据</td><td rowspan="3">30 米</td><td>2019 年 7 月 29 日
2019 年 4 月 8 日</td><td rowspan="6">美国地质勘探局（USGS）
网　站：https://earthexplorer.usgs.gov/;
地理空间数据云网站：
http://www.gscloud.cn/</td></tr>
<tr><td>2015 年 8 月 3 日</td></tr>
<tr><td>2013 年 8 月 29 日</td></tr>
<tr><td>Landsat 7 ETM 卫星遥感图像</td><td>栅格数据</td><td>30 米</td><td>2000 年 9 月 18 日</td></tr>
<tr><td>Landsat 5 TM 卫星遥感图像</td><td>栅格数据</td><td>30 米</td><td>1995 年 8 月 12 日</td></tr>
<tr><td>Landsat 5 TM 卫星遥感图像</td><td>栅格数据</td><td>30 米</td><td>1989 年 8 月 11 日</td></tr>
<tr><td>上海市行政边界数据</td><td>矢量数据</td><td>—</td><td>—</td><td>“城市数据派”网站：https://www.udparty.com</td></tr>
<tr><td>Google Earth 卫星图像</td><td>界面数据</td><td>—</td><td>历史年份图像</td><td>Google Earth 软件；“水经注万能地图下载器”软件</td></tr>
<tr><td>数字高程数据</td><td>栅格数据</td><td>30 米</td><td>—</td><td>地理空间数据云网站：http://www.gscloud.cn/</td></tr>
</table>

来源：笔者自绘

① 《上海市土地利用总体规划（2006—2020年）》首次将耕地和基本农田划入生态空间系统，以基本农田为主的大面积生态保育区成为上海市生态空间的基底，改变了原先以绿化绿地为主的市域生态系统的狭义概念。

3.2.1.2　数据预处理与监督分类

根据本书对生态空间的概念界定，以及上海市 2020 年发布的《上海市生态空间专项规划（2018—2035）》对生态空间用地类型的界定[①]，上海市城市生态空间应该包括近海海域、林地、绿地、园地、河湖水系、湿地、耕地等各类生态要素。由于本书获取的 Landsat 卫星遥感数据空间分辨率为 30 米，以及遥感影像解译中普遍存在混合像元“同物异谱”和“异物同谱”的情况（王碧辉 等，2012），会使土地覆盖分类的解译精度受到一定限制，尤其是在对夏季遥感图像的监督分类中表现为有作物生长的耕地与林地，无作物生长的耕地与建设用地的可分离性差，解译结果在不同年份之间比较时失真性较大。

综上考虑研究问题的需要和遥感解译效果的精度要求，决定将遥感解译分为两部分。其一，为判明上海市生态空间历史演变，对历史年份遥感影像监督分类时，将土地覆盖类型划分为 4 大类，即有植被覆盖的土地（简称“植被”，包括耕地、林地、草地等），水域，建设用地和其他用地，土地覆盖类型及其对应内容如表 3.3 所示。其二，为识别上海市生态空间现状对 2019 年 4 月影像解译，将土地覆盖类型细分为 6 类，即耕地、林地、草地、水域、建设用地和其他用地，其中耕地为未生长作物的耕地，在 TM6、5、2 组合波段下表现为粉红色或棕色具有规则边缘的块状，从而与林地和建设用地相区分。训练样本可分离性超过 1.8，达到解译精度要求，尽管存在耕地少计、林地多计的情况，但仍不失为了解上海市现状生态空间细节的重要结果。

（1）数据预处理：根据有无数据、云量多少、时间跨度等情况，选取上海市近 30 年 6 个代表性年份（1989 年、1995 年、2000 年、2013 年、2015 年、2019 年）夏季（一般为 8 月）以及 2019 年春季（4 月）Landsat 系列卫星遥感影像为数据源，使用 ENVI5.3 进行辐射定标、大气校正、图像融合、镶嵌、裁剪等预处理（杨树文，2015），获得各个时期上海市行政边界范围内的遥感图像（图 3.1）。

（2）监督分类：结合统计资料及 Google Earth 同期地面资料，使用 ENVI5.3 软件通过人机交互的监督分类[②]识别获得上海市土地覆盖分类数据。经反复测试监督分类效果（训练样本的可分离性在 1.8 以上），将历史年份上海市土地覆盖

---

① 主要包括城市绿地、林地、园地、耕地、滩涂苇地、坑塘养殖水面、未利用土地等类型，主要聚焦绿化、林地、湿地等生态要素，是与构筑物和路面铺砌物所覆盖的城市建筑空间相对的空间。

② 主要包括特征定义、样本选择、影像分类、分类后处理和结果验证等步骤，具体步骤见 http://blog.sina.com.cn/s/blog_764b1e9d01014m6f.html。

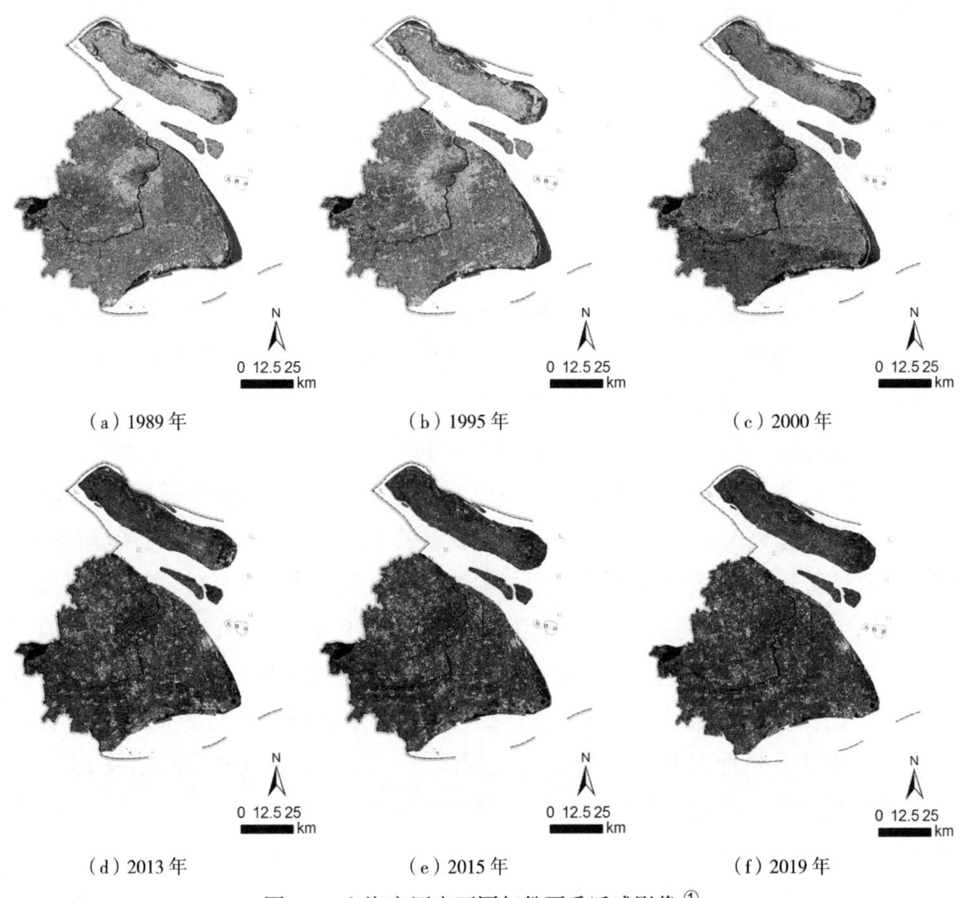

（a）1989 年　（b）1995 年　（c）2000 年

（d）2013 年　（e）2015 年　（f）2019 年

图 3.1　上海市历史不同年份夏季遥感影像[①]

来源：笔者自绘

类型划分为植被、水域、建设用地和其他用地 4 大类土地覆盖类型。将 2019 年 4 月影像细分为耕地、林地、草地、水域、建设用地和其他用地 6 类土地覆盖类型。通过与谷歌地球（Google Earth）高分辨率卫星影像叠加识别的验证样本（regions of interest，ROI）进行混淆矩阵精度检验，验证结果显示，解译结果的 Kappa 系数均在 85% 以上，达到一般程度分辨标准。通过 ArcGIS 10.5 对解译图像进行矢

① 本书中使用的上海市地理底图，源于“标准地图服务”网站（http://bzdt.ch.mnr.gov.cn/），审图号为 GS（2019）3333 号。九段沙湿地位于长江入海口，由江亚南沙、上沙、中沙、下沙四个沙体及周边浅水区域组成，是上海市重要的自然保护区。由于九段沙湿地受潮汐影响，部分沙体周期性地露出或淹没于水面之下，该区域生态空间韧性评估所需的主要数据尚不具备统计分析条件，本书未将九段沙湿地纳入数据分析范围。

量化处理，计算获得各类土地数据及比例，投影坐标系统一采用“世界级地理坐标系 1984”（Geographic Coordinate System–World Geodetic System_1984，GCS-WGS_1984）。遥感数据预处理与解译的流程如图 3.2 所示。

表 3.3　遥感影响监督分类的土地覆盖类型

土地覆盖大类	土地覆盖小类及内容说明
植被	耕地：包括有作物生长的耕地、果园等
	林地：包括有林地、灌木丛地、疏林地及城市公园森林
	草地：包括高覆盖、中覆盖和低覆盖度草地
水域	包括河流、湖泊及池塘水面等
建设用地	包括城镇用地、农村居住地、工业用地、城市道路等人工设施等
其他用地	包括未植被地、裸地、空闲地等

来源：笔者自绘

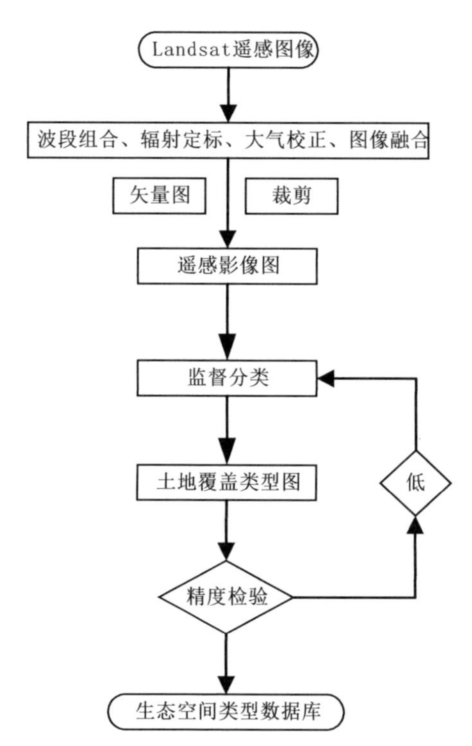

图 3.2　遥感数据预处理与解译流程图

来源：笔者自绘

3.2.2 上海市生态空间主要类型、分布和演变（1989—2019 年）

在本书中，生态空间的结构主要是生态空间的类型数量、各类型生态空间的数量（面积）与构成比例；生态空间的分布主要是指各类型生态空间在研究区域内的位置与数量比例。将上海市 2019 年 4 月和 7 月土地覆盖类型监督分类的结果导入 ArcGIS10.5，对图像进行集中处理、导出获得上海市不同年份的土地覆盖类型监督分类视图（图 3.3）。通过 ENVI 5.3 的统计功能获得上海市不同时期土地覆盖类型的面积及其占上海市总面积的比例（表 3.4）。以上信息为本节分析上海生态空间结构与分布提供了依据。

表 3.4　上海市 2019 年 4 月和 7 月土地覆盖类型结构

土地覆盖类型	2019 年 4 月		土地覆盖类型	2019 年 7 月	
	面积（公顷）	占市域面积比例		面积（公顷）	占市域面积比例
林地	129,042.34	18.81%			
耕地	125,147.97	18.25%	植被	318,371.31	46.41%
草地	37,021.28	5.40%			
水域	22,570.81	3.29%	水域	21,219.95	3.09%
建设用地	371,294.46	54.13%	建设用地	345,514.52	50.37%
其他用地	830.48	0.12%	其他用地	830.90	0.12%

来源：笔者自绘

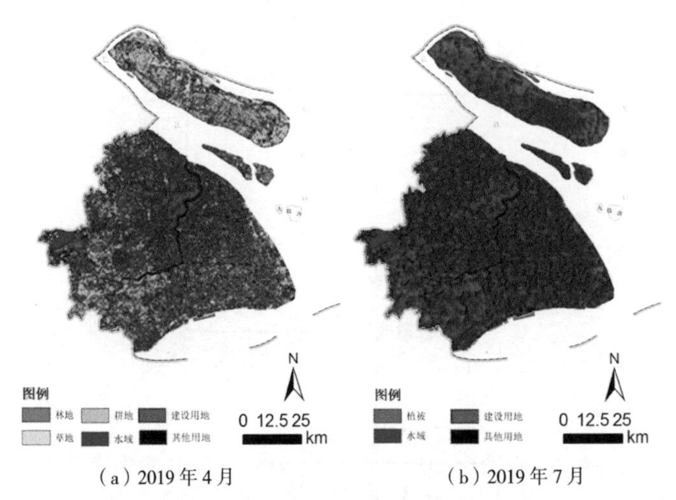

（a）2019 年 4 月　（b）2019 年 7 月

图 3.3　上海市 2019 年 4 月和 7 月土地覆盖监督分类与生态空间分布

来源：笔者自绘

3.2.2.1　上海市生态空间的类型构成

在对 2019 年 7 月的遥感影像解译中，将土地覆盖类型分植被、水域、建设用地和其他用地 4 类，样本可分离性均在 1.9 以上，解译精度较高，因而其结果可以较好地反映上海市生态空间现状构成的总体情况。分析可知，当前上海市生态空间共计约 339,591.26 公顷，占市域面积的 49.5%，其中包括植被覆盖区域面积 318,371.31 公顷，占市域面积 46.41%，水域面积 21,219.95 公顷，仅占全市面积 3.09%。

在对 2019 年 4 月的遥感影像解译中，进一步将植被细分为耕地（未生长作物）、林地和草地，训练样本可分离性达到 1.8 以上。从结果来看，耕地、林地和草地的总面积达到 291,211.58 公顷，水域 22,570.81 公顷，建设用地 371,294.46 公顷。对比 7 月份解译结果分别为 318,371.31 公顷、21,219.95 公顷和 345,514.52 公顷。尽管产生了一定程度的耕地少计、林地与建设用地多计的误差，但结合 7 月份遥感影像解译结果，可在一定程度上反映上海市当前植被的细节组成情况。从植被的细节组成来看，按照所占比例从高到低包括：耕地面积约 125,147.97 公顷[①]，占市域面积 18.25%，林地面积约 129,042.34 公顷[②]，占市域面积 18.81%；草地面积约 37,021.28 公顷，占市域面积 5.40%。占据比例最高的生态空间类型是耕地。

与此同时，笔者从已有文献资料中寻找到一些有关上海市生态空间构成的信息，作为本书遥感解译结果的参考对照。沈琰琰（2019）基于 2016 年上海市土地利用现状变更调查矢量数据，统计获得上海市生态空间如表 3.5 所示。研究指出，上海市生态空间面积为 3,683.51 平方公里，占市域面积比例 54.04%，其中，按照所占比例从高到低分别为耕地、水域、林地、公园绿地、园地和草地（沈琰琰，2019）。该研究所得结果基于土地利用调查获得，能够较为清晰地判断地表覆盖物的类型，但数据有一定的延迟性。

经遥感解译和对照已有研究，笔者发现：根据 2019 年 7 月遥感解译结果显示，上海市建设用地占比已达 50.37%，远高于大巴黎、大伦敦和东京都市圈等国际大都市（普遍在 20%—30%），说明上海市生态空间严重地被建设用地所侵占和压缩。

---

① 根据《上海市第三次农业普查主要数据公报》，2016 年上海市耕地面积 19.08 万公顷，印证本研究中解译结果出现耕地少计的判断。

② 《上海市林地保护利用规划（2010—2020 年）》中指出上海市林地总面积 77 312 公顷，占全市土地面积的 12.19%。

表 3.5 基于 2016 年土地利用现状调查的上海市生态空间统计表

生态空间类型	面积（平方公里）	占生态空间比例	占全市面积比例
耕地	1,911.57	51.90%	28.04%
园地	167.61	4.55%	2.46%
林地	467.65	12.70%	6.86%
草地	12.61	0.34%	0.18%
水域	919.03	24.95%	13.48%
公园绿地	205.02	5.57%	3.01%
合计	3,683.51	100.00%	54.04%

来源：沈琰琰，2019.

3.2.2.2 上海市生态空间的分布

结合 2019 年遥感图像分析，上海市生态空间分布如图 3.3 所示，由于城市建设，上海市生态空间由外向内递减，主城区几乎全部被建设用地覆盖，只有黄浦江、内外环线绿带和一些公园绿地零星分布。上海各区的生态空间面积及比例如表 3.6 所示。可见位于主城区之外的崇明区、浦东新区、青浦区、松江区和金山区具有较高的生态空间分布，均占各行政区面积的 50% 以上。尤其崇明岛作为世界级生态岛建设，生态空间资源较为丰富，生态空间面积占行政区面积的 68.73%。静安区、虹口区、闸北区[①]等主城区内各区生态空间面积较低，反映了城市建设开发活动对生态空间的侵占、破坏等影响。上海陆域南部生态空间资源明显优于北部，北部的宝山区、嘉定区的生态空间分布密度低于金山区、奉贤区。

上海市各类生态空间中，耕地空间主要分布于崇明区、青浦区、金山区、奉贤区及浦东新区东南部等地区；林地分布密集趋势与上海市生态廊道、外环绿带相似，主要分布在上海市内环线与外环线沿线，主城区外如青浦区、松江区、奉贤区、崇明区的郊野公园以及散布于市内的主要公园等位置；草地面积较小，散布于上海市主要的公园如东平森林公园、世纪公园以及机场等开阔区域；主要水域主要包括流经上海市的黄浦江、苏州河等河流水面，位于青浦区的淀山湖及周边水系水面，浦东新区的滴水湖，崇明区的明珠湖以及散布于全市的一些公园池塘水面和内河水面等。

① 2015 年 11 月 4 日，上海市政府宣布静安区与闸北区合并，为便于与历史同期比较，本表仍采用在此之前的分区设置。

表 3.6　2019 年上海市各区生态空间统计表

行政区	生态空间面积（公顷）	占行政区面积比例	占全市生态空间面积比例
崇明区	93,510.38	68.73%	29.82%
浦东新区	47,772.11	36.16%	15.24%
青浦区	38,348.26	60.48%	12.23%
松江区	32,427.86	56.75%	10.34%
金山区	31,865.40	55.86%	10.16%
奉贤区	27,004.73	40.05%	8.61%
嘉定区	17,069.13	39.00%	5.44%
闵行区	11,814.28	33.48%	3.77%
宝山区	8,544.67	29.88%	2.73%
杨浦区	1,362.40	23.77%	0.43%
徐汇区	1,065.29	20.54%	0.34%
普陀区	931.50	17.74%	0.30%
长宁区	853.04	24.38%	0.27%
黄浦区	313.94	16.23%	0.10%
虹口区	312.66	14.03%	0.10%
闸北区	306.72	11.04%	0.10%
静安区	60.46	8.31%	0.02%

注：①行政区按照生态空间面积从高到低排序；②生态空间面积为基于 2019 年 4 月遥感解译的耕地、林地、草地和水域的面积之和。

来源：笔者自绘

3.2.2.3　上海市生态空间的演变分析（1989—2019 年）

将上海市历史不同时期 6 个年份夏季土地覆盖类型监督分类的结果导入 ArcGIS 10.5，对图像进行集中处理、导出获得上海市不同年份的土地覆盖类型监督分类视图（图 3.4）。通过 ENVI5.3 的统计功能获得上海市不同时期土地覆盖类型的面积及其占上海市总面积的比例（表 3.7），并绘制上海市历史 6 个年份植被、水域和建设用地面积占全市面积比例变化趋势图（图 3.5）。

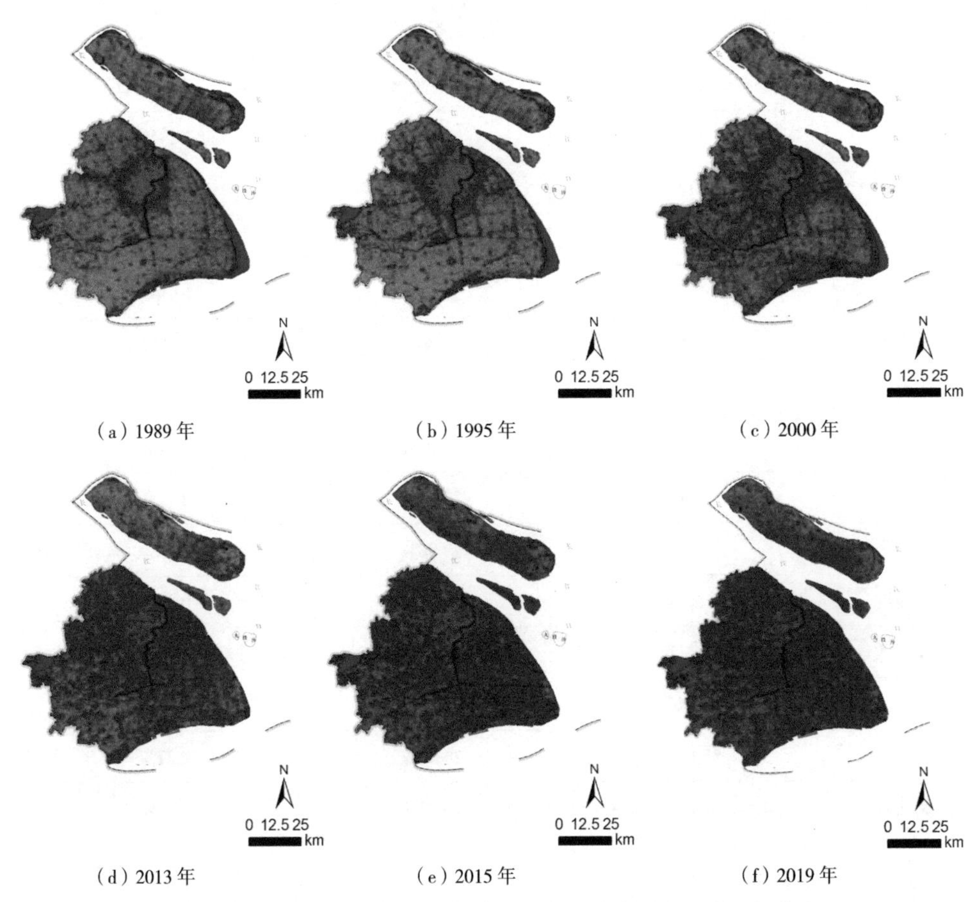

图 3.4　上海市历史不同年份土地覆盖监督分类结果与生态空间分布

注：图中不同颜色代表了不同的用地类型，红色为建设用地，绿色为有植被覆被生态空间，蓝色为水域覆盖生态空间。

来源：笔者自绘

表 3.7　上海市历史年份土地覆盖类型面积及比例

土地覆盖	1989 年		1995 年		2000 年	
	面积（公顷）	比例	面积（公顷）	比例	面积（公顷）	比例
植被	489,218.04	71.20%	476,998.38	69.42%	412,539.12	60.14%
水域	45,677.88	6.65%	47,726.46	6.95%	51,237.09	7.47%
建设用地	150,744.51	21.94%	160,906.77	23.42%	220,653.36	32.17%
其他用地	1,440.18	0.21%	1,442.07	0.21%	1,512.65	0.22%

续表

土地覆盖	2013 年		2015 年		2019 年	
	面积（公顷）	比例	面积（公顷）	比例	面积（公顷）	比例
植被	354,194.84	51.64%	302,781.08	44.14%	318,371.31	46.41%
水域	22,774.79	3.32%	32,862.40	4.79%	21,219.95	3.09%
建设用地	308,183.13	44.92%	349,508.79	50.95%	345,514.52	50.38%
其他用地	789.10	0.12%	789.10	0.12%	830.90	0.12%

来源：笔者自绘

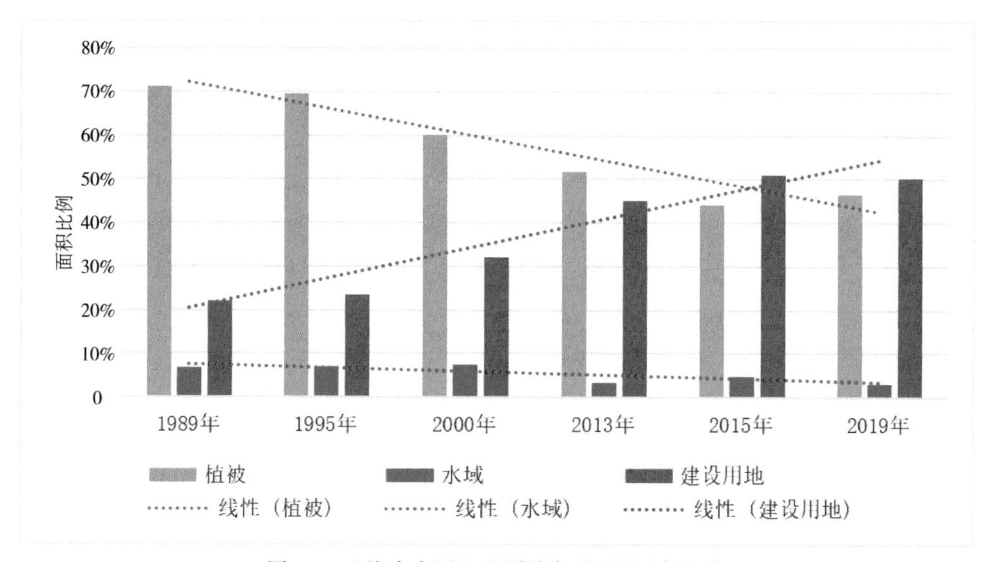

图 3.5　上海市主要土地覆盖类型面积比例变化

来源：笔者自绘

值得注意的是，近 30 年来上海市生态空间面积总量下降趋势得到控制。总体来看，近 30 年来上海市生态空间面积呈不断下降趋势，植被面积从 1989 年的 489,218.04 公顷（占市域面积 71.20%），下降至 2019 年的 318,371.31 公顷，占上海市总面积的 46.41%；水域面积从 1989 年的 45,677.88 公顷（占市域面积 6.65%），下降至 2019 年的 21,219.95 公顷（占市域面积的 3.09%）。这与徐毅和彭震伟（2016）关于上海市 1980—2010 年生态空间总量呈现明显减少趋势的判断是基本一致的。

与其不同的是，由于本书采用了近十年来的最新遥感影像，对上海市生态空间演变有新的发现：即 2013 年以来，上海市生态空间减少的趋势得到有效遏制，2013 年以来的植被面积与水域面积减少量较 2013 年之前明显降低。其中，与 2015 年的植被面积（302,781.08 公顷）相比，2019 年植被面积（318,371.31 公顷）甚至增加了约 15,590 公顷。水域面积变化不明显。生态空间下降趋势得到遏制的情况有可能与这段时期内上海市在生态空间规划、保护与修复等方面取得的成效直接相关。

与生态空间早期呈现减少后得到遏制的趋势形成鲜明对比的是，上海市建设用地面积在 1989—2015 年呈现明显增长趋势，1989 年建设用地面积为 150,744.51 公顷（占市域面积 21.94%），2015 年建设用地面积达 349,508.79 公顷（占市域面积 50.95%）。值得注意的是，遥感解译结果显示：与 2015 年相比，2019 年的建设用地面积开始有所收缩，至少建设用地增加的趋势得到了遏制。这可能与这段时间内上海市提出的“控制建设用地增加”“存量发展”“坚守土地、人口、环境和安全四大底线”等一系列规划措施紧密相关（金云峰 等，2019；许伟，2016）。代表性的文件如 2018 年 1 月上海市政府发布的“上海 2035”规划中明确提出“规划建设用地总规模负增长”，提出“上海市建设用地规模要控制在 3,200 平方公里以内”“确保生态用地（含绿化广场用地）占市域陆域面积比例不低于 60%”等具体要求。上海市近年来生态空间的优化还表现在主要城市绿化主要指标上，如人均公共绿地、绿化覆盖率和森林覆盖率在近年来得到不同程度的提升（表 3.8）。综上可以反映出上海市生态空间的减少在很大程度上是由于建设用地增加所导致，但这种生态空间减少的趋势在近五年来得到有效遏制，加强了对生态空间的保护，这无疑将有助于整体层面上海市生态空间韧性的提升和优化。

表 3.8　上海生态空间建设重要指标变化

年份	人均公共（公园）绿地面积[①]（平方米）	绿地面积（公顷）	建成区绿化覆盖率	森林覆盖率
1978 年	0.47	761	8.2%	—
1988 年	0.96	3,127	11.3%	—
1990 年[②]	1.02	3,570	12.4%	5.5%
1998 年	2.96	8,855	18.8%	—
2000 年	4.6	12,601	22.2%	9.2%
2008 年	12.5	34,256	38%	11.6%
2014 年	13.79/7.3[③]	125,741	38.4%	14.0%

续表

年份	人均公共（公园）绿地面积①（平方米）	绿地面积（公顷）	建成区绿化覆盖率	森林覆盖率
2018 年	8.2	139,427	39.4%	16.9%
2019 年④	8.3	—	39.6%	17.56%

注：① 2011 年之前（含 2011）年鉴该指标称为“人均公共绿地面积”，之后年份年鉴该指标改称为“人均公园绿地面积”；② 1990 年森林覆盖率数据首次在 2007 年鉴中列出，故将 1990 年数据单独列出；③ 2015 年年鉴该指标值为 13.79，2016 年年鉴中该指标为 7.3；④数据来自 2020 年度上海市绿化委员会（扩大）电视电话会议；“—”代表尚未查询到该年度数据。
来源：笔者根据历年上海市统计年鉴及最新官方公布数据自绘

从生态空间的分布来看，上海市水域面积由流经市区的黄浦江、苏州河等主要河道，以及分布于青浦区的淀山湖、崇明的明珠湖等较大面积水面组成，值得注意的是在本书采用的上海市行政面积矢量边界下，在 1989 年、1995 年和 2000 年的遥感图像中显示上海市的浦东新区东部沿海、南汇区南部沿海及崇明区北部沿江地区有少量海面和江面划入进来。随着上海市滩涂围垦、海岸带开发等一系列活动的开展，这部分水域面积不断减少。上海市的植被覆盖区域早期（1989—2000 年）较为完整，主要分布崇明区三岛以及上海陆域中心城区之外的区县和农村地区，伴随着近年来建设用地的扩张，城市建成区的蔓延式发展和新市镇的规模增加，上海市生态空间面积不断压缩，破碎性不断增加。对这一时期生态空间分布的现状分析详见 3.2.2 节中基于 2019 年 4 月和 7 月份遥感影像的解译结果分析。

3.2.3　上海市植被和水域景观指数分析（1989—2019 年）

为探究上海市生态空间格局和功能状态，并为后续生态空间韧性测度评价建立数据基础，本书将基于景观指数方法分析上海市生态空间的状态，主要包括不同历史年份上海市域的景观指数计算与比较，以及上海市各区的景观指数计算。

3.2.3.1　景观指数与计算方法

（1）景观格局与景观指数

生态空间景观格局不仅反映生态空间的分布情况，同时也是一定时期内各种生态过程的空间反映（安超，2017）。城乡生态空间格局在很大程度上影响城市整体的空间格局以及空间绩效的优劣，也将对整个地区生态系统抵抗外来干扰的韧性能力产生影响。

景观格局，又称为空间格局，是指景观组成单元在空间上的组成与布局方式，常用类型、数目、比例、形状或空间分布等指标进行描述（郑新奇 等，2010）。景观指数（landscape indices or metrics）就是人们为了量化测度和表征复杂的景观格局特征而选择的一些数值性指标（布仁仓 等，2005）。景观指数的出现实现了景观格局的量化描述，有助于比较分析不同景观或同一景观在不同时期的变化。本书主要选取类型水平和景观水平上的景观格局指数对上海市1989—2019 年的上海市生态空间景观指数进行分析。

值得注意的是，景观格局指数种类较多，有一些景观格局指数代表的意义相互重合，应根据研究目的需要对景观指数做一定的取舍。对此可以参考郑新奇等（2010）对景观指数之间的相关性的量化分析结果，以及范钦栋（2017）对常见17 种景观格局指数的主成分分析结果（表 3.9）。本书所涉及的景观指数及其含义详见表 3.10。

表 3.9 常见景观指数的主成分分析

主成分	景观格局指数
第一主成分	景观邻接相似比、景观蔓延度指数、形状指数、香农均匀度指数、香农多样性指数
第二主成分	最大斑块指数、景观分离指数、景观结合度指数
第三主成分	斑块个数、斑块密度、斑块平均面积、周长面积比、景观邻近度指数
第四主成分	斑块边界长度、景观形状指数
第五主成分	周长面积分维数

来源：范钦栋，2017.

表 3.10 景观指数名称及其生态学含义

景观指数名称	景观指数及含义	级别	指标类型
周长面积分维数（PAFRAC）	反映了斑块的形状复杂性	类型 / 景观	形状指标
边缘密度（ED）	单位面积内斑块边缘长度。表征斑块形状不规则程度	类型 / 景观	面积 – 边缘指标
最大斑块面积比（LPI）	某一斑块类型中的最大斑块占据整个景观面积的比例。其值的大小决定着景观中的优势种、内部种的丰度等生态特征	类型 / 景观	面积 – 边缘指标
平均斑块面积指数（AREA_MN）	景观中所有斑块或某一类型斑块的平均面积。指征景观的破碎程度，是反映景观异质性的关键指标	类型 / 景观	面积 – 边缘指标

续表

景观指数名称	景观指数及含义	级别	指标类型
斑块个数（NP）	某景观类型斑块的总个数。常被用来描述整个景观的异质性，其值的大小与景观的破碎度有很好的正相关性	类型 / 景观	聚散性指标
斑块密度（PD）	单位面积里的斑块个数，反映破碎化程度	类型 / 景观	聚散性指标
破碎度（SPLIT）	破碎度表征景观被分割的破碎程度，在一定程度上反映了人类对景观的干扰程度	类型 / 景观	聚散性指标
景观形状指数（LSI）	在类型水平上，指景观类型边界总长度与同面积斑块最小边界长度的比值。在景观水平上则为景观边界总长度与同面斑块最小边界长度的比值。反映景观类型或景观的聚集程度。	类型 / 景观	聚散性指标
分离度（DIVISION）	指某一景观类型中不同斑块数个体分布的分离度	类型 / 景观	聚散性指标
聚集度（AI）	指景观中不同斑块类型的聚集程度，值越大反映同一景观类型斑块越聚集	类型 / 景观	聚散性指标
斑块结合度（COHESION）	给定距离阈值内景观类型的连接程度	类型 / 景观	聚散性指标
蔓延度指数（CONTAG）	描述景观里不同斑块类型的团聚程度或延展趋势。值越高说明景观中的某种优势斑块类型越有良好的连接性；反之则表明景观的破碎化程度越高	景观	聚散性指标
景观连接度（CONNECT）	景观单元相互之间连续性的度量	类型 / 景观	聚散性指标
香农多样性指数（SHDI）	反映景观异质性，土地利用越丰富，破碎化程度越高，SHDI 值也越高	景观	多样性指标
香农均匀性指数（SHEI）	等于香农多样性指数除以给定景观丰度下的最大可能多样性（各拼块类型均等分布），可用于比较不同景观或同一景观不同时期多样性变化	景观	多样性指标

来源：笔者整理自郑新奇 等，2010.

（2）数据与景观格局分析软件 Fragstats

本小节景观指数计算的基础来自 3.2.2 节对上海市生态空间识别中获得的上海市不同年份的土地覆盖监督分类结果。主要数据为 1989 年、1995 年、2000 年、2013 年、2015 年和 2019 年的 Landsat 遥感图像，数据来源见表 3.2。

本书采用景观格局分析软件 Fragstats（版本 4.2.1）计算景观指数。Fragstats

是一款为揭示分类图的分布格局而设计的、计算多种景观指数的桌面软件程序，由美国俄勒冈州立大学森林科学系开发（郑新奇 等，2010）。本小节对上海市生态空间景观指数的计算主要从类型水平和景观水平上进行。

3.2.3.2 植被与水域景观指数分析：破碎化增加

在景观指数指标的生态学含义及相关文献的（白立敏，2019；范钦栋，2017）基础上，在景观水平上选取斑块个数（NP）、斑块密度（PD）、最大斑块面积比（LPI）、边缘密度（ED）、景观形状指数（LSI）、周长面积分维数（PAFRAC）、平均斑块面积（AREA_MN）、连接度指数（CONNECT）、斑块结合度指数（COHESION）和聚集度（AI）等指数，利用 Fragstats 4.2 软件和上海市土地利用覆盖监督分类结果计算景观指数，绘制生态空间对应的植被与水域景观随时间变化的景观格局指数变化趋势图。

（1）植被：破碎化增加，连通性下降趋势得到缓解

计算有植被覆盖的生态空间在类型水平上的景观指数，如图 3.6 所示。①整体来看，植被覆盖区域的破碎化程度自 1989 年以来呈增加趋势，可以反映在植

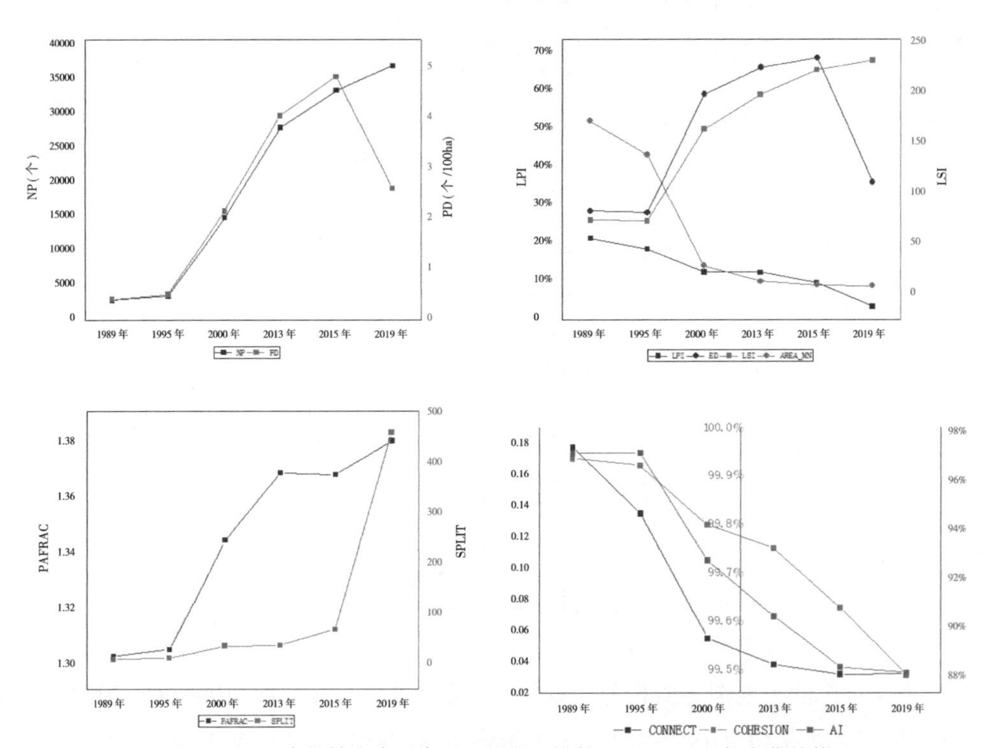

图 3.6 上海市植被在类型水平上的景观指数 1989—2019 年变化趋势

来源：笔者自绘

被斑块个数（NP）和斑块密度（PD）上，其中 NP 由 1989 年的 2872 个持续增加到 2019 年的 366,299 个，直接反映了植被覆盖区域的破碎化程度增加；PD 在 1989—2015 年间也呈现了明显的增加趋势，但在 2015—2019 年间有所下降，反映了植被覆盖区域景观破碎化程度的下降。②边缘密度（ED）在 1989—2019 年间持续增大，反映了植被斑块受到建设用地的割裂和侵占，造成景观内部斑块离散程度增加；尤其是平均斑块面积（AREA_MN）也呈现了持续下降的趋势，从 1989 年的 170 减少到 2019 年的 8.7，反映了植被空间的完整性不断受到损失，大面积的斑块明显减小；景观形状指数（LSI）的持续增加趋势，也反映了植被景观斑块越来越破碎，形状愈加不规则。③景观类型周长面积分维数（PAFRAC）指数表征呈现明显的增长趋势，表明了其景观形状受到城市扩张和人类干扰的影响，趋于复杂。而破碎度（SPLIT）指数呈明显增加趋势，也说明了植被空间破碎化程度的不断增加。④斑块结合度（CONHESION）、连接度（CONNECT）和聚集度（AI）指数可以反映景观类型的连通性变化，可以发现上海市植被覆盖生态空间在 1989—2019 年间这三个指数明显呈下降趋势，分别从 1989 年的 99.93、0.177、96.92 下降至 2019 年的 99.48、0.03 和 87.82，反映了植被生态空间连接性的下降，值得注意的是 CONNECT 在 2013—2019 年的下降幅度减少，反映了连通性下降的趋势得到缓解。

（2）水域：破碎化增加，连通性下降趋势有所缓解

计算有水域覆盖的生态空间在类型水平上的景观指数，如图 3.7 所示。分析可知：①总体上水域破碎化程度增加，水域斑块个数（NP）和斑块密度（PD）在 1989—2015 年间明显增加，2015—2019 年间两个指标有所下降，但总体上与 1989 年相比破碎化程度加重。②最大斑块占比（LPI）和平均斑块面积（AREA_MN）两个指数 1989—2019 年间呈现减小趋势，表明水域在整个景观斑块类型中的优势地位不断下降，尤其是水域的平均面积呈现明显下降，1989 年该指数为 11.02，至 2013 年下降至 1.95，在此之后截至 2019 年均维持在 1.95 左右的低位水平。③在水域的聚散性指标上，斑块结合度（CONHESION）、连接度（CONNECT）和聚集度（AI）基本呈现了先减少后有所增加的趋势，但总体上呈减少趋势，反映了水域斑块的聚散性和连通性的下降，但最近几年来有所缓解。这可能跟最近几年上海市大力推进河道综合整治、加强清淤疏浚和水系沟通的工作获得成效有关，使得河流的连通性增强。

3.2.3.3　景观水平指数分析

在景观指数指标的生态学含义及相关文献的（白立敏，2019；范钦栋，

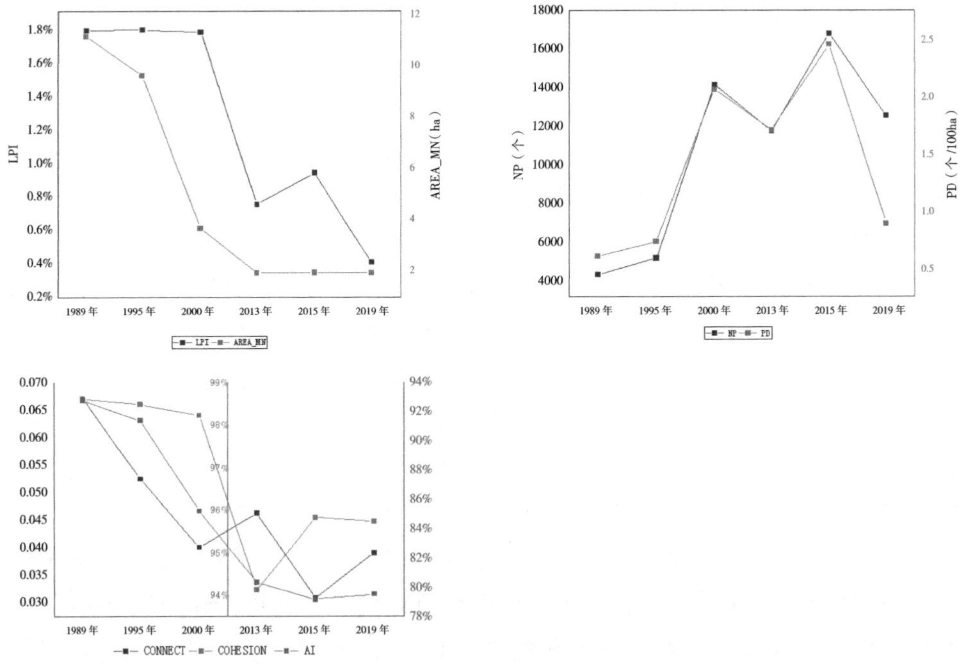

图 3.7　上海市水域在类型水平上的景观指数 1989—2019 年变化趋势

来源：笔者自绘

2017）基础上，在景观水平上选取斑块个数（NP）、斑块密度（PD）、边缘密度（ED）、香农多样性指数[①]（SHDI）、香农均匀度指数（SHEI）和蔓延度（CONTAG）、连接度指数（CONNECT）和聚集度（AI）等指数，利用 Fragstats 4.2 计算景观指数数值，制作不同土地利用类型景观随时间变化的景观格局指数，如图 3.8 所示。

（1）斑块个数（NP）和斑块密度（PD）在 1989—2019 年间整体呈现先增大后减少的趋势，NP 和 PD 大小直接反应景观破碎化程度，表明在 1990—2000 年间的整体景观破碎化程度加剧（NP 增加），但在 2015—2019 年间破碎化的趋势得到缓解，但总体上与 20 世纪末相比，景观破碎度是增加的。破碎度（SPLIT）先增加后减少的变化趋势也反映了相似的结果，该指标反映了景观空间结构的复杂性和割裂、破碎化的程度，1995—2000 年间的快速城市化建设造成景观结构复杂性提高，整体的破碎化趋势上升，但在之后景观破碎的现象有所缓解。

（2）最大斑块面积比（LPI）1989—2000 年间持续降低，表明优势景观类

① 在真实景观中影响多样性、均匀度和优势度的因子主要是景观类型的面积百分比，而不是类型数（郑新奇 等，2010）。

型的面积减少，研究区的优势景观类型是植被空间，即植被的最大斑块面积持续降低；该指标 2000—2019 年持续增加，表明了优势景观类型从植被空间转向建设用地，反映了建设用地的不断蔓延和增加。周长面积分维数（PAFRAC）总体变化不大，1995—2000 年间该指标增幅明显，由 1.28 增加至 1.36，表明受到人为影响较大。反映了 1990—2000 年整体的景观格局受人为影响较大。

（3）边缘密度（ED）在 1995—2015 年间持续增加，后于 2019 年间减少，主要原因在于植被等景观斑块受到建设用地的割裂和侵占，造成景观内部斑块趋

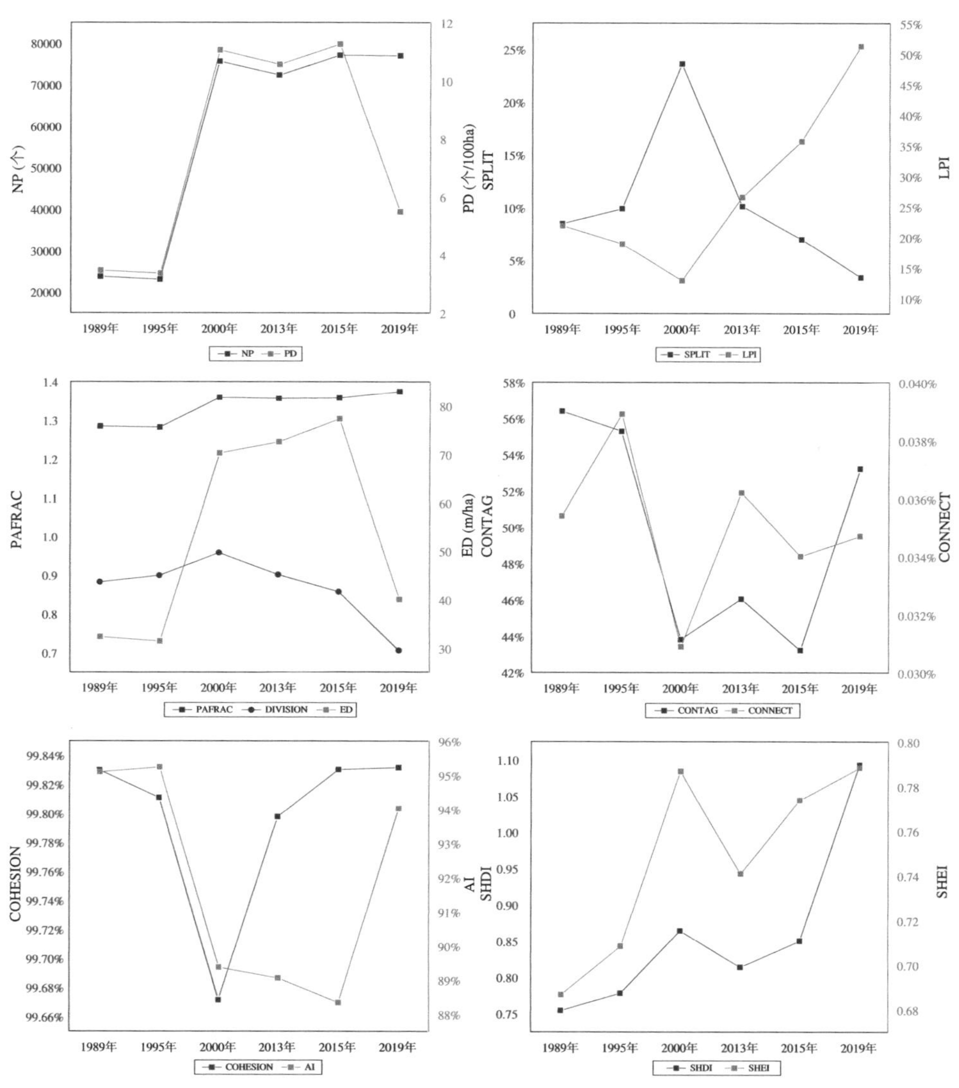

图 3.8 上海市景观水平指数 1989—2019 年变化趋势

来源：笔者自绘

于零散，斑块形状愈发不规则，但这一趋势在2015—2019年间获得改善。分离度指数（DIVISION）也反映了同样的趋势。

（4）蔓延度（CONTAG）可以反映景观的连通性，该指数在1989—1995年间维持在较高水平（55左右），在1995—2000年间急剧下降至43，并在2000—2005年间基本维持在43左右，但在2019年增加至53。这种先减小后增加的指标变化趋势表明景观集聚地及连通性减弱，后有所增加，其主要原因在于1989—2015年上海市植被空间被建设用地所分割造成连通性的下降，随着近几年城市生态网络系统的建设和完善，生态空间的连通性有所上升。斑块结合度（COHESION）和聚集度（AI）先下降后有所增加，同样反映了景观连通性的下降和有所改善。尽管如此，与1989年相比，总体上景观的连通性仍然是下降的，景观连接性指数（CONNECT）变化不大，但总体有所减少，说明连通性下降的，也反映了这样的结果。

（5）香农多样性指数（SHDI）与香农均匀度指数（SHEI）在研究时期内总体呈增加趋势，反映了优势地类不断减弱，地类复杂程度增加，带来景观丰富度和异质性的增加。其原因可能是建设用地的快速增加的同时，伴随了原本较为完整的生态空间被建设空间所分割，加之近年来城市建成区内部公园体系和廊道体系的建设，使得景观类型更加多样化。

3.3 当前上海市生态空间主要问题与干扰分析

从已有研究来看，在韧性测度评估之前需对韧性研究对象的关注尺度、自身特征、问题及干扰等方面进行分析界定，以明确韧性研究与实践的具体范畴。如有研究指出在城市韧性决策之前应对包括系统或对象的现状、时空尺度、干扰等方面内容进行诊断分析（Wardekker et al.，2020）；另有学者在研究澳大利亚墨尔本市城市水系统治理时提出一种基于韧性的诊断程序，要求对系统的构成与变化趋势（current system composition and future trends）、发展目标（goal）、功能尺度（functional scale）、时空尺度（spatial and temporal scale）与时空粒度（speed and timing）、作用方（actors）等方面进行分析（Ferguson et al.，2013）；Walker和Salt（2012）在其著作《韧性实践》（*Resilience Practice*）关于系统描述的环节强调对韧性实践的目的、时空尺度、规模、规则的制定者和参与者、历史与未来的趋势等方面进行分析，认为在韧性相关评估中要根据研究尺度，明确利益相关方，区别功能边界、行政边界上和空间边界的内涵，同时要注意不同尺度之间的相互关系。

对城市生态空间来说，在不同的空间尺度或粒度视角下，关注的重点不同，所呈现出的生态景观和生态现象将有所不同，用于表征其过程机理的指标也将发生变化；在时间尺度上，不同阶段自然条件、人类活动等多因素的影响也不同（彭建 等，2015；叶鑫 等，2018）。与此同时，韧性实践在不同尺度下所关注的系统结构和功能及其韧性优化的目标也将有所不同（Walker et al.，2012）。城市生态空间韧性及其优化提升的研究与实践理应是一个从不同的空间尺度上采取综合性、系统性的行动，以应对城市生态空间所面临的长期威胁或短期冲击，从而构建起城市生态空间的整体韧性。但受限于研究视角、方法与数据等方面的限制，在实际的研究中应针对不同尺度上所能观察到的现象和问题，进行针对性的研究分析，从而采取相应措施作出优化调整。这也决定了城市生态空间韧性研究需要从多种视角、多种尺度和针对各类主要问题进行多样化的学科交叉研究。譬如特定河流岸区应对洪水的灾害韧性研究，社区绿色空间生态服务供给相关的社会韧性研究，以及景观尺度上生态空间系统的生态安全韧性研究等。

本书所关注的空间尺度，从空间范围上来看主要从宏观的市域尺度进行，从空间分辨率上受遥感数据的限制，最小分辨率为 30 米。根据已有研究，从保障区域生态安全的角度出发，关注城市发展对生态空间系统安全与健康及其输出生态服务功能能力的影响方面，这样的空间尺度限定可以满足分析要求（白立敏，2019；范晨璟 等，2018；沈琰琰，2019）。在时间尺度上，本书根据所获取的遥感卫星图像，主要分静态和动态两种分析模式。静态分析主要以 2019 年的遥感卫星图像以及临近年份的社会调查统计资料作为上海生态空间韧性现状的分析背景；动态分析则根据 1989—2019 年间 6 个有代表性和间隔性年份的相关数据分析上海市生态空间韧性及其相关表征变量的历史演变情况。

3.3.1　当前上海市生态空间面临的主要问题

综合对上海市生态空间识别、规划梳理及相关文献研究，发现上海市生态空间问题主要体现在总量下降、破碎化加强、空间布局与供需失衡以及环境质量下降等方面。

3.3.1.1　生态空间的总量下降

根据国家统计局数据显示，2016 年年末上海市以 86.7% 的城镇化率，成为我国城市化水平最高的城市。然而随着近年来城市化的推进，城市建设用地明显

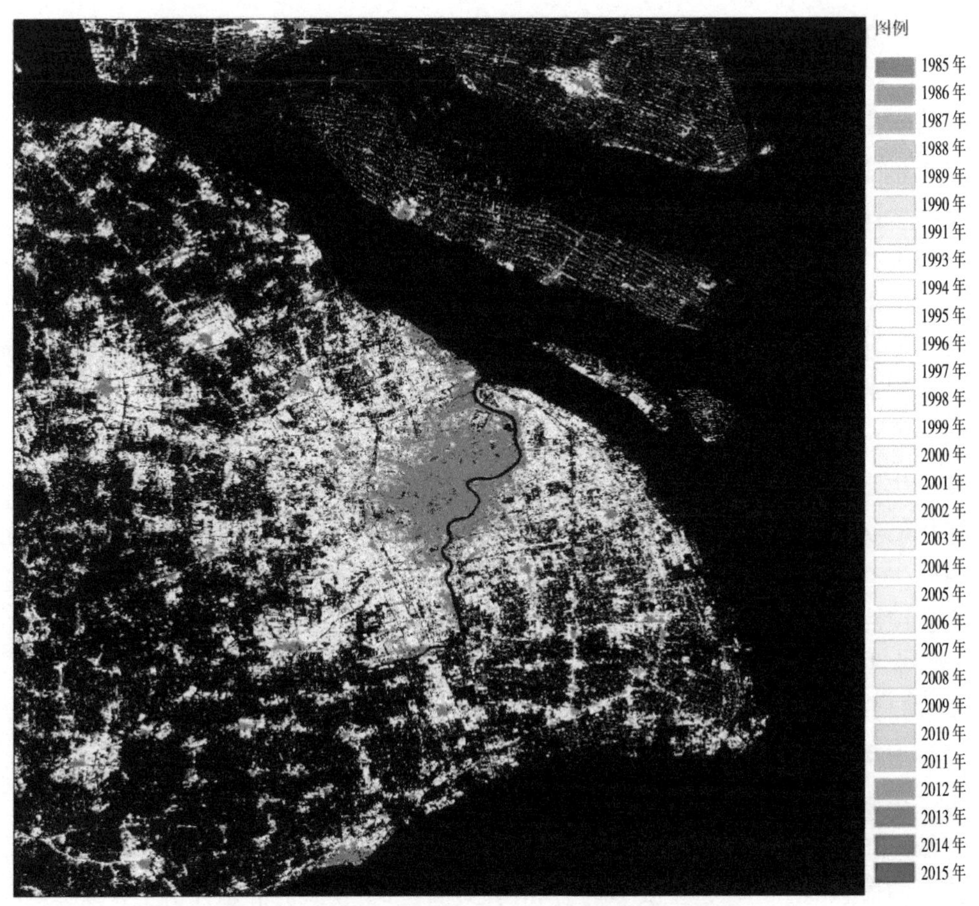

图 3.9　上海市城市用地 1985—2015 年扩张变化趋势

注：该图中黑色区域为建设用地之外其他用地或水域，从红色到蓝色的色块分别代表了不同年份新识别出的建设用地。

来源：笔者根据"城市用地动态变化 GAUD 数据集" 自绘

扩张[①]，使得上海市生态空间不断受到挤压（图 3.9），已造成生态空间总量下降，生态空间严重不足的问题。

本书结合历史不同时期遥感图像解译发现（图 3.4），自 1989 年以来，上海市植被面积呈不断下降趋势，从 1989 年的 489,218.04 公顷（占市域面积 71.20%），下降至 2019 年的 318,371.31 公顷（占市域面积的 46.41%），下降了近 25%；水域面积从 1989 年的 45,677.88 公顷（占市域面积 6.65%），下降至 2019 年的 21,219.95 公顷（占市域面积的 3.09%），下降了近 3.5%。

① 根据遥感解译结果显示，1989 年建设用地面积为 150,744.51 公顷（占市域面积 21.94%），2015 年建设用地面积达 349,508.79 公顷（占市域面积 50.95%）。

根据2010年年底完成并获得国家验收的上海市“第二次全国土地调查[①]”（简称“二次调查”）数据结果，上海的建设用地比例已达到全市陆域面积 46%[②]，远高于大巴黎、大伦敦和东京都市圈等发达国家同类城市平均水平（普遍在20%—30%[③]）（李健 等，2014）。在 2017 年发布的《上海市土地资源利用和保护“十三五”规划》中指出，上海市“生态空间接近底线”，“全市森林覆盖率仍远低于全国平均水平”。生态空间总量下降，规模不足的问题已成为制约上海市生态环境改善与城市可持续发展和竞争力提升的短板之一。

值得指出是，本书发现，自 2013 年以来，上海市生态空间减少的趋势得到有效遏制。2013 年以来的植被面积与水域面积减少量较 2013 年之前明显降低。其中，与 2015 年的植被面积（302,781.08 公顷）相比，2019 年植被面积（318,371.31 公顷）甚至增加了约 15,590 公顷。水域面积变化不明显。生态空间下降趋势得到遏制的情况有可能与这段时期内上海市在生态空间规划、保护与修复等方面取得的成效直接相关。例如，上海市生态空间不足的问题在政策中得到重视，在 2017 年发布的“上海 2035”规划中，上海市明确提出“至 2035 年，建设用地总面积锁定在 3200 平方公里以内”的目标。但在耕地土壤环境质量、游憩空间供需平衡等生态空间品质方面仍有不断提升的必要。

尽管上海市生态空间总量有开始增加的趋势，但由于城市建设空间的蔓延，新增大量的生态空间具有难度，规划的生态敏感区、楔形绿地等被不同程度地占用（张浪，2018）；尤其是中心城区的建成区比例高，也存在着增量空间极其匮乏的问题。以静安区为例，根据《2016 年上海市绿化市容统计年鉴》数据显示，2011—2016 年间，尽管静安区绿地总量增加了 54.33 公顷，但 2016 年静安区人均公园绿地面积仅为 2.7 平方米，远低于全市 7.8 平方米 / 人的平均水平；与此同时，静安区未来可开发建设为绿地的用地空间十分匮乏，2015 年静安区城镇建设用地为 36.6 平方公里，建成度高达 84%，绿地占比仅为 3.88%，在中心城的七区

---

① 国务院第二次全国土地调查领导小组办公室 2013 年 12 月 30 日发布了《关于第二次全国土地调查主要数据成果的公报》。第二次全国土地调查自 2007 年 7 月 1 日开始启动，并以 2009 年 12 月 31 日为标准时点汇总二次调查数据。二次调查统一了土地利用分类国家标准，初次采用政府统一组织、地方实地调查、国家掌控质量的组织模式，初次采用全国遥感影像地图开展调查。2014 年 5 月 4 日，上海市市政府新闻办举办了上海市二次调查主要数据成果及相关情况新闻发布会。

② 2011 年年底，建设用地占市域面积比例达 43.6%，2019 年达 46%（刘新宇 等，2019；张玉鑫，2013），本书中对 2019 年 7 月土地覆盖类型识别，发现建设用地比例达 50.37%。

③ 根据国家发展研究基金会《中国发展报告 2010》所提供的数据，法国大巴黎地区建设用地比例为 21%，英国大伦敦 23.7%，日本东京、京都及名古屋三大都市圈仅为 15%，其中最高的东京都市圈只有 29%，香港建设用地比例 24%（李健 等，2014）。

位列倒数第二，未来可规划的用地面积较少，绿地的增量空间十分有限（袁芯，2018）。

3.3.1.2 生态空间的斑块化和破碎化

从生态空间的总体空间结构特征来看，1989 年以来，上海市生态空间与建设空间相互穿插演化，呈现斑块化与破碎化程度不断增加的特征。这可以反映在类型水平上的景观指数的变化上，如图 3.6 所示，上海市植被覆盖的生态空间的斑块个数由 1989 年的 2872 个持续增加到 2019 年的 366,299 个，直接反映了植被覆盖区域的破碎化程度增加；斑块密度在 1989—2015 年间也呈现了明显的增加趋势；平均斑块面积也呈现了持续下降的趋势，从 1989 年的 170 减少到 2019 年的 8.7，反映了植被空间的完整性不断受到损失，大面积的斑块明显减小；破碎度指数从 1989 年的 8.81 增加至 2019 年的 457.5，呈明显增加趋势。以上指标的变化均说明了植被空间破碎化程度的不断增加。

从水域生态空间来看，如图 3.7 所示，水域斑块个数自 1989 年的 4144 增加至 2015 年的 16,789；斑块密度自从 1989 年的 0.60 增加至 2015 年的 2.45；水域生态空间斑块的聚合度则从 1989 年的 92.76 下降到 2015 年 79.13。以上指标的变化趋势均反映了水域生态空间斑块化和破碎化程度的增加。

与此同时，中心城区在生态空间连通不足的问题更为明显，以静安区为例，对 3,000 平方米以上公园绿地 500 米服务半径覆盖度分析，尽管静安区的公园绿地覆盖率超过 81.6% 的全市平均水平，基本实现了服务半径全覆盖，但滨水空间、公园绿地等生态空间建设多呈现割裂存在的态势，公园绿地之间连通性不足，滨河岸线开放空间面积少，被建成居住区和企业单位的隔断程度高，缺乏生态性的连接支撑系统，从而导致生态空间网络营建欠佳（袁芯，2018）。

值得指出是，2015—2019 年的部分景观指数显示，上海市生态空间的破碎化的趋势得到缓解，与 1989—2015 年相比，一些指向性指标开始呈现好转的迹象，如植被覆盖生态空间的斑块密度由 2015 年的 4.78 下降至 2019 年的 2.58；边缘密度由 2015 年的 70.61 下降至 2019 年的 36.82；水域生态空间在斑块个数、斑块密度和聚合度指标上也体现类似的特征，在一定程度上反映了上海市生态空间景观破碎化程度的好转。尽管如此，与 1989 年相比，上海市生态空间的整体上的斑块化和破碎化程度仍是很明显的。由于城市建设空间的不断蔓延和扩张，已对原生性的自然生态空间的完整性造成了极大程度的破坏，且由于城市空间建设的“锁定效应”，原生性的生态空间结构将难以恢复，但通过增加绿地面积和水面率，构建绿廊、绿道、楔形绿地以及疏通现有河网水系等措施将能进一步增加现有生态空间斑块之间的连通性和生态空间的网络性，增强生态“流”的通畅性和联系性，有助于生态空间功能的进一步恢复和韧性的增强。

3.3.1.3　生态空间布局不均衡

上海市除生态空间总量不足的问题外，同时存在空间布局不均衡的问题。

在生态空间的布局上，中心城区公共绿地总量和人均占有量均不足。杨博等（2017）指出上海市生态空间主要分布于中心城区以外，中心城的生态空间规模体量较小；沈琰琰（2019）基于 2016 年上海市城市土地利用现状变更调查矢量数据对上海市生态空间的构成及分布进行分析。研究指出上海市生态空间由外至内递减，外环以内的生态空间面积仅占全市总面积的 14.15%，只有黄浦江及一些公园绿地零星分布，主城区生态空间占全市生态空间总面积的 28.79%。

在生态空间的供需上，随着城市人口规模的增长和人口素质的提高，市民对绿地空间及其提供的休闲、文化等服务功能的需求进一步提升，当前上海市生态空间的服务功能供给及服务水平仍存在一定的不均衡，不能有效满足市民需求。沈琰琰（2019）指出以社会服务功能为主导功能的生态空间仅占生态空间总面积的 8.37%，且主要分布于上海的中心城区，闵行、松江和青浦区靠近中心城区的区域，以及崇明岛城区附近，外环内生态空间以提供社会服务功能为主（占比约 96%）。尽管如此，中心城区生态空间总量及人均拥有量不足问题仍比较明显，难以满足高密度城区居民不断增加的生态服务需求，具体表现如既有大型公园常呈饱和趋势，难以满足市民和游客需求，尤其是节假日期间，公园游客量呈现超过设计游客量的状态（张玉鑫，2013）。另外，一些公园功能定位不明确，个别城市公园（如不夜城绿地公园）只是社区公园的放大，缺乏明确的文化定位，在公园命名、植物搭配、景观塑造等方面特色不明显（袁芯，2018），限制了城区有限的生态空间发挥其最大的社会效应。作为拥有约 2500 万人口的超大城市，如何进一步调整优化城市建设空间和生态空间的布局，尤其是匹配好以生态功能为主导的生态空间（如供给与支持服务、调节服务）与以社会服务功能为主导的生态空间的比例与分布格局，在保障城市生态安全和关键生态服务的基础上，进一步增加社会功能生态空间的规模及其服务质量，是上海市生态空间韧性优化的重要内容。

3.3.1.4　生态空间品质有待进一步完善

“上海 2035”规划提出建设“韧性生态之城”的城市发展分目标，其内涵包括更具韧性、更可持续，拥有绿色、低碳、健康的生产方式和生活方式，人与自然更加和谐，天蓝地绿水清的生态环境更加宜人。城市发展从追求数量开始向追求质量转变，其中生态空间的品质成为影响城市竞争力的核心要素之一（袁芯，2018）。

学界对生态空间品质的概念定义及其内涵仍处于探讨中，已有研究多关注于“生态环境质量”“空间环境品质”等方面，有研究认为生态空间品质的内涵，既包括物质空间品质，又包括市民对城市环境的感知度和获得感（上海市城市规划设计研究院，2017），而更广义的生态空间品质还包括生态空间的总量、结构以及效益等方面。本小节主要从林地、耕地、水体等多个方面了解上海市生态空间品质状况。

（1）林地总量不足，稳定性与质量有待提升

林地总量不足，林地面积增加困难。根据《2020年上海市统计年鉴》显示，2019年上海市森林覆盖率为17.56%，与第九次全国森林资源清查公布的全国平均森林覆盖率22.96%仍有一定差距。此外，由于全市土地利用率极高，未利用土地资源除水域外，主要是滩涂、河滩和芦苇地等，可适用于林业的土地面积越来越少。林地稳定性差。根据《上海市林地保护利用规划（2010—2020年）》数据显示，上海现状林地管控林地面积仅占24.14%，绝大部分为农用地和建设用地上的林地，易受市场、国家宏观政策和其他社会发展等外部条件影响，导致林地稳定性较差。林地质量不高，上海现有林地人工纯林多，混交林少，中幼林多，成过熟林少，林分质量总体不高，森林的碳汇功能等生态服务功能较差。

（2）耕地保护形势严峻，土壤环境质量有待提升

上海耕地面积不断减少，建设用地增加空间有限。根据第二次全国土地调查结果显示，截至2019年年底，上海市耕地面积有1,926.67平方公里（289.64万亩①），人均耕地仅为0.12亩，而全国人均耕地为1.35亩②，是上海的11倍多。近年来，随着上海城市人口增加对建设用地的需求增加，后备土地资源不足，耕地保护面临着巨大的压力；耕地保护与林地建设之间也存有矛盾，再加上受湿地保护等因素的影响，可开发复垦的土地资源也十分有限（汪燕衍，2019）。有学者研究了上海耕地的时空变化特征，指出1978—2015年间上海市耕地总量经历

① 根据2021年2月23日上海市农业农村委员会发布的数据，截至2019年年底，上海市总耕地面积为289.64万亩，按照耕地质量等级由高到低划分为八等。其中，评价为一至三等的耕地面积为247.90万亩，占总耕地面积的85.59%；评价为四至六等的耕地面积为41.07万亩，占总耕地面积的14.18%；评价为七等及以下的耕地面积为0.67万亩，占总耕地面积的0.23%。

② 2015年全球宏观经济数据，详见http://finance.sina.com.cn/worldmac/indicator_AG.LND.ARBL.HA.PC.shtml。

了慢速下降、快速波动下降、平稳下降 3 个阶段，受政策导向影响，近年来上海郊区耕地总量减少的态势明显减缓（高婧，2018）。

耕地土壤环境质量有待提升。调查研究显示，上海市郊区部分耕地地力呈现下降趋势，由于缺乏有效的耕地保护监督机制，耕地连作的负荷过重，造成耕地质量下降（沈秋光 等，2008）。具体表现包括：新农村建设部分农业用地转化为非农业用地，不仅破坏自然环境，而且破坏了水利设施；部分土壤耕作层变浅，理化性质性状劣化；土壤养分不平衡，大部分土壤因氮肥施用过多造成面源污染；部分土壤酸化趋势明显，土壤肥力下降。有学者研究设计了上海耕地质量监测方案，以土壤 pH 值、盐渍化程度、有机质含量为指标，分析了上海市耕地质量，研究指出上海滨海地区耕地存在盐碱化增加的风险，部分地区耕地出现酸碱度异常等现象，甚至有局部地区土壤的 pH 值和盐渍化程度到了限制预警标准①（唐杭，2016）。另外，尽管上海市耕地土壤环境基本符合无公害农产品生产环境要求，但受历史工业企业的影响，宝山、浦东、嘉定和闵行部分区域土壤存在一定的重金属污染，农药施用、空气沉降、城市垃圾排放等造成的耕地土壤污染的威胁需要得到重视（沈秋光 等，2008；王学娟 等，2018），亟须从源头保障农业和食品生产安全。

（3）水域面积减少，水环境质量有待提高

上海是一个因水而生、因水而兴的城市，同时也经历了与水域面积不断减少、水污染进行抗争，不断提升水环境质量的过程。上海水生态空间②的主要问题包括城市化破坏自然水网体系、水污染等。

根据上海市水务局发布的 2019 年发布的《2018 年上海市河道（湖泊）报告》，截至 2018 年，上海共有河道 43,104 条，长 28,778.36 公里，面积 504.38 平方公里，河网密度 4.54 公里 / 平方公里；湖泊 41 个，面积 72.71 平方公里；其他河道 4,028 条，长 1,084.76 公里，面积 41.6725 平方公里；其他湖泊 1,015 个，面积 10.08 平方公里。全市河湖面积共 628.85 平方公里，比 2017 年增加 7.87 平方公里；河湖水面率 9.92%，比 2017 年增加 0.13%。然而，从较长时期的对比来看，根据本书对上海市近 30 年来的水域的遥感识别，与 1989 年相比 2019 年年

① 滨海集中连片耕地监测区土壤 pH 值局部地区已略超出限值预警标准 9.0。土壤有机质含量偏低，局部地区已经低于限值预警标准 6 克 / 千克。出现警情的典型地区为崇明岛北部地区，土壤 pH 值达到最高值 9.1，土壤有机质含量达到最低值 4.1 克 / 千克；集中连片设施菜田监测区内局部地区土壤 pH 值达到 4.5—5.5，且最小值为 4.6，已接近预警限值 4.5，另有局部地区土壤有机质含量低于 10 克 / 千克；最小值达到 6.7 克 / 千克，已接近预警限值 6 克 / 千克。

② 本小节对水生态空间的探讨主要集中于陆地部分的地表水部分，对地下水、长江河口及海洋水体的讨论未进行探讨。

底水域面积已大幅减少了50%以上。从水域的景观指数来看，与1989年相比，上海市水域斑块的破碎化程度增加，连通性有所下降。

上海市因水而兴，城市发展过程呈现了沿苏州河与黄浦江人口与产业集聚的现象。由于不断增长的工业废水和生活污水排放量，以及来往船只的废弃物排放、农业污染等原因，使得上海市水资源的承载能力长期处于超负荷水平。自1920年代以来，苏州河长期处于被污染状态，黑臭水问题持续呈现蔓延状态，严重损害了苏州河的水体功能，并最终导致苏州河鱼虾绝迹。黄浦江中下游也同样经历过污染严重的阶段，并因为水污染问题，黄浦江作为上海市水源地的功能范围不断萎缩，饮用水取水口不断向上游移动，同时黄浦江的灌溉、航运、排洪和渔业等功能也受到影响。1963年黄浦江首次出现“黑臭”问题并一直延续到1990年代，1974年上海黄浦江的“黑臭”竟高达47天，1990年全年超过50%的天数里黄浦江干流处于黑臭状态（金大陆，2021；张海春 等，2013）。上海市以苏州河和黄浦江为代表的上海水体环境持续呈劣化态势，这一状况一直持续到改革开放开始后的一段时间仍未能扭转。

改革开放以来，上海市对水污染问题的重视与对环境保护的投入，水环境纳污能力和水污染处理能力不断提升，水环境质量也获得逐步提高。以主要河流断面水质监控数据为例（表3.11），2015—2019年间，上海市劣Ⅴ类水体比例已由2015年的56.4%，下降到2019年的1.1%，在此期间，水质最好的Ⅱ、Ⅲ类呈现恢复性增长，Ⅳ类与Ⅴ类呈现先增加后减少的趋势。尽管上海市水环境治理获得较大进展，但Ⅳ类与Ⅴ类水主要河流断面仍占50%以上。

表3.11　上海市主要的河流断面水质分类及比例

年份	Ⅱ、Ⅲ类	Ⅳ类	Ⅴ类	劣Ⅴ类
2015年	14.7%（Ⅲ类）	13.1%	15.8%	56.4%
2016年	16.2%	33.2%	16.6%	34.0%
2017年	23.2%	37.5%	21.2%	18.1%
2018年	27.2%	56.4%	9.4%	7.0%
2019年	48.3%	47.5%	3.1%	1.1%

来源：笔者根据2015—2019年《上海市环境状况公报》数据自绘

可见上海市水域生态空间经历了明显的生态破坏和改造再修复的两个阶段，随着黄浦江沿线45公里公共空间贯通、南外滩滨水区综合改造、苏州河42公里岸线公共空间贯通等一系列水环境治理工程的陆续开展和实现，上海市水系破坏、河湖污染、环境质量下降的状况在均获得了一定的改善。在下一阶段的重点仍是继续提高水环境质量，并实现与改善交通、保障防汛、修复历史风貌、改善景观设计等诸多领域的协调统一，努力迎合公众在追求美好生活过程中对水环境质量更高的期待。

（4）其他方面

城市生态空间的概念具有一定的复合性和复杂性，除上述提到有代表性的林地、耕地和水体之外，上海市生态空间的范围还应涉及近海海域、城市公共绿地、湿地等各位生态空间要素。对城市生态空间品质的探讨仍可根据具体的问题在不同的尺度上进行深入探讨：以湿地为例，有研究指出上海市湿地保护面临巨大压力，湿地围垦和占用形势严峻，1990—2009 年间，湿地总面积减少了 791.2 平方公里，质量退化也较为明显（沈哲 等，2013；易阿岚 等，2020）；另有研究指出 1987—2007 年间上海市湿地资源不断退化，湿地面积显著减小，同时湿地生态服务价值总量也呈下降趋势（尹占娥 等，2015）。另外，生物多样性也是反映生态空间生态品质的重要方面，如有学者指出人口增长和城市扩张对上海市生物多样性的空间格局产生了显著影响，在人口密度较高、交通较为发达的区域，湿地和农田的景观连续性较低，生物多样性也较低，外来入侵物种丰度较高（王卿 等，2012）；又有研究指出上海市生物入侵形势严峻，入侵物种数占全国外来物种总数的 37.9%，是全国外来入侵物种分布种类最多的省份之一（张晴柔 等，2013）。

综上，受城市化、工业化发展的影响，上海市生态空间结构、要素及其品质在不同程度上受到一定的消极影响，但也得益于城市发展带来的经济、技术和市民环保意识的提升，上海市生态空间面临的一些问题也获得了不同程度的缓解。值得指出的是，城市生态空间韧性不只是关注于生态空间现状的健康程度及相应指标的数量多少，其本质在于在有限的城市空间范围内，如何实现城市生态保护与城市经济发展之间的协调，在保障城市生态安全的基础上，寻求城市生态空间对生态系统服务的供给与城市社会系统对生态系统服务的需求之间在数量、质量及其空间分配上的平衡，通过生态空间自身抵抗环境变化和自我恢复能力提升，实现城市生态环境改善与城市经济社会发展之间的和谐共生。

3.3.2　当前上海市生态空间受到的主要干扰

干扰（disturbance）是韧性研究中的重要概念，在众多对韧性的定义中多强调其为系统受到干扰后进行吸收变化和干扰，恢复原有结构和关键功能的能力（Holling，1973；Jha et al.，2013；Walker et al.，2012）。干扰具有多样性和复杂性，

100RC 在研究韧性城市时从干扰发生的时间频率和强度上将干扰划分为急性的冲击（shock）和慢性的压力（pressure）（邱爱军 等，2019），另外根据干扰的来源还可以分为来自自然界干扰和来自社会系统的人为干扰，按照影响范围可分为局部干扰和全局干扰等（张宇星，1995）。在韧性理论的框架下对干扰的认知也大致经历了耐受与吸收干扰—主动抵御或消除干扰—适应与转化干扰—与干扰共存发展的历程（Meerow et al.，2016；岳俞余 等，2018），尤其是适度干扰理论认为在一定程度和特定方式的干扰活动有可能会产生增益性的效果，达到优化结构、增强功能或补偿效益的作用（李梦楠，2019）。分析与了解城市生态空间所面临的主要干扰情况，有助于判明城市生态空间韧性优化的主要方向，合理配置城市资源，形成整体性与针对性兼顾的城市生态空间韧性优化策略。当前上海生态空间面临的主要干扰包括以下几个方面。

3.3.2.1 气候变化带来的慢性压力和急性冲击

气候变化是 21 世纪人类面对的最大的挑战之一。上海作为全球典型沿海的超大城市之一，受地理位置与气候变化影响，上海面临着海平面上升、咸潮入侵、极端天气事件增加以及相关的衍生灾害等诸多不确定性风险。具体表现包括：①海平面上升。根据 2020 年 4 月 30 日国家海洋局发布的《2019 年中国海平面公报》[①]显示：1980—2019 年中国沿海海平面平均上升速率为 3.4 毫米 / 年。其中，2019 年上海沿海海平面较常年高 77 毫米，比 2018 年高 30 毫米，预计未来 30 年，上海沿海海平面将上升 50—180 毫米，是华东沿海省市中上升幅度最大的地区。在海平面上升和地面沉降的共同作用下，上海发生暴潮、内涝、海岸侵蚀、咸潮入侵和土壤盐渍化等次生灾害的频率和风险将进一步增加。②更加频发的极端天气事件。自 1980 年以后，上海发生高温和暴雨内涝的发生频率明显升高，极端天气事件越来越频繁，如上海市在 1873—2007 年间年平均气温明显升高（平均每 10 年气温升高 0.16℃），尤其是近 10 年的增温速率显著高于全球地表平均增温速率，并且连续 3 天最高气温超过 35℃的高温天气发生频次显著增多（何淑英 等，2015）。值得注意的是，气候变化引起的影响多是区域性的，对上海市上游形成的区域性的极端天气事件也将增加处于下游的上海市的环境风险。根据历史资料比较 1998 年和 2020 年夏季雨洪对长江流域造成的暴雨灾害性分布（蒋梓杰 等，2020）。

① 详见 http://gi.mnr.gov.cn/202004/t20200430_2510978.html。

3.3.2.2　城市传统型自然灾害和新型次生灾害

上海地处沿江沿海地区，地质沉积条件较差，包括大风、暴雨、地面沉降等在内的传统型自然灾害仍然是影响上海未来城市安全的重要防御对象。有研究对上海市风水灾害、地震、地质灾害、火灾进行了分析，指出全市高风险区域及涉及的主要灾害空间分布如表 3.12 所示（钱少华 等，2017）。研究发现上海主要的高风险区域多位于河流沿岸与滨海地区、城市高密度建设地区、河流水系交织地区。尤其是上海高强度的城市建设，增加了城市不透水地表面积，容易导致城市在雨期地面径流增加，加之河道蓄洪能力与城市排水需求不匹配，造成部分地区防洪压力增加，发生洪水内涝的风险提升。

与此同时，随着城镇化进程加速、城市老龄化和全球化的影响，上海市还面临着资源、能源危机以及城市基础设施老化等安全隐患，因全球联系加强遭遇传染病、恐怖袭击等社会性风险，以及因技术进步产生的新兴技术风险等。整体来看，上海作为一个超大城市，面临着多重灾害叠加的风险）。尽管一些灾害与生态空间的直接关联性不强，且具有明显的不确定性特征，但城市生态空间作为城市应对灾害和灾后恢复的重要的灾害缓冲空间和“弹性留白空间”，对城市面临的多种灾害情况进行了解，更有助于在城市生态空间规划与设计中增加对其冗余性、多样性及交通可及性等方面的考虑，以便于在灾害发生时，更大程度地发挥城市生态空间在抵御与缓冲灾害、提供救灾空间和支持灾后重建等多方面的作用。

表 3.12　上海市高风险区域及重点防御灾种

高风险的分布范围	重点防御灾种
中心城区	火灾、地面沉降、暴雨内涝
崇明岛南部	台风、潮灾、地震、地面沉降
长兴岛、横沙岛	台风、潮灾
宝山	台风、潮灾、洪水、地震
嘉定南部	洪水、地震、暴雨内涝
松江、闵行黄浦江沿岸区域	洪水
金山南部	重大危险源、台风、潮灾、地震
浦东沿海地区	台风、潮灾、火灾
奉贤沿海地区	台风、潮灾、地震

来源：钱少华 等，2017.

3.3.2.3 来自区域性的环境污染压力

上海市的生态环境受到区域层面的影响较大，长江和太湖流域水系发达，生态资源丰富，但随着周边城镇高速的城镇化和工业化发展，污染排放持续增加超过生态系统的承载能力，水体和空气质量恶化，制约了上海生态建设，威胁上海市生态安全（张玉鑫，2013）。上海主要河道上游及沿岸地区工业密布，水体质量欠佳，对上海市域生态环境造成不良影响。上海上游的太湖流域总体的水环境质量较差，大量沿河分布的产业用地是影响上海大都市区生态网络建设的重要问题（朱永青，2011）。除了水体污染外，上海市空气污染情况也受到一定程度的影响，增加了城市生态系统吸收污染和调节空气质量的压力。如有研究分析了 2014 年 5 月上海地区一次严重空气污染天气过程，结果表明该次空气污染过程以 $PM_{2.5}$ 影响为主，主要受到沙尘外源性输入和秸秆燃烧共同影响（曹钰 等，2016）。2019 年 3 月由上海市生态环境局向上海市人民代表大会常务委员会作的《2018 年环境状况和环境保护目标完成情况的报告》[①] 指出，2018 年，上海市 $PM_{2.5}$ 平均浓度为 36 微克 / 立方米，低于长三角 41 个城市平均水平（44 微克 / 立方米），上海以 $PM_{2.5}$ 和臭氧为代表的复合型、区域性污染仍十分突出，维持较好的空气质量，还需要长三角的城市之间的共同努力，加强区域大气和水环境治理协作。

3.3.2.4 城市发展对生态空间的压力

上海作为人口、经济、资源高度集聚的超大城市，在其自身经济建设与社会发展的过程中对生态空间数量和生态空间所承载的生态功能和生态系统服务能力构成巨大压力。在生态本底方面，上海在土地紧约束的发展态势下，生态空间发展接近底线，近年来的城市建设和蔓延发展，侵占了大量的生态空间，造成生态空间总量锐减，同时造成生态空间的破碎化与斑块化，加之环境污染排放的影响，造成生态空间品质下降的问题。尽管近年来通过城区森林体系和公园体系建设及河道治理项目的推进，城市生态空间建设取得一定的成果，森林覆盖率、城市公共绿地面积近年来不断上升，城市河道水系的连通性和环境质量有所提高（刘新宇 等，2019）。但与历史时期相比，生态空间在城市面积比例中仍较少，且高密度城市建成区存在着生态空间增量空间有限、城市生态空间利用不足、连通性欠佳和景观设计有待改善等问题（袁芯，2018）。同时，尽管受人口总量控制政

① 详见 http://sh.sina.com.cn/news/m/2019-03-28/detail-ihsxncvh6130385.shtml。

策影响，2015 年年末上海市外来常住人口出现了负增长，但上海市仍是一个人口总量在 2,400 万人以上的超大城市，随着城市经济水平的提高，以及人口老龄化的发展，城市居民对于到城市生态空间获取休憩、游玩、文化等生态系统社会服务功能的需求仍将继续增加。城市生态空间的规模与可及性保障以及品质改善，应当是未来上海韧性城市建设尤其是生态空间韧性建设中的重要内容。

与此同时，由于城市生态空间类型多样，且散布于城市范围内，涉及城市自然资源与规划、环境、水务、海洋、绿化等多个部门，在实际的城市生态空间监测与管控中还存在着一定的组织协调难度。城市生态空间的管控同时具有典型的学科交叉特点，在实际管控中需要多学科的专业支持，亟须警惕城市生态空间保护与治理中存在的"破坏式治理"造成不可逆的生态灾难。如 2017 年曾引起公众关注的"南汇东滩湿地危机"事件：2017 年上海南汇临港地区为完成"十三五"关于"沿海防护林体系"植树一万亩的指标，开展南汇东滩造林工程，填埋了大片的芦苇地和鱼塘等湿地，其后果也造成了东滩 95% 的以芦苇地和水塘为主的湿地生态系统消失，也使得国家重点保护野生鸟类，如东方白鹳、小天鹅、黑脸琵鹭、白琵鹭等，以及其他过境迁徙候鸟进行停留和觅食的美丽生境被破坏，成为令人唏嘘的把鸟类赶走的另类"生态恢复"。另外，还有一些地方为片面追求景观视觉效果，将景观与生态混为一谈，大量投入物质于形象工程建设，忽视生态系统自然规律过程机制，既不能有效发挥生态功能，还会导致污染和生态空间品质的下降以及后期维护成本的居高不下，需在城市生态空间保护与管控中予以重视。

总体来讲，"韧性实践"要求在进行城市生态空间韧性的评价并提出优化干预措施之前，对研究对象城市生态空间的现状、历史演变、主要问题及干扰等系统状况进行描述。本书对上海市生态空间韧性的研究主要关注在宏观的市域层面，从保障城市生态安全、稳定和持续输出城市生态系统服务的角度来阐释和反映城市生态空间韧性的现状与薄弱环节。研究归纳了上海市生态空间韧性提升面临的主要问题与干扰。主要问题包括：生态空间总量下降，斑块化与破碎化程度增加，空间布局不均衡以及生态空间品质有待提升等方面。主要干扰包括：全球气候变化带来的慢性压力和急性冲击、城市传统性的自然灾害及新生灾害、来自区域的环境污染压力以及城市建设与社会发展对生态空间带来的压力等。本章节为下文进行生态空间韧性测度评估提供了背景信息和数据等方面的研究基础。

第 4 章　基于景观格局的上海市生态空间韧性测度

“当初生命占据地球靠的不是单打独斗，而是合纵连横。”

——林恩·马古利斯（Lynn Margulis）和
多里昂·萨根（Dorion Sagan），1997
《小宇宙，细菌主演的地球生命史》
（*Microcosmos: Four Billion Years of Microbial Evolution*）

“因为人类正趋于建立起由多种类型生态系统镶嵌而成的破碎或斑块状景观，所以，在以人类为主的区域开展的研究和土地使用规划最好在生态等级的景观或区域层次上进行。”

——尤金·奥德姆（Eugene Pleasants Odum），1997
《生态学——科学与社会之间的桥梁》
（*Ecology : A Bridge between Science and Society*）

韧性是城市生态空间在多种内外部环境变化的情况下，之所以能够存在且持续维持其功能和服务的关键性能之一。对其韧性状态的测度与评估方法的研究，建构基于城市生态空间相关空间变量及其空间关系的韧性表征评估模型、框架与指标体系，有助于城市生态空间韧性从理论性概念向操作性概念的转化，有助于理解影响目标城市生态空间韧性实现和作用发挥的主要因素和过程机制，识别城市生态空间韧性建设中的薄弱环节和区域。从而有助于决策者通过生态空间规划、修复、营建和管理等多种干预手段，利用机会、避免风险、调整结构和改善功能，实现城市生态空间韧性的提升或维持在一种积极演变的状态之中，对城市生态系统乃至整个城市复合系统的健康与可持续发展具有重要意义。

景观格局分析是研究景观结构组成特征和空间配置关系的方法，在景观生态学中常用于生态空间评估以及保护与规划策略的制定（郭泺 等，2009）。此后也开始出现于城市空间韧性及生态系统韧性相关研究中（Allen et al.，2016；Rescia et al.，2018；白立敏 等，2019），为本书从景观格局视角构建城市生态空间韧性测度与评估方法提供了一定的研究基础。本章将主要探讨基于景观格局构建城市生态空间韧性测度模型的理论基础与相关进展，构建城市生态空间韧性测度模型与指标体系，并对上海市的生态空间韧性进行测度。

4.1　基于景观格局测度城市生态空间韧性的可行性

鉴于城市生态空间韧性在概念及实际应用中的复杂性和特殊性，为避免实际应用中引发歧义或简单套用，笔者认为有必要对城市生态空间韧性测度的复杂性和相对性予以说明，并结合相关理论研究和政策依据，指出基于景观格局测度生态空间韧性的可行性。

4.1.1　韧性测度的意义与复杂性

“韧性测度（或评估）”是“韧性实践”的重要内容之一，对韧性现状及其演变趋势的科学测度是关乎韧性优化与管理决策制定和实施成效的关键（Christiansen et al.，2018）。尽管韧性测度已成为近年来国内外韧性研究中的热点之一，但学界对于韧性是否可以测度？以何种形式测度？测度结果的可信度如何？这一系列问题仍存有大量争论。

有研究提出韧性测度前应确定评估对象是特定韧性还是综合韧性，并指出特定韧性由于更聚焦某个具体问题，因而更易发现系统的阈值效应，因而也更容易去追踪监测系统状态变量以反映系统的韧性程度，甚至可以在特定情况可以实现量化测度。而综合韧性是应对各种干扰的综合能力，且因为系统内部存在的复杂动态性变化，难以进行准确的量化测度（Walker et al.，2012）。尽管对城市尺度的系统韧性很难进行直接观察和测度，但有学者指出可以通过系统对干扰事件发生后的系统状态表现的变化趋势来表征（Lynch，2018）。值得注意的是，为避免概念间的混淆和标准不明，在开展具体的城市韧性研究与实践之前，都应对韧性相关的对象、相关群体、时空尺度等进行界定，这样开展的韧性测度才具有实际意义（Meerow et al.，2019）。另外，有研究指出韧性测度中最具争议且往往难以避免的问题是对不同群体间的利益权衡，如在一些气候韧性构建措施中存在一些为了保护和优先考虑精英群体的利益，而损害低收入城市群体利益的问题，那么此时的韧性评估结果就陷入了政治上关于公正平等的讨论中（Chelleri et al.，2015；Ziervogel et al.，2017），以损害系统另一部分或群体的韧性为代价而实现的韧性提升，自然不能称之为整个系统的韧性。

尽管学界对韧性概念模糊以及韧性测度标准多样的问题进行了大量批评和讨论，但对国内外城市韧性研究的文献计量分析表明，韧性测度早已成为韧性研究领域中的一大研究热点（孟海星 等，2019），众多学者从不同角度开展了大量的韧性评估的理论框架与方法研究，也构成了本书开展城市生态空间韧性测度与评估的重要研究基础。

4.1.2 城市生态空间韧性测度方法的相对性

相对性，与绝对性对应，是指衡量事物时所参考的标准会发生变化，使得对事物的衡量呈现相对性（徐广君，2016）。鉴于在韧性内涵解读、韧性评估对象和评估方法上的多样性，笔者认为，对城市生态空间韧性的评估可以有多种切入视角，这取决于研究关注的尺度、生态空间的具体类型、生态空间的主导功能以及对要应对的干扰类型的考虑等多个方面，从某个单一视角进行的城市生态空间韧性测度方法均有一定的相对性。

已有相关研究从宏、中、微观层面对生态空间韧性测度着手研究。如在宏观的区域或景观尺度上，生态空间韧性评估更多关注生态空间的安全格局是否更能满足维护城市生态安全或地域特定灾害的目的(鲁钰雯 等,2019)。在中观尺度上，有研究以北方某城市黄河滩区为对象，从分类滩区职能空间着手，对各地段结构和资源配备以及外界扰动的类型和程度进行具体分析，以定性评估黄河滩区的安全防灾韧性（马鑫雨，2019；朱萱颐 等，2018）。在微观的尺度上，如在基于EMVI-met方法对上海老小区绿地韧性研究中，对绿地韧性的表征则更多关注社区居民对绿地生态服务的环境感知及“热舒适度”的体验上（王晶晶，2019）；在澳门绿地抗台风韧性中强调从自然因素和人为因素两方面考虑影响绿地抗台风灾害的韧性能力因素（赵爽 等，2020）。另外，生态系统服务也是研究生态空间韧性的一个重要视角，但也有研究指出生态系统供需服务并不能表征生态空间韧性的全部内涵（王忙忙 等，2020）。正因为切入视角的多样性以及对生态空间和韧性两个概念界定上的差异性，产生城市生态空间韧性评估不同的方法体系和评估结果。

总体来看，学界对系统韧性的评估方法主要有两种形式：一种是基于系统结果性状态的评估，或称为一种静态的、对综合环境变化带有预测性的脆弱性评估；另一种是基于过程的评估，或称为一种动态的、针对具体冲击事件的评估（段怡嫣 等，2020；李镝 等，2019）。对于针对特定灾害的、中微观尺度上的生态空间韧性评估可以采用后者，如对城市绿地抗台风韧性的评估（赵爽 等，2020），可以从灾害前（平时）、灾害发生时和灾害发生后，分别针对绿地的抵抗性、适应性等方面建构韧性测度的模型。本书在测度类型上属于第一种基于结果的、带有预测性的、整体性的韧性评估。在评估方法上，不宜与狭义上防灾韧性视角的过程韧性测度相混淆。

笔者认为，某一种视角切入的测度或评估方法难以全面地表征城市生态空间韧性的所有内涵，因而其评估结果将带有一定的相对性。这一方面是由于韧性概念本身的多重内涵与边界性，而另一方面城市生态空间的结构和功能受到观察尺度的影响，且自身也处在人地关系持续动态变化之中。同时，生态空间评估本身实质上是一个多属性决策问题，这一过程实际上需要综合考虑与生态空间相关的多维度、多层面的信息，并按照一定的规则反映到生态空间上进行比较。由于不同的研究者对研究的理论出发点或对系统目标的理解不同，评判方法和角度也不相同，因而评判结果带有一定的主观差异性，对一系统状态可能有不同的评判结果（郭泺 等，2009）。因此，有必要从多个角度进行城市生态空间韧性的评估方法研究，从而为寻找更加完善的韧性测度方法提供研究思路和突破口。正如 100RC 指出，尽管不同城市开展韧性实践的具体领域或方式不同，但都具有提升和优化城市“整体韧性”（overall resilience）的积极意义（Rockefeller Foundation，2019）。

为此，本书将主要从两个视角开展城市生态空间韧性的测度。一是从维护城市整体生态安全的角度，建构基于景观格局的城市生态空间韧性测度模型和指标体系；二是从维持生态系统与社会系统之间的积极互动关系的角度，建构基于生态系统服务供需匹配的城市生态空间韧性测度方法。

4.1.3　基于景观格局测度生态空间韧性的理论依据

景观生态学认为景观格局深刻影响景观中的物质流、能量流和信息流的产生和变化，同时这些过程反过来对景观格局产生调整和维持作用（陈利顶 等，2008；刘惠清 等，2008）。随着学界对景观格局、功能和过程的研究深入，通过设定景观格局优化目标和标准，对各种景观类型在空间和数量上进行调控设计，被认为是实现景观生态效益和生态安全的重要途径（郑新奇 等，2010），为构建基于景观格局的城市生态空间韧性测度方法提供了理论依据。

4.1.3.1　理论依据：空间韧性研究的景观格局原理

空间韧性理论认为空间系统在受到外界干扰之后，在一定的阈值范围内能够通过空间自组织和恢复机制，维持或恢复系统原有的基本结构、功能和关键识别特征（吴次芳 等，2019）。如 Nystrom 和 Folke（2011）在研究珊瑚礁系统的恢复机制时指出空间韧性概念主要关注于（那些在空间上相对隔离的）生态系统之间的空间资源的动态交互作用对整个生态系统恢复或重组过程的影响，而非某个别生态斑块或其中某个物种的恢复过程，他强调珊瑚礁基质在较大范围上的“生态记忆”对生态重建具有重要驱动作用；Cumming（2011）则从系统内外部关系的角度认为，目标系统内、外部的各种相关变量在多个时空尺度上的空间变化将影响系统的整体韧性，并从景观生态学视角强调系统空间组分构成、位置、连通度及其相关空间影响在空间韧性评估中的重要指示作用；刘志敏等（2018）认为空间韧性重在探讨城市空间格局和动态对城市韧性的反馈机制，以构建其复杂系统空间要素及变动与系统韧性之间的联系，并归纳了空间韧性研究的景观生态范式，即重视景观格局和生态过程及其动态对外界干扰的吸收、适应和转变能力的反映（刘志敏 等，2018）；在农田相关研究中，有学者认为农田格局制约着农田内部生态过程，斑块的大小、形状和廊道都将影响农作物和其他作物的抗干扰能力（付梅臣 等，2005）；亦有研究定量研究了绿色空间组成及配置对地表温度的影响，指出优化绿色空间配置时优先考虑斑块密度、边缘密度对于减轻热岛效应具有显著优势（Maimaitiyiming et al.，2014）。以上研究为从宏观尺度采用景观生态学相关方法从景观格局的视角构建市域层面生态空间系统韧性的评估框架和方法奠定了一定的理论基础。

其中，Nystrom 和 Folke（2011）在珊瑚礁空间韧性研究中论述的“生态记忆”（ecological memory）理论，为从景观格局视角追踪相关变量及其变化趋势以评估宏观尺度上的城市生态空间韧性提供了理论支撑。生态记忆是指“生物的组成、分布，及其在时间和空间上的相互作用，包括在随环境波动下生活史经历”（孙中宇 等，2011）。一般认为，生态记忆是过去发生的生态事件在群落或生态系统中遗留的痕迹，包括生物残留、流动链和支持区域等形式，对群落发展和生态系统动力有重要作用（Johnstone et al.，2016；孙中宇 等，2011）。

从宏观的尺度来看，城市生态空间韧性的水平可通过对景观上的“生态记忆”等特征的描述和观测来实现。生态空间韧性受到复杂多样的因子影响，是一个长期性的动态过程。对单个独立的生态系统来讲，除非生态系统的状态明显改变进入一个新的阶段，否则生态空间韧性的瞬时变化一般很难被直接观察到。即便是在系统状态发生明显变化之前，系统的韧性也一直在发挥作用，并吸收和抵抗了阈值范围内的各种干扰。我们所看到的系统状态在短期内（如几天或几个月）的变化，有可能已经是经历了长期过程（如几年、几十年或更长时期）变化的结果。很多生态问题往往是长期性的慢变量作用累积效果，如生态缓冲湿地面积的减少、生物多样性的降低等（赵红红 等，2018）。但生态空间的景观特征往往具有一定的传承性和相对的稳定性，其状态可以被观测，作为间接了解空间韧性水平的重要途径。研究表明，自然状态下的生态系统的演进具有多种形式，但从长时间来看，仍然呈现了一定的规律和预见性（孙中宇 等，2011），这便是“生态记忆”在其中扮演了重要的作用，维持了生态系统的韧性，使得系统在经受外界干扰后仍能恢复和重组，维持原有的功能。

4.1.3.2　政策依据：优化生态空间格局是构建城市韧性重要路径

在近年来发布的国土生态空间规划与保护的相关政策实践中，也体现了对生态空间布局与优化的重视。如 2019 年自然资源部办公厅发布的《省级国土空间规划编制指南》（试行）中明确提出从“优化国土空间供给”的角度“提升国土空间韧性”的具体要求等。在 2020 年 4 月上海市规划与自然资源局发布的《上海市生态空间专项规划（2018—2035）》草案公示中强调了科学合理的生态空间的结构布局是实现建设“韧性生态之城”的重要抓手，指出要“构筑市域‘两区、一网’城市森林空间体系，以环廊森林片区为结构型空间载体，成为支撑韧性生态之城的天然滋养地”。2021 年 3 月上海市政府发布的《上海市新城规划建设导则》中明确提出建设“低碳韧性的城市”的新城建设目标，强调“构建优于中心城的蓝绿交织、开放贯通的‘大生态’格局”，“构建安全韧性、弹性适应的空间新模式”等实施路径。以上政策实践均有体现生态空间格局优化已成为城市韧性建构中的重要途径。

综上，从景观格局的视角从宏观尺度上对城市生态空间系统韧性进行评估具有理论上的可行性，又与当前国土空间规划体系改革中关于生态空间规划与保护指导性政策上的一致性。

4.1.3.3　相关研究：基于景观格局测度城市生态空间韧性的可行性

景观格局是指景观系统的各单元或要素的类型、数目以及空间分布与配置特征，它是各种生态过程作用的结果，也体现了景观系统的空间异质性（郑新奇 等，2010）。通过景观格局指数测度对景观的格局、功能和动态变化进行定量分析，是研究景观动态和景观功能的关键（陈利顶 等，2008；齐丽，2019）。此后，基于景观的空间异质性、景观斑块性质和参数的空间相关性等方面的景观格局分析方法开始出现于生态空间韧性相关研究中（郭泺 等，2009；刘志敏 等，2018），成为空间韧性研究的主要方法之一。这些研究为构建基于景观格局的城市生态空间韧性评估方法提供了一定的研究参考。

国外研究如 Cumming（2011）从景观生态学视角强调生态系统空间组分构成、位置、连通度及其相关空间影响和尺度依赖对生态系统韧性具有关键影响。Rescia 和 Ortega（2018）采用景观格局方法评估了西班牙安达卢西亚地区两个橄榄林对某害虫的特定空间韧性，以橄榄林与灌木丛的空间比例、斑块大小、景观连接度、景观破碎度等为重要指标，在微观（农场及周边）、中观（城市）和宏观（区域）的三个空间尺度上进行了空间韧性的评估和比较。另有研究从景观层面构建了包括城市景观的社会经济格局与过程、人类社会在城市景观上的响应、城市景观的生物物理结构和城市生态系统的动态和功能 4 个维度的城市景观韧性评估框架，并选择生物物理结构格局与城市生态系统动态和功能两方面构建了伊朗德黑兰市景观韧性评估指标体系（Parivar et al.，2016；Allen et al.，2016）。

国内研究方面，多采用景观空间格局指数量化分析景观空间格局特征，将景观结构和生态过程相结合进行相关区域的韧性研究。有研究基于景观生态格局分析方法研究了济南市韩仓河流域的水生态韧性空间，认为调整各景观组分、斑块的数量和空间分布格局，增加生态流通畅性，有助于提升水生态韧性（陈刚 等，2020）。另有研究基于景观分析方法构建了从多样性（以香农多样性指数表征）、联系度（以散布与并置指数表征）、分布性（以景观联系度指数）和自足性（以生态系统服务供需差异指数表征）四维度的城市韧性量化评估方法分析城市韧性的时空变化（Liu et al.，2019）。还有研究基于生态空间景观格局演化分析，结合空间适宜性和“三生空间”冲突分析，划定了天津市的韧性生态空间范围（陈晓琴，2019）。

本书基于景观格局构建城市生态空间韧性评估的模型与评估指标体系，并以上海为案例，从反映城市生态空间所承受的压力、结构与功能状态和人类响应的空间变量中进行指标选择，结合 ArcGIS、Fragstats 等软件对上海市生态空间韧性进行定性和定量相结合的测度和评估，尝试将生态空间韧性状态的空间差异予以空间化的展示，便于决策者识别城市生态空间韧性的薄弱区域。

4.2 测度模型的建构、指标与数据

基于景观格局进行的景观生态评估可以有多种形式，根据复杂程度可以粗分为两种。一种是只考虑研究区域的景观格局特征，即关注于景观类型、组成和构型特征（如破碎度、连通性等），利用景观指数构建综合性的景观评估指数，用于指示研究区域整体性的景观生态状态及其演变情况（Kang et al.，2018；Rescia et al.，2018）。另一种则是将景观格局外部特征作为评估的一个重要组成，同时考虑研究区域所承受的外来压力或风险，以及研究区域生态系统本身的生物过程的健康程度以及与社会系统之间的相互关系，综合反映系统整体的健康或脆弱性程度（Luo et al.，2018；翁敏 等，2019）。总的来说，前者可以通过景观指数的

计算，能够较为快速、简洁地从景观格局视角对研究区域的整体情况进行评估，并进行不同时段的比较，但对多种复合因素的在空间上的差异性影响考虑不足，而后者可以依据已有的评估框架构建综合性的评估指标体系，对研究区域进行较为深入的评估和空间可视化的呈现。

本书将在相关研究基础上，从景观格局分析出发，基于“压力 – 状态 – 响应”模型（pressure–state–response，PSR）模型构建城市生态空间韧性的测度评估模型。以 2000 年、2010 年和 2020 年为研究年份的相关数据，结合景观格局指数的移动窗口法[①]（moving window）计算和其他可表征空间差异的指标，建构以上海为例的城市生态空间韧性评估指标体系，采用突变级数法对上海市生态空间韧性的历史演变和空间差异进行评估分析，识别城市生态空间韧性建设中的薄弱部分。

4.2.1　城市生态空间韧性“压力 – 结构 – 活力 – 服务”测度模型

4.2.1.1　模型构建思路

从景观生态学理论出发，本书认为城市生态空间韧性受到外部城市整体景观格局以及内部生态空间自身景观格局的变化的影响，在来自自然和人类活动的双重环境胁迫与压力下，体现为城市生态空间状态的动态变化与响应过程。根据景观生态学尺度效应原理，研究认为城市生态空间韧性在较小的空间尺度上具有较为快速或明显的变动，但在较大的空间尺度上可以呈现相对稳定的状态，从而在较大的时空范围内，可以通过景观格局指数、胁迫因子反映生态空间遭受的胁迫或干扰、生态空间格局和生态空间质量等方面指标的综合计算来反映和评估城市生态空间韧性的水平和空间变化。

本章将主要借鉴 PSR 模型构建城市生态空间韧性的评估框架。PSR 模型可用于揭示动力因子、系统与人类活动三者之间的相互关系，较好反映人类对环境的压力和环境现状的响应，广泛应用于生态系统健康状况评估、生态安全评估、生态环境与可持续发展指标体系等生态系统研究及评估中，其较为成熟的研究框架也被引入城市韧性（陈丹羽，2019）及城市生态韧性（白立敏，2019）等相关评估研究中。

本书认为从城市空间“承受”（固有韧性）与“适应”（适应性韧性）的角度来看，城市生态空间韧性可被认为是在压力、状态及响应三者协同的结果。第

---

① 移动窗口法是景观格局分析中，用于观察景观指数空间变异情况的常用手段，其实现过程为：选用一定边长的移动窗口对窗口内选中的栅格景观指数进行计算，每次移动 1 个栅格，输出所选景观指数的新栅格图，将该值赋给中间栅格，最后输出有计算结果的连续的栅格图（李阳兵 等，2014）。

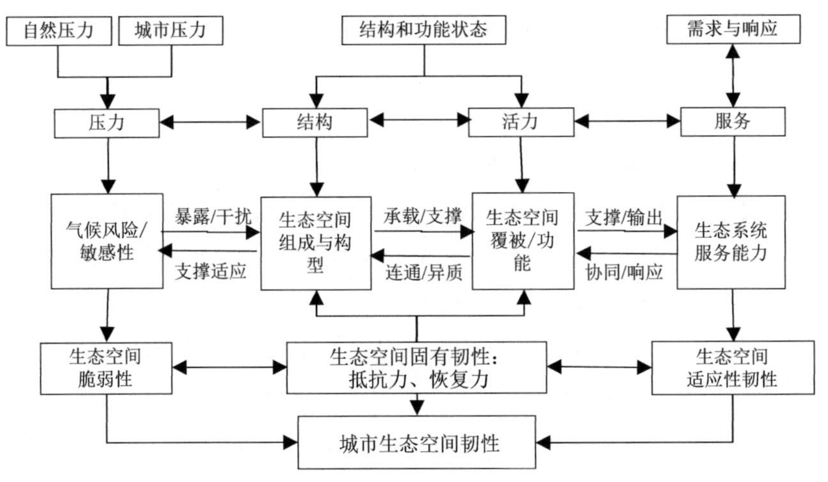

图 4.1　城市生态空间韧性“压力 - 结构 - 活力 - 服务”评价模型框架

来源：笔者自绘

一，城市生态空间在其演变发展过程中不断受到来自自然环境变化和城市发展等方面带来的风险，构成了城市生态空间韧性的主要压力；第二，城市生态系统通过其自组织机制对外来压力具有一定的抵抗、缓冲和平衡适应能力，能够在一定范围内维持其结构和功能状态的稳定和健康，而这种结构和功能的稳定与健康状态可以通过生态空间的结构、生态空间活力等方面予以表征，并可以用来反映生态系统受干扰后的恢复能力（Waltner-Toews et al.，1996；叶鑫 等，2018）；第三，城市生态空间为城市提供多种生态系统服务，作为城市主体的人类通常以完善和提高生态系统服务为导向，通过规划、建造、修复、补偿等多种措施对生态空间及其遭受的外来压力进行调控和响应，是城市生态空间韧性极为关键的适应力和社会他构能力的重要组成，因而城市生态系统服务的输出能力在某种程度上可以反映人类活动响应的结果，构成生态空间韧性提升的潜力。综上，本书基于 PSR 研究框架，尝试构建了“压力 - 结构 - 活力 - 服务”（pressure-structure-vigor-service，PSVS）的城市生态空间韧性评估模型（图 4.1）。

4.2.1.2　模型解释

在城市生态空间韧性的 PSVS 模型中，“压力”主要指城市生态空间存在、生长和演变发展过程中承受的各种来自自然或人类社会的压力，也可统称为“干扰”。生态韧性理论一般认为当外界压力或干扰超过了系统自身调节能力或代偿功能，则会造成其结构和功能的破坏，使生态系统脆弱性增强，引起功能受损甚至衰退（Holling，1996）。而生态空间格局现状是对其过去所承受的各种干扰的反应，对现状压力的反映往往具有一定的时滞性，因此选择压力指标可以对生态空间的状态起到一定的预警作用，对其测度可以在一定程度上反映城市生态空间对干扰的敏感性或脆弱性（Luo et al.，2018）。

“结构”和“活力”构成生态空间主要的状态指标，不仅反映了现实景观生态系统中包括生态空间在内的各种景观要素长期作用的结果，也是生态空间所承载的各种服务功能的体现。其中，“结构”主要指空间数量组成和空间构型。数量组成包括生态空间的类型、数量和组成比例；空间构型包括生态空间要素在空间上的排列和组合方式，表现为景观异质性和连通性等方面。“活力”反映了生态空间生态要素或景观单元之间的相互作用强度，主要体现在能量、物质和生物有机体在景观镶嵌体中的交换和运动过程之中，一般可以通过生态空间的植被覆盖情况、生物量、生境质量、物种多样性等指标表征（Colding，2007；Folke et al.，2002；郭泺 等，2009）。

“响应”一般是指人类对已觉察或潜在的环境问题所采取的主要对策，传统的响应指标包括退耕还林还草土地面积、弃耕地复耕率、受保护区域面积比例、自然保护区面积比例等整体性指标（郭泺 等，2009），但这些指标不能体现人类响应的空间梯度变化。结合相关研究，本书尝试采用生态系统服务价值间接反映人类活动对生态空间的响应。主要考虑在于城市生态空间为城市提供的气候调节、物质供给等多样化的生态服务和生态产品，并通过价值量表法予以量化呈现（吴衍昌，2019；谢高地 等，2015）。对生态系统服务进行价值量化评估，可用来测度人类从自然系统获取的直接与间接收益，作为反映生态系统潜力的指标，也可以间接引导和影响人类活动对生态空间的需求和主动改善的积极行动。一般来讲，人类倾向于保护和维护生态系统服务价值较高的区域（黄心怡 等，2020；荣月静 等，2020；沈琰琰，2019），这对于该区域生态空间韧性的培育和积累具有积极作用。

由于城市生态系统及生态空间的状态始终处于动态发展过程之中，受自然环境变化和人类活动影响，城市生态空间在不同的时空分析尺度下呈现不同状态，其韧性水平也将存在不同。本书从景观格局视角出发，主要以保障城市生态安全、维持健康而有活力的城市生态空间格局为目的，更强调城市生态空间韧性在自然生态维度上的积极效应。主要采取那些具有“生态记忆”特征的模块来构建反映城市生态空间韧性水平，最终目标是能够为城市生态空间规划和管理提供参考信息，以期实现城市生态空间与其他城市空间的协同发展，实现城市生态、经济、社会和风险防范等多方面的综合效益。

4.2.2 指标选择与测度方法

学界已有研究指出，城市韧性实践要充分考虑地方情境进行（Meerow et al.，2016；徐耀阳 等，2018），城市生态空间韧性测度实践亦不例外。城市生态空间不同程度地受到城市所在地理区位、自然环境与经济社会发展阶段等因素的影响，呈现多样性特征，因而对城市生态空间韧性测度和评估的指标选择及测度方法应充分考虑对象城市的特点。在相关指标选择上考虑系统综合性与层次性、可操作性、数据可获得性、避免重复贡献、简洁性、与现行空间规划容易结合等原则。参考生态空间评估相关研究成果（Kang et al.，2018；Li et al.，2014；白立敏 等，2019；郭泺 等，2009；吴衍昌，2019），本书对各分项的指标选择和相关测度方法主要包括敏感性、结构、活力与服务四个方面。

4.2.2.1 生态空间敏感性

生态空间敏感性是指生态空间作为一种“地[①]”的存在，可以由空间数据所度量的空间敏感性，反映了生态空间在遇到外界干扰时的稳定性。一般来讲，敏感性越小，脆弱性也越小，出现问题的概率越小，系统也越稳定，也可认为是系统更有韧性的结果性表现（张晓瑞 等，2016）。对生态空间敏感性的测度，参考传统对生态敏感性[②]相关的评估方法：一般从研究对象自身地理（如坡度、土壤条件等），自然（温度、降雨等），人文（人口密度、建设情况等）等多方面因素中，选择对该地区生态系统有明显压力或干扰影响、容易引发区域生态环境问题的因素，通过构建敏感性指数的方法进行评估（程志永 等，2020）。

值得注意的是，生态空间敏感性测度应该根据对象城市特点，选择有差异性和代表性的指标。上海身处长江入海口，降雨较为充沛，土壤肥沃，本身面临土地沙化、石漠化等风险较低[③]。有研究指出上海生态系统在盐渍化和水土流失敏感性评估方面均处于一般敏感等级（等级分别为一般敏感、敏感、极敏感）（苏

---

① 张晓瑞等（2016）将敏感性和脆弱性概念在“人”和“地”两方面进行区分，认为从“人”的层面进行的敏感性评估可由经济、社会、环境等非空间性的属性数据测度，而从“地”的层面进行的敏感性可由对应的空间数据进行测度。

② 值得注意的是，在很多文献中指出“生态敏感性”和“生态脆弱性”概念相近，定义中有部分重叠（Jiang et al.，2008；陈玲 等，2017），本书统一称“生态敏感性”。

③ 在中国科学院生态环境研究中心发布的中国生态系统评估与生态安全格局数据库中，从土壤侵蚀敏感性、沙漠化敏感性、盐渍化敏感性、石漠化敏感性等方面评估了中国生态系统敏感性。评估结果显示，上海所在的华东地区在沙漠化、土壤侵蚀、石漠化和酸雨等敏感性方面为一般地区，为敏感性程度最低的区域；在盐渍化敏感性上为极敏感。详见 http://www.ecosystem.csdb.cn/ecoass/ecoassess_list.jsp?func=mgx。

敬华 等，2020）。这说明上海总体上的生态敏感性较低，同时也说明在表征上海市生态敏感性空间差异上，“国土空间双评价”中提供的几个常见生态敏感性指数（土壤侵蚀敏感性、沙漠化敏感性、盐渍化敏感性、石漠化敏感性）对上海市生态敏感性空间差异的指示效果不明显。在生态空间敏感性的自然影响因素方面，已有研究中常采用降雨量、温度、高程等因子（程志永 等，2020），但对上海来讲的这些因子的压力作用和空间差异并不明显[①]。上海主要面临的生态风险主要是由气候变化和地处长江口的自然地理特点引起的海平面上升、风暴潮、地面沉降等（钱少华 等，2017；石婷婷，2016）。

在相关研究的基础上，在自然压力方面，本书主要采用了钱少华等（2017）提出的上海市主要灾害综合风险分布图来指示上海生态空间承受的自然灾害压力，主要包括风水灾害、地质灾害和地震灾害等方面。在人类活动压力方面，选择能够集中反映国土开发利用强度的人口密度、地均 GDP、与建设用地距离等为指标。相关指标的测度或获取方法如下：

（1）主要灾害风险分布指数：通过图像处理软件 Photoshop 将上海市主要灾害综合风险图按图例色域提取主要图层，在地理信息系统软件 ArcGIS 中通过地理配准、重分类等操作将五个风险等级分别重新赋值为 1、3、5、7、9。

（2）人口密度：以单位面积上的人口数量栅格数据表征。一般来讲，评估单元上的人口密度越大，被认为对自然生态系统的压力越大。该数据源于全球人口与健康（WorldPop）数据库，是基于多因子权重分配法叠加计算人口数量、土地覆被类型、夜间光指数和居民点密度等因素，实现的人口分布密度的空间化。计算公式为：

$$POP_{ij} = POP \cdot \frac{Q_{ij}}{Q} \qquad （式 4.1）$$

式中，POP_{ij} 是栅格单元的人口数量；POP 是所在县的人口数量统计值；Q_{ij} 是栅格单元多因子素总权重；Q 是所在县的单元上多因子总权重。

（3）GDP 密度：以单位面积上的 GDP 产值来表征，单位为万元 / 平方公里，一般来讲，评估单元上的 GDP 密度越大，对自然生态系统的压力越大。该数据源于“中国科学院资源环境科学与数据中心”，计算方法与人口密度数据类似，是基于因子权重分配法叠加计算 GDP 统计值、土地覆被类型、夜间光指数和居民点密度等因素，实现的 GDP 密度的空间化。计算公式为：

① 生态学上，降雨量、温度和高程对生态系统尤其是生物生长的影响具有明显的尺度效应和分段效应，即在一定范围内呈现正相关，而超过一定范围后呈现负相关。如在一定的温度范围内，温度越高越促进生物生长，而超过一定温度后则会限制生物生长。

$$GDP_{ij} = GDP \cdot \frac{Q_{ij}}{Q} \qquad \text{（式 4.2）}$$

式中，GDP_{ij} 是栅格单元的 GDP 值；GDP 为所在县单元 GDP 值；Q_{ij} 为该栅格单元多因子总权重；Q 为所在县单元多因子总权重。

（4）与建成区距离：即在研究范围内每个像元与建设空间集中区域边缘的总距离。景观生态学认为城市的建设行为是一种对自然生态系统的干扰，会对原生性的生态系统造成环境污染、空间侵占、阻碍等消极影响，一般认为距离建成区越远，生态系统所受到的人类活动干扰相对较少，也更容易维持其结构和功能的稳定。该指标测度参照相关研究（翁敏 等，2019）通过以下方法测度：在土地利用遥感解译分类图中，从建设用地中提取面积较大且较聚集的斑块当作城市区域，将 30 米精度的土地利用栅格转化成矢量数据，再采用 ArcGIS“欧式距离”① 工具测量每个像元距离城市区域的直线距离，并使用“掩膜”② 工具制作输出距离城市距离的栅格数据。

4.2.2.2 生态空间结构

生态空间结构是生态空间景观格局的重要方面。在景观生态评估中，生态空间的类型组成、数量等指标，以及反映生态空间完整性、破碎化和连通性等生态含义的景观指数，多被用于生态系统健康、脆弱性及韧性相关的评估中。在相关文献（Kang et al.，2018；翁敏 等，2019）的基础上，选择以下指标用以指示生态空间结构。

（1）生态空间比例（percentage of landscape，PLAND），即某一斑块类型的面积总量占整个景观面积的比例，范围：0<PLAND≤100，见式 4.3。一般来讲，评估范围内的 PLAND 越大，表明生态空间是越具有优势性的景观斑块，其值大小可以反映斑块作为生物栖居地，可以支撑的物种丰度、数量和食物链等，也与该斑块所能承载的物质、能量的总量成正比。

---

① “欧氏距离”又称欧几里得度量（euclidean metric），是一个通常采用的距离定义，指在 m 维空间中两个点之间的真实距离，或者向量的自然长度（即该点到原点的距离）。在二维和三维空间中的欧氏距离就是两点之间的实际距离。在 ArcGIS 中，欧氏距离工具根据直线距离描述每个像元与一个源或一组源的关系。详见 https://desktop.arcgis.com/zh-cn/arcmap/10.3/tools/spatial-analyst-toolbox/understanding-euclidean-distance-analysis.htm。

② “掩膜”（mask）是地理信息软件中用于定义工具执行期间要考虑输入数据中哪些位置处的数据集，是由 0 和 1 组成的一个二进制图像。当在某一功能中应用掩模时，1 值区域被处理，被屏蔽的 0 值区域不被包括在计算中。详见 https://pro.arcgis.com/zh-cn/pro-app/latest/tool-reference/environment-settings/mask.htm。

$$PLAND = p_i = \frac{\sum_{j}^{n} = a_{ij}}{A} \cdot 100 \qquad \text{（式 4.3）}$$

式中，a_{ij} 为 i 类型斑块编号为 j 斑块的面积；p_i 为 i 类型斑块的总面积占整个景观面积的比例；A 为景观的总面积。

（2）用地生态韧性得分（land ecological resilience score，LERS），体现生态空间上生物系统遭受灾害冲击或环境负面压力时维持或恢复原有功能状态的能力或潜力，或称生态韧性度（Yu et al.，2013）。相关研究认为不同的土地覆被的生态韧性得分[①]可以通过对其他类型土地覆盖类型的分权韧性系数进行量化计算（Kang et al.，2018），用地生态韧性得分的计算公式如式 4.4。韧性系数在相关文献（Kang et al.，2018；Peng et al.，2015；黄智洵 等，2018）的基础上（表 4.1），根据本书所采用的土地利用分类进行调整，确定林地 0.8、草地 0.6、耕地 0.3、水体 0.8、湿地 0.9、建设用地 0.2（表 4.2）。

$$LERS = \sum_{i}^{n} A_i \cdot RC_i \qquad \text{（式 4.4）}$$

式中，$LERS$ 指被评估生态空间覆被土地利用类型的生态韧性值；A_i 为土地利用类型 i 的面积；RC_i 为土地利用类型 i 的生态韧性系数。

表 4.1　用地类型的韧性系数

土地覆盖类型	阔叶林	针叶林	混合森林	灌木	牧草地	草原	灌草丛
RC	0.8	0.7	0.9	0.7	0.7	0.6	0.7
土地覆盖类型	湿地	稻田	农田	建设用地	荒地	沙漠	水域
RC	0.9	0.4	0.3	0.2	1.0	0.2	0.8

来源：笔者整理自 Kang et al.，2018; Peng et al.，2015.

表 4.2　本书中用地类型的韧性系数

土地覆盖类型	耕地	林地	草地	湿地	水体	建设用地
用地代码	10	20	30	50	60	80
生态韧性系数	0.3	0.8	0.6	0.9	0.8	0.2

来源：笔者自绘

① 其原理认为在属性上越接近自然生态系统的土地利用类型，在遭受外界干扰时相对更容易恢复。

（3）生态空间斑块密度（patch density，PD），指单位面积斑块个数，单位为个 /100 公顷，可以反映景观的异质性和破碎程度。一般来讲，PD 越大，反映景观类型的破碎度越大，在生态学上越不利于形成优势性的斑块（郭泺 等，2009），对生态过程和功能实现的支撑力度下降，越不利于韧性的实现。计算公式为：

$$PD=\frac{n_i}{A}\cdot 10{,}000\cdot 100 \qquad （式 4.5）$$

式中，n_i 为 i 类型斑块的个数；A 为景观的总面积。

植被是城市生态空间中的重要生态要素，是实现城市生态安全、承载生物多样性、提供观赏和休闲等生态系统服务和生态功能的重要载体（邓宇，2018）。本书对生态空间斑块景观指数计算中，生态空间斑块主要以植被覆盖斑块进行计算，主要包括林地、草地、耕地和湿地四种用地类型。

（4）生态空间边缘密度（edge density，ED），ED 是指单位面积内斑块边缘长度，单位是米 / 公顷，表征斑块形状不规则程度。城市生态空间斑块边缘密度越大，表明斑块的形状越不规则，反映了生态空间斑块受到建设用地的蚕食和分割，造成景观内部斑块区域零散，离散程度增加，对斑块的韧性和恢复性有负效应。计算公式为：

$$ED=\frac{\sum_{k=1}^{m} e_{ik}}{A}\cdot 10{,}000 \qquad （式 4.6）$$

式中，e_{ik} 为景观中相应斑块类型的边界长度；A 为整个的景观面积。

（5）生态空间斑块之间的最近欧式距离（euclidean nearest neighbor distance，ENN），ENN 指从某类型景观单元的中心斑块到它最近的同类型斑块之间的直线距离，单位是米。一般认为，斑块间最近距离越近，二者之间更容易进行物质或功能上的传递，也更有助于在受到干扰时生物的扩散和恢复，如昆虫对植物的传粉受到斑块之间距离的影响。计算公式为：

$$ENN=h_{ij} \qquad （式 4.7）$$

式中，h_{ij} 为 ij 斑块与最靠近的同类型斑块之间距离。

（6）生态空间斑块间的连接度指数（connectance，CONNECT），CONNECT 是表征景观斑块之间连通性的重要指标。一般来讲，斑块之间的景观连通性越高，则对生态系统的生物迁徙扩散、物质与能量传递越具有促进作用，有助于提升生态系统在外来干扰下的抵抗力和恢复力。计算公式为：

$$CONNECT = \left[\frac{\sum_{j=k}^{n} c_{ijk}}{\frac{n_i(n_i-1)}{2}}\right] \cdot 100 \qquad (式 4.8)$$

式中，c_{ijk} 为与斑块类型 i 相关的斑块 j 与斑块 k 的连接程度；n_i 和 n_j 分别为斑块类型 i 和 j 的数量。

（7）香农多样性指数（Shannon's diversity index，SHDI），在景观级别上等于各斑块类型占景观的面积比乘以其值的自然对数之后的和的负值。可以反映景观异质性，一般 SHDI 值增加说明斑块类型增加或各斑块类型在景观中呈均衡化趋势分布。其值越高，则反映景观系统中的土地利用越丰富，破碎化程度越高，可以反映人类活动对景观的影响。在城市生态空间的景观生态评估中，SHDI 一般被认为对生态系统的功能具有负效应（翁敏 等，2019）。计算公式为：

$$SHDI = -\sum_{i=1}^{m}(p_i \cdot \ln p_i) \qquad (式 4.9)$$

式中，p_i 为景观中斑块类型 i 的面积比值。

4.2.2.3　生态空间活力

在景观生态评估中，活力系指生态系统能量的交换能力，一般指生态系统的养分循环和生产量，一般而言，系统的能量输入越多，物质循环越快，活力就越高（杨华珂 等，2002）。活力指标主要考虑：生物量、初级生产力（net primary productivity，NPP）、植被类型和年龄结构、物种多样性等内容（Guo et al.，2019；Kang et al.，2018）。根据生态空间韧性评估与采用能够表征活力空间差异性的空间变量的需要，以及数据的可获得性，本书选择归一化植被指数（normalized difference vegetation index，NDVI）和初级生产力（net primary productivity，NPP）作为指示生态空间活力的指标。

（1）归一化植被指数。植被作为生态系统最重要成分之一，植被覆盖的空间分布和变化对生态空间的生产力及在区域生态系统服务维持方面具有重要影响（贾宝全 等，2012）。NDVI 是植被生长状态和空间分布的指示因子，因其计算简单、数据来源易获得、监测范围较宽，且与生物量、植被盖度等表征植物生长状况的指标有很好的相关性，被认为是表征地表植被状况的重要指标（贾宝全 等，2012；王晓利 等，2019）。一般来讲，NDVI 指数越高，植被覆盖越好，则生态空间承载的初级生产力水平越高，可为生态系统提供更多的食物，可维持的食物链也就越长，即可维持较高的生物多样性。同时根据“多样性导致稳定性”的原则，其抵抗干扰的能力也就越强。

NDVI 一般通过对卫星遥感数据进行波段运算获得，并被定义为近红外波段和可见光红光波段数值之差和这 2 个波段数值之和的比值。计算公式为：

$$NDVI=\frac{NIR-Red}{NIR+Red} \quad \text{（式 4.10）}$$

式中，NIR 为近红外波段像素值；Red 为可见红光波段像素值。本书中上海市 2000 年、2010 年和 2020 年 NDVI 数据来自“美国国家航空航天局”（NASA）数据库。将数据下载后，在 ArcGIS 软件中除无效异常值、裁剪后获得上海市域范围内 NDVI 数据。

（2）初级生产力是指单位时间和面积上的植被经由光合作用生产的有机物总量中扣除植物自养呼吸消耗的有机物量后剩余部分的总量（Lieth et al., 1975）。NPP 一般基于 NDVI，结合研究区域的气温、降水量和日照时数等气象数据计算而得。NPP 可以反映植被群落在自然环境条件下的生产能力，常被作为生态系统结构与功能评估的重要指标（俞静芳 等，2012）。本书在使用 NDVI 表征生态空间活力的同时，以 NPP 数据作为互补指标。

本书所用 NPP 数据源于 NASA 网站，将数据下载后使用 MRT 软件（MODIS reprojection tool）对数据进行 UTM 投影转换，继而在 ArcGIS 平台中以上海的矢量行政边界进行裁剪提取，并通过栅格计算工具去除无效值①，转换为真实的 NPP 值。NPP 的单位为千克碳 / 平方米 / 年。

4.2.2.4 生态空间服务

生态空间健康和有韧性的一个重要表现是具有良好的生态系统服务供给能力（Costanza，2012；袁毛宁 等，2019），实际上，人们也往往对生态系统服务价值较高的区域给予更多的关注，如在现行的国土空间“双评价”和生态保护红线划定工作中多通过对生态系统服务功能重要性评估以确定生态保护的重要区域，为生态功能定位以及生态空间保护提供依据（樊杰，2019）。本书认为对城市生态空间所承载的生态系统服务功能进行测度，在一定程度上可以反映人类活动对生态空间积极响应，有助于测度城市生态空间韧性。

价值量表法是生态系统服务功能量化的重要方法之一（白立敏，2019；翁敏 等，2019；吴衍昌，2019；谢高地 等，2005），参照已有研究根据我国地理环境特点提出的生态系统服务价值当量表（表 4.3），提出针对本书所研究区域的

① 主要为水域、建筑区等区域 NPP 像元值远高于正常值（32,700）的值需要予以去除。无效值范围参考 https://lpdaac.usgs.gov/products/mod17a3hgfv006/。

土地利用类型的生态系统服务价值系数表（表 4.4），对城市生态空间进行生态服务价值计算，计算公式为：

$$ESV=\sum Bi\ Ki \qquad （式 4.11）$$

式中，*ESV* 为栅格单元的生态系统服务总价值；B_i 为栅格单元内土地利用类型 i 的面积；K_i 为土地利用类型 i 的单位面积的生态系统服务价值。

综上，基于 PSVS 模型初步获得上海市生态空间韧性评估指标体系，如表 4.5 所示。

表 4.3　基于土地利用类型的生态系统服务价值核算表　　单位：元／公顷

	林地	草地	耕地	水域	未利用地	建设用地
空气调节	2,973.1	679.6	424.7	0	0	0
气候调节	2,293.5	764.5	756.0	390.7	0	0
水源涵养	2,718.2	679.6	509.7	17,311.9	25.4	0
土壤保护	3,312.9	1,656.5	1,240.2	8.4	17.0	0
污染处理	1,112.8	1,112.8	1,393.2	15,443.1	8.4	0
生物多样性保护	2,769.2	925.9	603.1	2,115.2	288.8	0
粮食生产	85.0	254.9	849.5	85.0	8.4	0
原材料供给	2,208.6	42.4	85.0	8.4	0	0
文化休闲	1,087.3	34.0	8.4	3,686.6	8.4	0
总计	18,560.6	6,150.2	5,869.7	39,049.3	356.5	0

来源：白立敏，2019.

表 4.4　本书所研究各类型土地覆被对应的生态服务价值系数

土地利用类型	用地代码	生态服务价值系数
耕地	10	454
林地	20	1617
草地	30	671
湿地	50	3149
水体	60	2607
建设用地	80	0

来源：笔者自绘

表 4.5　基于 PSVS 模型的上海市生态空间韧性评估指标体系

总目标层	子目标层 A	准则层 B	指标层 C	正负性
生态空间韧性	生态空间敏感性 A1	外部压力 B1	主要灾害综合风险指数 C1	−
			与建成区距离 C2	+
			人口密度 C3	−
			GDP 密度 C4	−
	生态空间结构 A2	组成 B2	生态空间比例 C5	+
			用地生态韧性得分 C6	+
		破碎化 B3	斑块密度 C7	−
			边缘密度 C8	−
			香农多样性指数 C9	−
		连通性 B4	连接度指数 C10	+
			几何最近距离 C11	−
	生态空间活力 A3	植被覆盖 B5	归一化差异植被指数 C12	+
		生物量 B6	初级生产力 C13	+
	生态空间服务 A4	生态系统服务 B7	生态系统服务价值 C14	+

注：正负性是指标相对于生态空间韧性的正负性。指标正负性若为正，则指标值越大，越有利于韧性；若指标正负性为负，则指标越大，越不利于韧性。
来源：笔者自绘

4.2.3　统计模型与测度标准

统计模型选择是城市生态空间韧性测度评估的关键步骤之一，正确选用综合性、适用性、实践性强的统计模型，有助于提高城市生态空间韧性测度结果的准确度。基于突变理论的突变模型法只考虑指标的相对重要性，避免了主观性较大的权重确定，较为简洁可靠，在多层次的复杂综合评估中有明显优势（李丹 等，2017）。城市生态空间韧性评估属于多准则、多层次的综合评估问题，所涉及的范围广，影响因子较多，内部作用机制复杂，使用基于突变理论发展而来的突变级数模型进行评估较为适合。

4.2.3.1　突变理论

自然界一些事物的变化过程呈现从连续、渐变转化为突变、飞跃的现象，被称为突变现象。以数学方法对这种突变、不连续现象进行描述的数学理论即为突变理论。突变理论（catastrophe theory）是一门由渐变到突变，通过研究对象的势函数来研究突变现象的理论（Collie et al., 2004；Scheffer et al., 2003）。该理论最早由法国数学家勒内·托姆（Rene. Thom）于 1972 年在其著作《结构稳定性和形态发生学》（*Structural Stability and Morphogenesis*）中提出，突变理论主要研究从一种稳定组态跃迁到另一种稳定组态的现象和规律，并将系统内部状态的整体性"突跃"称为突变，该理论特别适合内部作用机制不明确的系统研究，常用于认识和预测复杂的系统行为（凌复华，1987）。突变理论以及基于突变理论的突变评估模型此后逐渐应用于生态风险、安全及健康等相关评估中，被认为是一种科学实用、简洁有效的解决多目标评估决策问题可靠方法（李丹 等，2017；翁敏 等，2019）。

在可供参考的已有研究方面，有研究运用突变理论和 PSR 模型开展了广州市生态风险评估，有效指示了规划实施期限内区域生态风险的级别（李丹 等，2017）；亦有研究运用突变理论和 PSR 模型对上海市进行了生态安全评估，研究指出该方法避免了计算权重的复杂性和主观性，为生态安全评估也提供了一种全新方法（Su et al., 2011）；另有研究基于突变理论对黄河三角洲垦利县的生态环境脆弱性进行了评估，研究指出突变理论为生态环境脆弱性的量化研究提供了新的有效方法，有助于分析解决区域生态环境脆弱性问题和开展生态环境灾变预警工作（王瑞燕 等，2008）。

4.2.3.2　突变模型及归一化公式

突变模型是描述不连续突变现象的数学模型，主要通过系统的势函数进行量化描述。研究对象的运动轨迹表达为内、外部控制变量的势函数，表达为 $V=f(U_n, X_n)$。其中，U_n 是指外部控制变量，函数表达式为 $U_n=\{u_1, u_2, \cdots, u_n\}$，$X_n$ 是指内部控制变量，函数表达式为 $X_n=\{x_1, x_2, \cdots, x_n\}$。然后建立控制空间 $V'(x)$ 与状态空间 $V''(x)$ 通过求解 $V'(x)$ 与 $V''(x)$ 得出研究系统平衡时的临界点，继而通过临界点间的转换关系来研究解决系统突变问题（丁庆华，2008；数学辞海编辑委员会，2002）。

系统的这种突变、不连续现象可以表示为一些几何形状。在控制变量数目不超过四个的综合评估中，最常用的四种突变模型[①]按照几何形状来分，主要有折

① 控制变量数目不超过 4 个时，至多有 7 种突变模型，也是自然界 7 种最基本的突变类型。它们分别为：折叠型、尖点型、燕尾型、蝴蝶型、双曲脐点型、椭圆脐点型和抛物脐点型突变（王达敏 等，1995）。

叠型、尖点型、燕尾型和蝴蝶型四种类型。突变模型可由归一化公式进行数学表达，归一化公式是由突变模型的势函数及分叉集方程推导的基本运算公式。常见的四种突变模型及归一化公式如表 4.6 所示。

表 4.6　常用的四种突变模型及归一化公式

突变类型	控制变量个数	势函数	分叉方程	归一化公式
折叠型突变	1	$V_1(x)=\frac{1}{3}x^3+a_1x$	$a_1=-3x^2$	$x_1=a_1^{1/2}$
尖点型突变	2	$V_2(x)=\frac{1}{4}x^4+\frac{1}{2}a_1x^2=a_2x$	$a_1=-6a^2$， $a_2=8x^3$	$x_1=a_1^{1/2}$ $x_2=a_2^{1/2}$
燕尾型突变	3	$V_3(x)=\frac{1}{5}x^5+\frac{1}{3}a_1x^3+\frac{1}{2}a_1x^2+a_3x$	$a_1=-6a^2$， $a_2=8x^3$， $a_3=-2x^4$	$x_1=a_1^{1/2}$ $x_2=a_2^{1/3}$ $x_3=a_3^{1/4}$
蝴蝶型突变	4	$V_4(x)=\frac{1}{6}x^6+\frac{1}{4}a_1x^4+\frac{1}{3}a_2x^3+\frac{1}{2}a_3x^2+a_4x$	$a_1=-10x^2$， $a_2=-20x^3$， $a_3=-15x^4$， $a_4=-4x^5$	$x_1=a_1^{1/2}$ $x_2=a_2^{1/3}$ $x_3=a_3^{1/4}$ $x_4=a_4^{1/5}$

注：$V_n(x)$ 为系统状态变量 x 的函数，a_1，a_2，a_3，a_4 表示该状态变量的控制变量。
来源：丁庆华，2008.

4.2.3.3　突变级数评估过程

突变级数评估过程首先将各层次之间指标进行相对重要程度排序，然后结合突变模糊隶属函数根据归一化公式由下至上逐层计算，最后可以求得总隶属函数度值（左欢欢，2012），主要过程包括以下几个方面。

（1）评估指标重要性排序。归一化公式在由下至上递推运算时，要基于公式本身考虑控制变量之间的重要程度，考虑最不利的情况进行运算。因此，需要根据评估目的，对评估体系中各层指标间分别进行重要程度的排序。

（2）指标数据的标准化处理。在运用归一化公式运算之前，需要将指标的原始数据进行标准化处理，以减少数据量纲、单位不同可能造成的误差。标准化方法采用极差标准化方式，公式见式 4.12 和式 4.13，标准化后指标的取值范围为 [0，1]。

（3）归一化计算，求得突变隶属度值。归一化公式计算中应根据控制变量之间是否起到相互关联的作用，遵循一定的准则确定突变隶属函数值，主要包括

“非互补”“互补”和“过阈互补”三种类型。其中，“互补”准则指当某个系统之中多个指标间存在显著互相联系作用时，选择多个指标对应突变级数值的平均值当作系统的状态变量。“非互补”准则是指当某一系统中多个指标间未有明显互相关联的作用，在归一化运算时采用“大中取小”的准则，选择多个指标对应的突变级数值中最小值当作系统的状态变量。“过阈互补”准则指各控制变量必须达到某一阈值后才能互补，按“过阈值后取平均值”的原则选择状态变量的值。

（4）求解总突变隶属度值。使用归一化公式逐层由下至上递推计算各指标对应的突变级数值，并最终求得总突变隶属函数值。

4.2.3.4　测度评估标准的设置

生态空间韧性评估标准是指确定评估单元上韧性水平的衡量准则。评估标准是否合理将直接影响生态空间韧性评估结果的准确性。特定区域生态空间演化驱动机制、影响因素以及周围的社会经济背景均有一定的在地性特征。受观察尺度和视角等因素影响，在实际针对某一特定区域生态空间韧性进行评估时也难以将所有的影响因素考虑在内。考虑到目前对生态空间韧性尚没有统一的评估标准与模式，在前人相关研究（李丹 等，2017；张露凝，2017）的基础上，本书根据 ArcGIS 中的自然间断点分级法[①]，将生态空间韧性评估结果以低、较低、中等、较高和高五个等级呈现。

4.2.4　数据与处理

4.2.4.1　数据来源

本章使用到的数据及其来源详见表 4.7，其中对空间数据进行栅格化处理，并统一在 250 米 ×250 米的分析粒度。

本书基于 GlobeLand30 全球土地利用覆盖数据[②]，并结合上海市生态空间现状（详见第 3 章），参照《土地利用现状分类》（GB/T 21010—2017）对土地利用分类进行微调，将灌木地归入林地，将人造地表对应为建设用地，土地利用类型及代码如表 4.8 所示。

① 自然间断点分级法是一种根据数值统计分布规律分级和分类的统计方法，它能使类与类之间的不同最大化。任何统计数列都存在一些自然转折点、特征点，用这些点可以把研究的对象分成性质相似的群组，因此，裂点本身就是分级的良好界限。

② 土地利用类型共有 7 种，分别为耕地、林地、草地、灌木地、湿地、水体和人造地表。

表 4.7　基于景观格局的上海市生态空间韧性测度数据来源

数据名称	类型	精度	版本 / 时间	来源
上海市土地利用覆盖数据	栅格	30 米	2000 年、2010 年、2020 年	GlobeLand30：全球地理信息公共产品，网址：http://globallandcover.com
上海市主要灾害综合风险指数	栅格	30 米	2017 年	《上海市城市总体规划（2016—2040）》（送审稿）专题之九《城市安全》
上海市行政边界数据	矢量	—	—	“城市数据派”，网址：https://www.udparty.com
数字高程数据	栅格	30 米	ASTER GDEM	“地理空间数据云”DEM 数字高程数据，网址：http://www.gscloud.cn
人口空间分布	栅格	100 米	2000 年、2010 年、2020 年	WorldPop（全球人口与健康），网址：www.worldpop.org
GDP 空间分布	栅格	1 公里	2000 年、2010 年、2015 年	中国科学院资源环境科学数据中心，网址：http://www.resdc.cn
归一化差异植被指数（NDVI）	栅格	250 米	2000 年、2010 年、2020 年	美国航空航天局（NASA）网站：modis.gsfc.nasa.gov/
初级生产力（NPP）	栅格	500 米	2000 年、2010 年、2019 年	美国地质勘探局（USGS）MOD17A3H 数据，网址：https://e4ftl01.cr.usgs.gov/MOLT/MOD17A3HGF.006/

来源：笔者自绘

表 4.8　本书所用城市土地利用覆盖类型及代码

原代码	土地覆盖类型	新代码	新地覆盖类型
10	耕地	10	耕地
20	林地	20	林地
30	草地	30	草地
40	灌木地	20	林地
50	湿地	50	湿地
60	水体	60	水体
80	人造地表	80	建设用地

来源：笔者自绘

4.2.4.2　评估指标重要性排序

参考相关文献（郭泺 等，2009；翁敏 等，2019），进行各层次评估指标的重要性排序。首先在子目标层，按照环境条件影响生态系统的结构及其功能的角度，确定敏感性＞结构＞活力＞服务；在外部压力的指标层上，认为自然环境是影响生态系统的主要因素，在指标层的因素排序为主要灾害综合风险指数＞与建成区距离＞人口密度＞ GDP 密度；在结构的准则层上，景观生态学认为面积指数是计算其他景观指数的基础性指数（郑新奇 等，2010），因而应更多关注面积性指标的重要意义。准则层的排序确定为组成＞破碎化＞连通性；在指标层方面确定为生态空间比例＞用地生态韧性得分，斑块密度＞边缘密度＞香农多样性指数，连接度指数＞几何最近距离；在活力准则层上，由于生物量是根据植被覆盖情况叠合其他环境因素计算而来，故认为植被覆盖＞生物量，在指标层上认为归一化差异植被指数＞初级生产力。经过指标排序后的指标体系情况如表 4.5 所示。值得指出的是，由于生态系统结构和功能的复杂性，在指标的重要性排序方面在未来的研究中仍需追踪生态学最新研究进展，予以调整和优化。

4.2.4.3　数据标准化

数据标准化中最典型的就是数据的归一化或称极差标准化，即将数据统一映射到 [0，1] 区间上。根据指标的正负性，指标标准化的公式为：

$$P_{ij}=\frac{x_{ij}-x_{ij\min}}{x_{ij\max}-x_{ij\min}}\text{正向指标} \qquad （式 4.12）$$

$$P_{ij}=\frac{x_{ij\max}-x_{ij}}{x_{ij\max}-x_{ij\min}}\text{负向指标} \qquad （式 4.13）$$

式中，i，j 分别表示评估矩阵中横纵坐标数；x_{ij} 表示第 i 行第 j 列项指标；$x_{ij\min}$ 表示第 j 列中指标最小值；$x_{ij\max}$ 表示第 j 列中指标最大值；P_{ij} 是变换后得到的指标标准化值，其取值范围为 [0，1]。

4.2.4.4　归一化运算及综合评估

根据评估指标体系中各层指标数目选择突变模型并由下至上依次进行归一化运算，求出各指标对应的突变级数值及总突变函数值。根据突变级数法中关于“互补”或“非互补”的指标分类方面，本书中的指标体系设计遵循了互补原则，根据控制变量的数量，需要用到以下三种突变模型，相应的响应变量归一化公式及在 ArcGIS 中的栅格计算器运算语句如表 4.9 所示。

表 4.9　突变模型及响应变量归一化公式

模型名称	控制变量数量（X）	响应变量归一化公式（Y）	栅格计算器运算语句
尖点突变模型	2	$Y=(\sqrt{X_1}+\sqrt[3]{X_2})/2$	（Power（X1，0.5）+Power（X2，0.333））/2
燕尾突变模型	3	$Y=(\sqrt{X_1}+\sqrt[3]{X_2}+\sqrt[4]{X_3})/3$	（Power（X1，0.5）+Power（X2，0.333）+Power（X3，0.25））/3
蝴蝶突变模型	4	$Y=(\sqrt{X_1}+\sqrt[3]{X_2}+\sqrt[4]{X_3}+\sqrt[5]{X_4})/4$	（Power（X1，0.5）+Power（X2，0.333）+Power（X3，0.25）+Power（X4，0.2））/4

来源：翁敏 等，2019.

4.3　上海市生态空间韧性的测度结果分析

4.3.1　上海城市生态空间韧性的数理特征

上海市生态空间韧性在 2000 年、2010 年和 2020 年三个年份的平均值分别为 0.8382、0.8360 和 0.8399（表 4.10），尽管在数值上相差不大，但呈现了一定的先下降后上升的变化趋势，这一趋势与生态空间敏感性和生态空间结构得分的变化趋势一致。三个时间断面上的标准差系数分别为 0.0188、0.0154 和 0.0192，也呈现先下降后上升的趋势，表明生态空间韧性之间的绝对差异先减小后又增加，高低韧性区域的不均衡性有所增加。变异系数在三个时间断面上分别为 0.0224、0.0184 和 0.0229，也表明不同位置上韧性得分之间的相对差异先减小后又增加。

表 4.10　2000—2020 年上海市生态空间韧性及各维度指标得分的平均值

指标名称	2000 年	2010 年	2020 年
韧性得分平均值	0.8382	0.8360	0.8399
韧性得分标准差指数	0.0188	0.0154	0.0192
韧性得分的变异系数	0.0224	0.0184	0.0229
敏感性得分平均值	0.7600	0.7367	0.7452
结构得分平均值	0.6292	0.6015	0.6269
活力得分平均值	0.7916	0.8005	0.8269
服务得分平均值	0.1810	0.1735	0.1720

来源：笔者自绘

为表达不同韧性水平生态空间的数量组成及变化趋势，以 0.65、0.75、0.85 和 0.95 为界将韧性得分划分为低、较低、中等、较高和高 5 个等级，并统计面积及所占比例（表 4.11）。分析可知，在整个研究时期内，以中等级韧性生态空间占绝对主导地位，三个年份的占比均超过 77%，在 2010 年高达 92.20%，但中等韧性生态空间面积总量呈明显减少趋势，由 2000 年的 2,349 平方公里下降至 1,753 和 1,570 平方公里。低韧性和较低韧性生态空间均呈现明显的先减少后增加的 V 字形变化趋势，并且同时表现在面积和占比上，尽管所占面积和比例相对较少，但值得注意避免进一步增加。较高等级韧性生态空间面积和比例也呈现明显先减少后增加的变化趋势，但 2020 年的面积和比例并没有回升至 2000 年的水平。高等级韧性生态空间总体上占比较小，尤其是 2010 年高等级韧性生态空间面积仅 0.06 平方公里，在 2020 年虽增加至 0.13 平方公里，但仍比 2000 年面积和占比少，对提升整体上的生态空间韧性贡献有限，需要在未来的生态空间韧性优化提升过程中，对这部分高韧性的生态空间予以重点保护和优化提升。

总体而言，上海市生态空间韧性呈现下降趋势，这主要表现在占主要地位的中等级以上韧性生态空间的总面积的减少，以及低和较低等级韧性生态空间面积和占比的增加，这其中很大程度上有生态空间总量不断萎缩减少的原因，也反映了生态空间受到城市建设和人类活动的负面干扰影响；另外从韧性生态空间的数量结构上来看，上海市生态空间韧性也有一些积极的变化，如中等级和较高等级韧性生态空间的占比呈现了先下降后上升的趋势，这可能是近年来生态空间总量不断减少的趋势下，上海市加大了对现有生态空间尤其是林地和草地的建设和保护，增加了对整体上生态空间韧性提升的贡献，具体表现如三个年份生态空间活力得分平均值的不断上升趋势。

表 4.11　上海市 2000—2020 年不同等级生态空间韧性面积及比例

韧性得分分级	值域	2000 年		2010 年		2020 年	
		面积（平方公里）	比例	面积（平方公里）	比例	面积（平方公里）	比例
低	0—0.65	5.19	0.17%	1.44	0.08%	2.75	0.15%
较低	0.65—0.75	10.31	0.34%	3.38	0.18%	5.13	0.28%
中等	0.75—0.85	2,349.63	77.57%	1,753.44	92.20%	1,570.81	87.03%
较高	0.85—0.95	663.50	21.90%	143.50	7.55%	226.19	12.53%
高	0.95—1	0.50	0.02%	0.06	0	0.13	0.01%

来源：笔者自绘

4.3.2 上海城市生态空间韧性的空间格局

以自然断裂法对生态空间韧性划分为 5 个等级，获得上海市 2000—2020 年生态空间韧性得分分级空间分布图（图 4.2）。上海市生态空间韧性整体上呈现西南高东北低的空间分布格局，空间分异特征显著。从图上来看，中等韧性生态空间占据大比例空间，主要分布于崇明三岛及上海陆域的北部、中部和东部。分布范围较大的为较高等级韧性生态空间，2000 年主要分布于上海陆域的西南部如青浦区、松江区交界靠近淀山湖附近区域，金山区和南汇区，以及浦东新区东部，崇明岛的西部和北部也有少量块状分布；2010 年较高等级韧性生态空间面积大为收缩，相当一部分被中等韧性生态空间所替代，主要分布于青浦区南部、松江区西部和金山区等区域，另外在浦东新区和崇明岛有一些点状的零星分布；2020 年较高等级韧性生态空间的分布范围有所增加，但相对分散，除了原来青浦区、松江区、金山区外，在浦东新区、南汇区、嘉定区和崇明岛中部开始出现一些块状分布。高等级韧性生态空间栅格因数量较少，而在图中难以辨认，经识别 2000 年高等级韧性生态空间则主要以“点”状分布于松江区西南部和青浦区的南部，被较高等级韧性生态空间所包围，经对比地图，该区域主要对应靠近黄浦江上游主要分支（包括太浦河、拦路港、泖河、大蒸港等），属于黄浦江上游水源保护区，且有一定的林地分布，生态环境好，因而形成了高等级韧性生态空间的分布；2020 年高等韧性生态空间主要出现在金山区南部呈“点”状分布，被较高等级韧性生态空间所包围。低等级与较低等级韧性生态空间主要以点状零

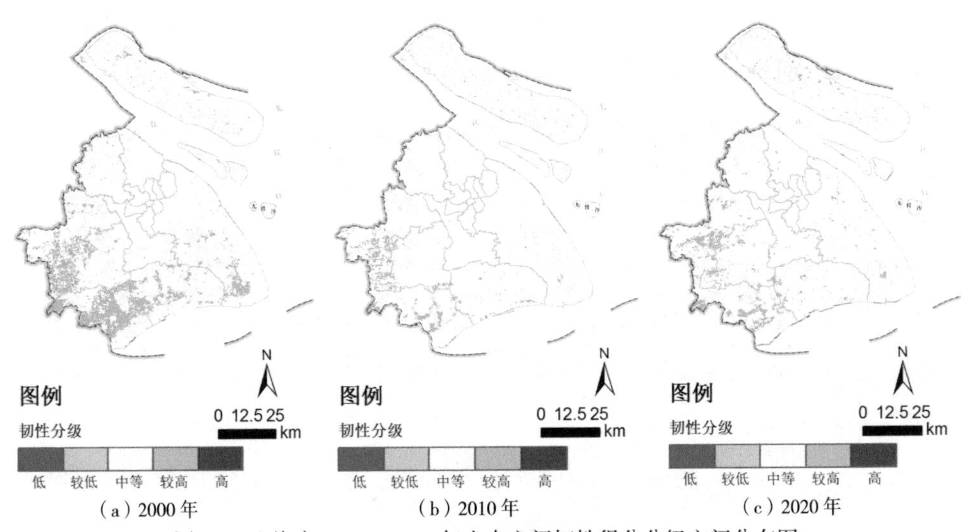

图 4.2 上海市 2000—2020 年生态空间韧性得分分级空间分布图

来源：笔者自绘

星分布于上海市不同的区域，其特点表现为与建成区距离较近，一般位于生态空间斑块的边缘。

为分析上海市生态空间韧性的变化情况，以两个年份之间的韧性得分进行作差计算，将变化值以 -0.05、0、0.05 和 0.1 为界限划分为 5 个等级，获得上海市 2000—2020 年生态空间韧性得分变化空间分布图（图 4.3）。2000—2020 年间，生态空间韧性增加的区域主要集中在 0—0.05 的值域范围内，在上海市市域不同区域都有所分布；韧性增加幅度较大的区域则以点或块状分布在崇明岛中部和西部，如东平森林公园，以及上海市建成区内的主要公园，如浦东金海湿地公园，还有靠近淀山湖和黄浦江上有区域等；韧性减弱区域则以值域为 -0.05—0 的区间较多，主要分布于崇明岛的北部和东部，上海陆域的南部和东部。2000—2020 年间生态空间韧性的变化是 2000—2010 年间生态空间韧性大面积下降与 2010—2020 年间生态空间韧性大面积回升共同作用下的结果。其中，2000—2010 年间处于值域在 -0.05—0 的韧性下降区域在生态空间韧性变化空间分布图中占据绝大部分面积，主要分布于崇明岛中部和东部，长兴岛，上海陆域的北部、南部和东部，而值域处于 0—0.05 区间的韧性增加区域分布范围较少，主要分布于崇明岛西部和东部、横沙岛东部，以及上海陆域靠近淀山湖周边区域等。2010—2020 年间，韧性减小的区域相对减少，主要集中于上海陆域南部青浦区、松江区和金山区交界区域，以及南汇区南部部分区域，还有崇明岛的北部和中部区域；韧性增加区域明显增多，并出现了几个韧性增加范围较高的区域，主要分布于崇明岛

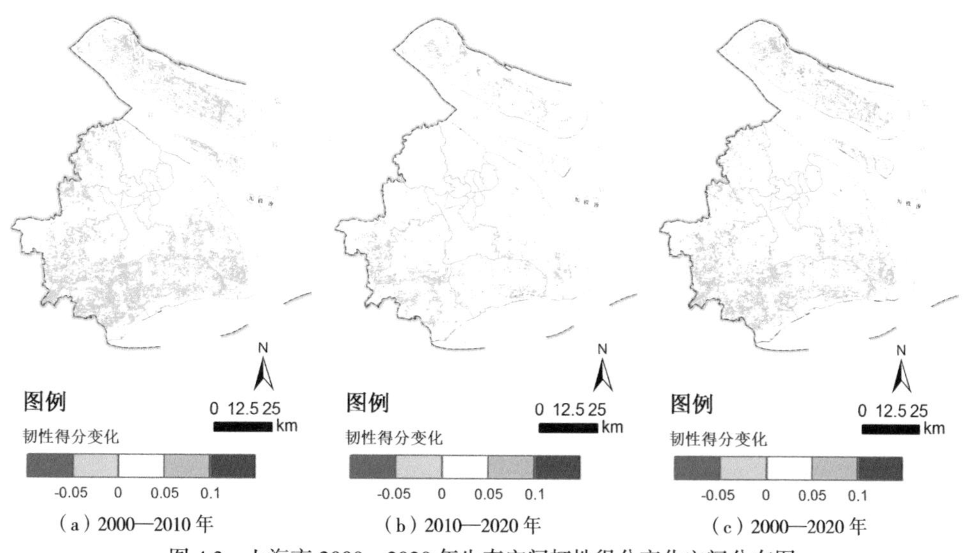

图 4.3　上海市 2000—2020 年生态空间韧性得分变化空间分布图

来源：笔者自绘

中部，以及上海陆域靠近淀山湖周边区域和南汇区南部区域。

综上，本章构建了基于 PSR 框架的城市生态空间韧性“压力 – 结构 – 活力 – 服务”（PSVS）测度评估模型；综合运用景观格局分析与景观指数计算，压力与风险敏感性分析，生态系统服务评估等方法，构建了包含城市生态空间敏感性、生态空间结构、生态空间活力和生态空间服务价值 4 个子目标层及 7 个准则层和 14 个指标的城市生态空间韧性评估指标体系，并以上海市为案例，基于 ArcGIS 软件平台构建的生态空间评估数据库，采用突变级数评估模型，对 2000 年、2010 年和 2020 年上海市城市生态空间韧性水平、格局及变化特征进行了评估分析。

值得注意的是，景观生态空间格局分析是建立在空间变量之间的空间关系的分析评估上进行的，评估结果在一定程度上受到生态空间关系的尺度特征、层次特征、不确定性特征和时间特征等因素的影响。本章节在价值导向上更多偏重于生态空间韧性对生态系统自身结构和功能过程的考虑，其评估结果只是系统发展趋势的一种相对测度，在实际的城市生态空间规划和管控以提升城市生态空间韧性的建设实践中，还应关注和考虑地方城市的社会发展的需求，考虑更多的生态环境指标、社会综合指标等，实现生态保护与社会发展之间的平衡，追求城市生态空间韧性生态内涵和社会内涵的协同提升，从而也促进整个城市的综合韧性提升和可持续发展。

第 5 章　基于生态系统服务供需匹配的城市生态空间韧性测度

“不违农时，谷不可胜食也；数罟不入洿池，鱼鳖不可胜食也；斧斤以时入山林，材木不可胜用也。”

——《孟子·梁惠王上》

“保持城市的林木绿地……不仅要保持肥沃的农田和供人娱乐、休闲和隐居之用的天然园地，而且还要增加人们进行业余爱好的活动场所。”

——刘易斯·芒福德（Lewis Mumford），1961

《城市发展史》

（*The City in History*）

城市生态空间韧性强调生态空间遭受外来干扰时依然能保持其功能的正常输出，其中既包含维持其承载的生态系统功能（ecosystem function，EF）的能力，又包括向城市输出生态系统服务（ecosystem service，ES）的能力。其中，前者主要反映城市生态空间承载的生态亚系统自身结构与功能是否健康有韧性，而后者则考虑城市生态亚系统和社会亚系统之间的相互关系，即城市生态空间供给的 ES 能否持续满足城市不断变化的 ES 需求，更能反映城市生态空间所承载的社会韧性内涵与生态韧性内涵的协同，实现更广泛的社会、经济和环境效益。本章主要从景观格局对城市生态空间韧性进行测度，从理论基础和指标的选择上都更关注于城市生态空间格局对生态系统自身功能的维护，而对社会 - 生态系统之间的互动关系的考虑相对较少。

本章将以 ES 为纽带，从城市生态空间韧性社会 - 生态双重内涵切入，基于 ES 供需关系分析，为测度和评估城市生态空间韧性进行理论和方法建构。以上海市为研究对象，测度当前上海市城市 ES 供给、需求以及供需匹配关系，以识别上海城市生态空间韧性提升中的薄弱区域，为优化城市生态空间布局，提高城市 ES 利用效率和质量，优化提升城市生态系统结构、功能和城市综合韧性，提供理论和决策依据。

5.1 基于ES供需匹配测度生态空间韧性的可行性

韧性理论认为系统始终处于变化之中，韧性作为“隐藏”于系统运行状态之下的一种能力属性，具有一定的抽象性、动态性和复杂性，一般难以对其瞬时性的韧性水平进行直接而准确的测度（Walker et al.，2012；段怡嫣 等，2020）。尽管如此，也有学者另辟蹊径，从尺度原理出发，认为可以通过“比例缩放”（scaling）的方式，通过观测一定时期范围内表征系统运行状态的指标及其变化趋势，来反推系统阶段性的健康或韧性程度（West，2017），这在段怡嫣和翟国方（2020）对韧性评估方法的分类中，被认为是一种基于对系统韧性结果性表现的观测评估[①]，来反证系统韧性的评估方式。本书基于ES供需匹配来测度城市生态空间韧性的过程正是基于这种研究思路进行的，其中ES便是联系“城市生态空间韧性”从抽象概念到具体概念、从难以测度到实现量化和空间可视化表达的重要“纽带”或“桥梁”。

5.1.1 ES为测度城市生态空间韧性提供纽带

ES作为联系城市社会系统与生态系统的纽带性概念，在近年来社会生态系统相关研究中不断获得学界重视。不少研究表明，城市生态空间所提供的ES对构建城市综合韧性具有重要意义（McPhearson et al.，2014；McPhearson et al.，2015）。笔者发现，已有研究多关注生态空间输出ES实现城市综合韧性的贡献（resilience through ES），而对城市生态空间输出ES这种能力本身的韧性（resilience of ES）的研究相对较少。刘志敏（2019）指出，ES有助于塑造城市韧性，还需要ES本身拥有韧性，具体表现为持续的供应、对扰动响应的多样性以及时空供需匹配。在ES供需匹配方面，一些学者发现城市生态空间的规划布局与城市利益相关群体的真实需求之间并不完全匹配，城市生态空间也存在一些生态性服

① 区别于基于系统形成或发挥韧性作用的过程评估。段怡嫣和翟国方（2020）在其关于《城市韧性测度的国际研究进展》一文中提道，基于对城市韧性概念内涵的表征范畴区分，可以主要分为两种类型：基于过程和基于结果的两种韧性量化评估路径。其中，作为结果的韧性将韧性理解为系统本身固有的一种抵御冲击的能力，以系统本身固有的性能进行表征；作为过程的韧性反映了系统遭受冲击后适应和恢复的动态过程，以系统某一性能随时间的整个变化过程作为数值表征。他们对基于结果的韧性测度路径，与杰弗里·韦斯特（Geoffrey West）在2017年出版的《规模》一书中对于系统韧性的认知是一致的，杰弗里认为，由于复杂系统具有“涌现性”特征，即一个系统所表现出来的特性与它的组成个体简单相加所表现出来的特性存在很大不同。对于这样一个系统在长时间尺度下表现出的“韧性”或成功，很难给出客观公正的评判，但在一定的“规模缩放”规则下，依然可以通过外在表现的结果性的、实质性的状态指标进行评判。

务与社会性服务形成协同的社会 – 生态热点（social-ecological hotspots）区域，对这些 ES 供给和需求情况的识别、测度，有助于帮助城市管理者采取一定的干预措施，从而提高城市中有限的生态空间提供 ES 的能力，并有助于提升的城市的综合韧性（Hockings et al.，2015；Meerow et al.，2017）。笔者认为，以上通过 ES 供需关系测度进行生态空间优化布局提升城市韧性的联动过程，实质上包括了提高 ES 自身韧性和通过 ES 提高城市综合韧性两部分的协同，这与本书中对城市生态空间韧性的社会 – 生态双重内涵的实现具有一致性，从而为从 ES 的供需关系出发，测度城市生态空间韧性提供了一种可能的视角。

生态空间韧性是指在一定时间和空间范围内，与生态空间相关空间变量及相互关系，使得生态空间在干扰下依然维持其关键功能，并具有与之前运行状态的一致性或积极演进的能力。对城市生态空间而言，其中一个重要的功能或积极运行状态的表现就是持续、稳定地向城市提供 ES。从基于结果的韧性测度路径来看，输出 ES 的能力本身，可以作为表征城市生态空间韧性，尤其是其生态内涵[①]的一个重要指标。学界已有不少研究指出，城市生态空间所提供的多类型的 ES，在应对城市气候变化、保障粮食安全和增强社会凝聚力等多方面具有重要意义，有助于提升城市的综合韧性（McPhearson et al.，2014；You et al.，2017）。如王忙忙和王云才（2019）在其研究《生态智慧引导下的城市公园绿地韧性测度体系构建》中更是明确提到“韧性是社会生态系统在干扰和变化下继续提供所需 ES 的能力，即 ES 适应自然变化和人为干扰的能力”。由此可见，城市生态空间韧性的效用不仅体现在维持生态亚系统功能的稳定与积极演进，也体现在通过向城市社会系统提供 ES，并在这种基于 ES 的供需关系和动态过程中实现社会系统抵抗与适应外界环境变化的能力提升。本书认为，ES 作为联系城市生态亚系统和社会亚系统之间的重要桥梁，可以为表征与测度城市生态空间韧性提供纽带作用，并促生阐释城市生态空间韧性动态机制的新视角。

ES 可以为表征和反映城市生态空间韧性提供纽带作用，这种纽带关系可以体现在以下几个方面。

① 城市生态空间韧性是一种城市特定韧性，是城市综合韧性的重要组成，同时具有鲜明的生态内涵和社会内涵。100RC 指出提升某一种城市特定韧性的过程，都应以提升城市综合韧性为整体性目标（Rockefeller Foundation，2019）。由于生态系统服务与生态系统与社会系统均紧密相关，因此在以生态系统服务为切入点探讨城市生态空间韧性时，只谈及生态系统服务的生态端的输出或供给能力（生态内涵）而忽略其社会端的消费或需求能力（社会内涵）是不完整的。

5.1.1.1 目标协同：处理人与自然和谐关系

ES 以满足人类需要而被定义，人类通过消费生态空间所提供的 ES 来满足需求和提高自身福祉（严岩 等，2017）。与生态系统功能（ecosystem function）侧重于反映生态系统的自然属性不同，ES 因人类的需求、消费和偏好而成为一种服务，侧重于人类对生态系统的利用（冯剑丰 等，2009）。越来越多的研究表明，城市生态空间不仅可以提供水源涵养、环境调节、资源供给等常规性 ES 满足人类对物质和宜人环境的需求，而且一些好的生态环境品质，如优美宜人的环境、均衡可达的绿地等也会对人的健康产生积极影响（董玉萍 等，2020）。

本书所探讨的城市生态空间韧性，强调在人类干预下处理好人地关系矛盾，使其达到人类所期望的和谐状态和积极演变，提升生态空间韧性的过程也是保障 ES 稳定持续供给和提升城市综合韧性的过程，实质上也包含了满足人类需求的目标在内。从这个层面来讲，在土地资源有限的城市区域，科学合理地规划布局与管控城市生态空间的规模和质量，使其能够长期而稳定地提供城市 ES 正是优化和提升城市生态空间韧性的重要内容。

5.1.1.2 要素相同，涉及生态系统与社会系统要素

ES 是基于自然生态系统的结构、过程和功能形成的，但其消费者和受益者是人类，因此 ES 依赖于生态系统的生产（或称“供给”），而又离不开社会系统的消费[①]（或称“需求”）（Burkhard et al.，2012）。对城市生态空间韧性来讲，其概念蕴含的生态内涵与社会内涵反映了社会系统和生态系统之间紧密的相互关系（图 5.1）。简单说来，生态空间韧性的形成和实现受到生态系统“自构力”和社会系统需求而形成的“他构力”（可视作一种对生态系统的良性适度干扰）的共同作用，而生态空间具有韧性的效应反过来既有利于生态系统自身的稳定发展，也有助于社会系统的健康发展。

5.1.1.3 过程依赖，彼此间相互依托和协同实现

一方面，城市生态空间具有韧性能够保障和维持 ES 在干扰状态下的稳定输出，城市生态空间及其承载的生态要素和过程是产生 ES 的物质和空间基础，在自然环境和城市发展多重压力下，生态空间具有韧性，也就保证了 ES 的稳定供应（Seidl et al.，2016）。另一方面，ES 稳定供给本身是生态系统稳定运行、生

---

① 注意区别 ES 与生态系统功能（ecosystem function），生态系统功能可以独立于人类需求之外存在，而 ES 则因为人类的需求和消费而存在（冯剑丰 等，2009）。

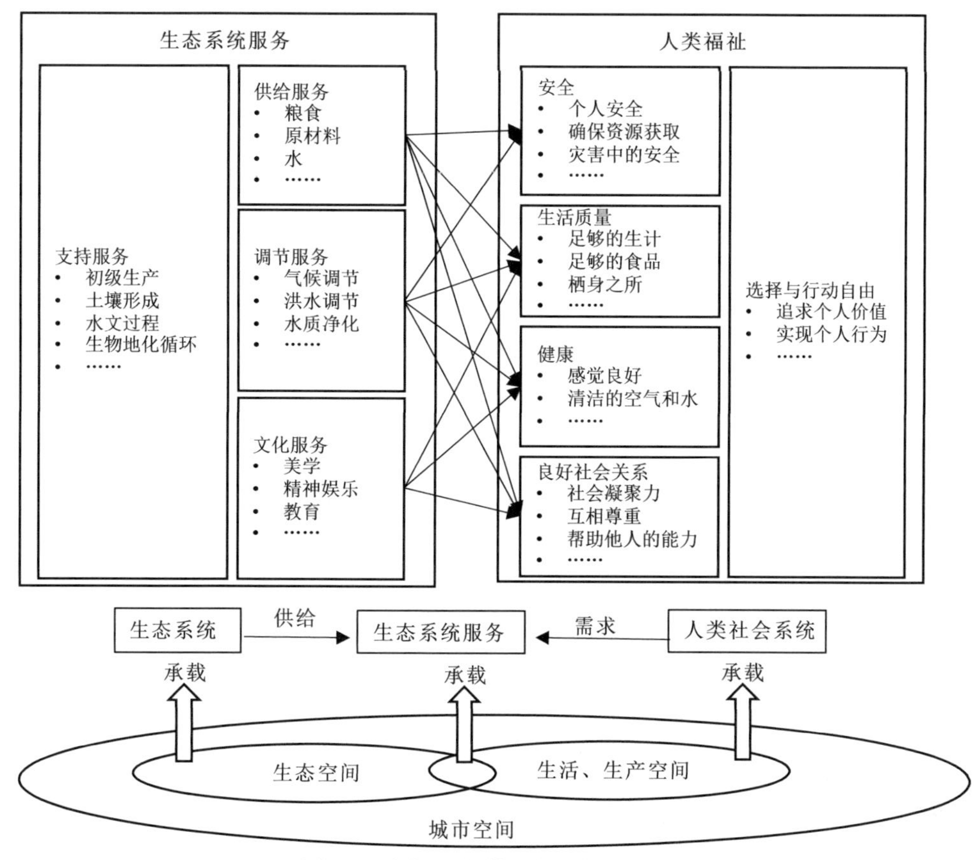

图 5.1　城市 ES 的供给与需求关系图示

来源：笔者自绘

态空间具有一定韧性的表现，尤其是 ES 被城市消费的过程会对生态空间形成有利的反馈。根据适度干扰理论，在一定范围内能够促进生态系统过程的良性演进，有助于城市生态空间韧性的提升。如日本富山市认识到生态空间在其日益老龄化的城市中提供的环境调节、美观和提供社交活动场所等服务功能，发起“代际植树”（intergeneration planting）活动，通过扩大城市绿色生态空间，获取了减缓城市热岛效应、改善城市环境、增进代际关系等多方面的效益（Rockefeller Foundation，2019）；又如 Yang（2019）通过景观绩效评估发现美国得克萨斯州林地地区的生态设计在保障经济和社会效益和服务输出的同时，也实现了该地区防范洪水灾害的能力，体现了该地区韧性的提升。反之，如果人类不合理地攫取 ES，如需求量超过供给量，或需求与服务的空间分布不匹配，则有可能随着人类活动消极影响的加剧，生态系统的健康受到损害，也直接或间接地导致生态空间的韧性下降，对城市来讲不仅可能产生经济损失，还会增加灾后重建的压力（毛齐正 等，2015），影响城市和人类的生存和发展。

综上，ES 与城市生态空间韧性之间具有紧密联系。从某种程度上来讲，城市生态空间向城市提供 ES，以及 ES 为城市所消费并反过来影响 ES 供给能力的这一联动过程是否处于一种健康或积极的状态，尤其是在城市用地、人口和经济等发展变化下依然能够维持良性的互动关系，可以成为城市生态空间具有韧性的一种结果性表现。从而也从基于结果的视角为定量测度和表征城市生态空间韧性提供了一种可能。本书认为可以以 ES 为纽带，进一步探讨城市生态空间韧性的生态内涵与社会内涵之间的相互关系，从城市生态空间具有韧性的结果性状态（state）的视角，构建基于 ES 的城市生态空间韧性测度方法。

5.1.2 ES 供需匹配测度城市生态空间韧性的可行性

ES 供需匹配是指在一定的时间和空间范围内，ES 的供给和需求在数量和空间分布上的均衡与吻合，反映一定区域内 ES 供给能否承载和适应人类需求（吴平 等，2018）。其中，ES 供给是指特定区域在一定时期内提供特定生态系统产品和服务的能力；ES 需求是特定区域一定时期内消费、使用或期望的所有生态系统产品和服务的总和。二者构成 ES 从自然生态系统流向人类社会系统的动态过程（郭朝琼 等，2020；荣月静 等，2020；张立伟 等，2014）。类似于效率视角下的城市韧性评估方法：最小的资源投入与环境代价获得最大化的效益可视为城市具有高韧性水平（吴宇彤 等，2018），本书认为，在以 ES 为纽带表征城市生态空间韧性的过程中，要同时考虑 ES 供给和需求两个方面。当二者处于一种积极协调的匹配关系时，有助于附着于城市生态空间之上的生态亚系统与社会亚系统形成良性的互动反馈关系，有助于维持和提升城市生态空间韧性，这也是城市生态空间具有韧性的一种特征表现，从而为基于 ES 供需定量测度城市生态空间韧性提供一种可能。从递进的角度来看，主要包括以下三个方面原因。

5.1.2.1 ES 供需体现了城市社会 – 生态系统的复合关系

社会 – 生态系统理论认为城市系统是一个由生态系统和社会系统组成的复合系统（Nassl et al.，2015；Walker et al.，2004），城市地域系统也是城市生态空间与生产、生活空间组成的复合系统（王甫园 等，2017）。城市系统的综合韧性（或称社会 – 生态系统韧性）决定于人类社会系统与自然生态系统之间的相互关系（王敏 等，2018），它强调系统的整体性，而非机械地将生态系统和社会系统割裂开来（Alberti et al.，2003；Rockefeller Foundation，2019）。前文第 2 章中提到，在系统论的认知下，城市生态空间韧性作为城市综合韧性的重要组成，具有鲜明的生态内涵和社会内涵。这也就决定了维持和优化提升城市生态空间韧性的过程，也是一个追求城市生态系统和社会系统实现积极耦合与协同效应的过程。在探讨城市生态空间韧性的时候，不可能像最初的“生态韧性”（ecologial resilience）那样只关注于生态系统而忽略社会系统的需要，而必须将生态系统和社会系统之间的互动关系予以综合考虑，而 ES 的供需则恰好能反映社会 - 生态系统之间的互动关系。

城市社会 - 生态系统间的复合关系以 ES 供需的形式体现，这一过程受制于城市生态空间，并同时反过来对城市生态空间产生影响。一方面，城市生态空间是 ES 的空间载体。城市生态空间一般由自然、半自然或人工的植被或水体等生态单元所占据（王甫园 等，2017），ES 的类型、数量及空间格局与城市生态空间所承载的生态单元质量、功能状态及分布格局直接相关。另一方面，城市社会系统对 ES 的需求会直接或间接地对城市生态空间形成干扰。城市对 ES 的消费和需求往往会随城市的自身发展而发生变化，人类为满足新的需求，会以直接或间接的方式对城市生态空间形成干扰，继而对城市生态空间所承载的 EF 及输出 ES 的能力产生影响，继而对城市生态空间应对外界环境变化的能力（亦即韧性）产生积极或消极的影响。有学者在景观尺度下对暴露在土地利用改变和社会经济驱动力因子改变下的 ESF（flow）进行评估，发现随时间推移，ES 供给量可能没有太大变化，但实际上由于外界干扰对生态系统的消极影响已造成生态系统韧性的大幅下降，从而有可能造成管理者对生态系统健康和可持续性的错误判断（Jansson et al.，2010）。因此，在基于 ES 为纽带或中间指标来观察城市生态空间系统及整个城市系统韧性变化的过程中，必须将 ES 的供给与需求及其相互关系同时进行考虑。

5.1.2.2　ES 供需有助于阐释城市生态空间韧性机制

城市生态空间韧性关注那些影响其维持 EF 和输出 ES 能力的空间变量及空间关系，而 ES 供需具有明显的空间差异性特征，并表现为空间上的匹配关系，构成了表征城市生态空间韧性的重要方面。ES 供需的空间特征及匹配关系反映了环境资源的空间配置以及 ES 对经济发展的促进与制约作用，对 ES 供需空间特征的分析有助于从空间层面制定有效的生态系统管理和自然资源合理配置的措施，对于实现生态安全及社会经济的协调发展具有重要推动作用（董潇楠 等，2018），这也是城市生态空间韧性优化提升的重要价值所在。这里所讲的供需匹

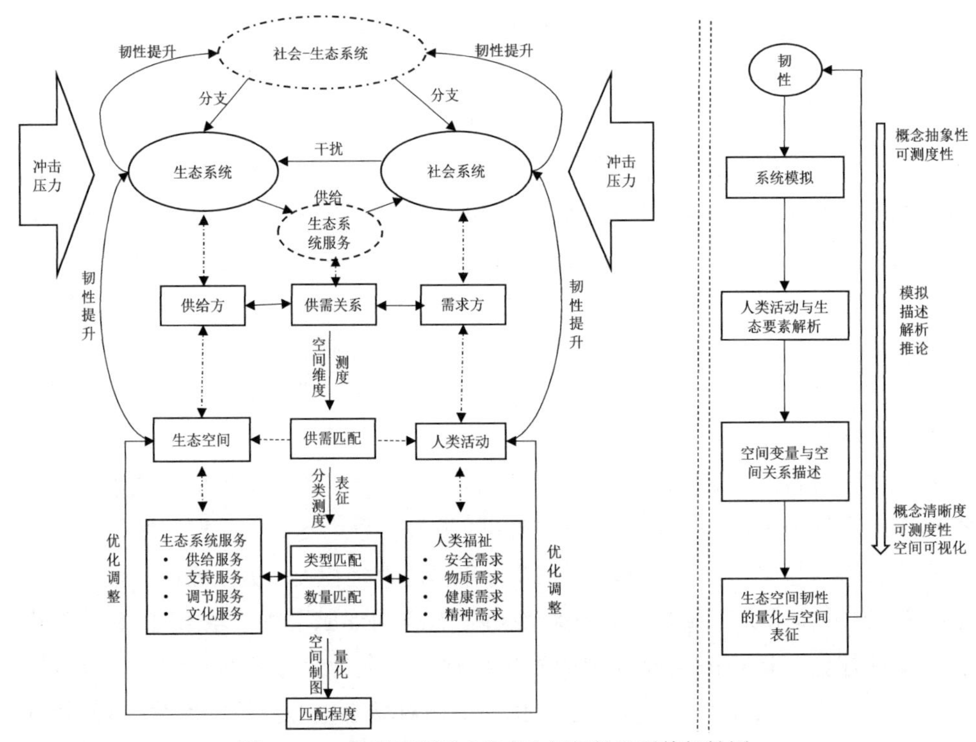

图 5.2　ES 供需匹配影响生态空间韧性及系统韧性图

来源：笔者自绘

配关系具体表现为 ES 类型[①] 和数量上的空间匹配关系。

如图 5.2 所示，从供给方来看，ES 需要一定的生态空间及附着其上的生态要素和生态功能过程实现，这也造成了 ES 供给类型上的空间异质性。从需求方来看，城市人口居住与社会经济活动等也具有一定的空间异质性，造成社会系统对 ES 的需求和偏好的类型和程度均具有不同的空间差异性。如人类对 ES 的重视程度随着空间尺度变化而发生变化，在大空间尺度上，气候调节、生物多样性维护等调节服务多被重视，而在较小空间尺度上，供给服务和文化服务多被重视（张立伟 等，2014）。如此，某一生态空间上供给 ES 与社会层面 ES 需求之间的空间匹配程度就成为一个影响生态亚系统和社会亚系统互动关系的重要因素，具体包括：供给的 ES 类型是否是需求的 ES 的类型、供给的 ES 数量有没有最大程度地消费并实现效用、需求的 ES 数量有没有被充分满足、人

① 类型实质上也可以理解为一种数量关系，即某一类型服务的供给与需求在空间分布上完全不匹配，可以理解为该类型服务的供给量或需求量为 0。

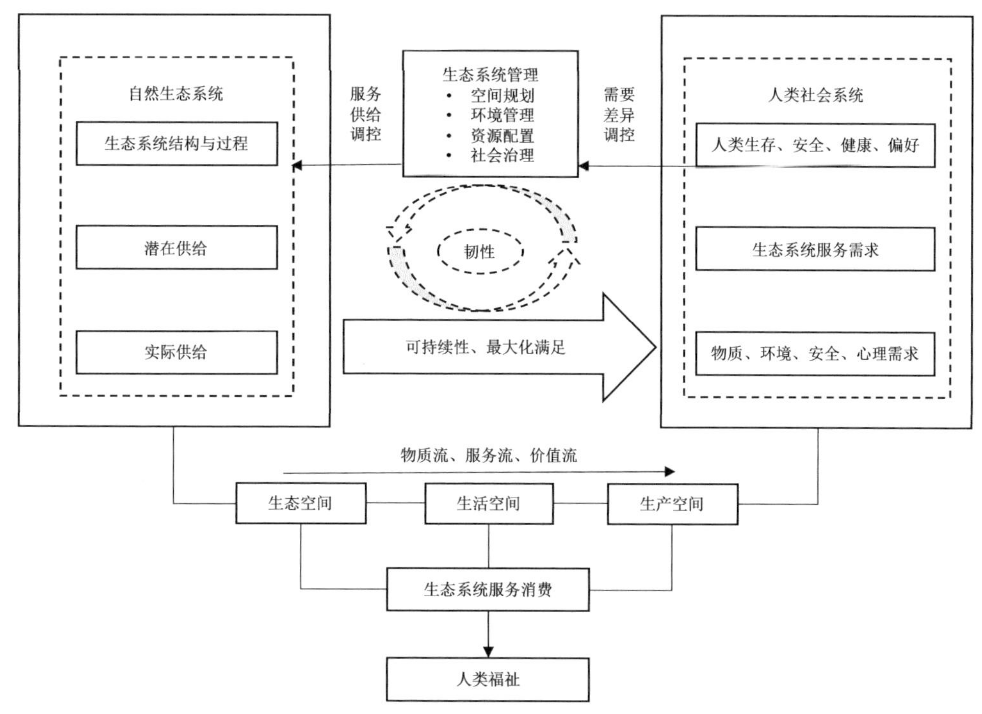

图 5.3　ES 供给和需求关系研究框架

来源：笔者自绘

类对某类型 ES 数量的消费和需求有没有超过该类型 ES 的供给数量等。而这种 ES 供需之间类型和数量上的具体匹配程度如何，将对城市生态空间及其承载之上的生态亚系统、社会亚系统及整个城市社会 – 生态系统的功能和韧性产生影响。

ES 的实现依赖于生态系统与社会系统之间的相互作用，只有综合考虑 ES 的供给与社会系统对 ES 需求之间的积极互动关系，二者在类型、数量规模在空间分布上形成均衡匹配，才更有助于实现城市社会 – 生态复合系统的健康、韧性与可持续发展，也使城市现有生态空间得到合理布局和配置，亦即对外界干扰更具有韧性的重要特征之一。如图 5.3 所示，ES 的持续供给（潜在供给大于或等于实际供给）既是城市生态系统运行健康和具有一定的自我调控能力的表现，又有助于满足城市人类社会系统对生产、生活原材料、宜人环境和文化娱乐等需要，从而有助于社会韧性的提升。与此同时，社会系统对 ES 的消费或需求本身及因此产生的调控行为（如空间规划、环境管理、资源配置等措施），都将对生态系统形成干扰[①]，当这种干扰处于一种适度的范围内时，也将对生态系统的健康形成积极的反馈，从而实现城市生态系统韧性的优化提升（汪洁琼 等，2019）。

实现上述良性互动关系的关键在于对ES供需的空间异质性及供需的匹配关系的科学认知、测度与调控。第一，通过识别各类型ES的主要供给区域，并评估其供给能力，采取相应的保护、管理和适度的开发，有助于满足日益增长的社会需求；第二，通过识别社会层面对各类ES的需求类型、数量和空间分布，有助于探究ES对社会经济发展的促进和制约作用；第三，通过揭示ES供给和需求之间的类型和数量方面的差异及匹配关系，有助于反映生态环境资源的空间分布特征，可为优化城市生态、生产和生活空间之间的布局博弈提供理论与数据支撑。其最终效果将有助于整个城市系统抵抗干扰稳定运行和可持续发展的能力，既有助于生态空间自身韧性，又有助于城市综合韧性的提升。

综合以上，本书认为，通过测度ES供需的匹配程度可以在一定程度上反映和测度城市生态空间韧性的水平。

5.2 基于ES供需匹配的城市生态空间韧性表征

本书认为，ES可以为表征和测度城市生态空间韧性提供纽带作用，而城市生态空间具有韧性可表现为ES供给和需求之间的空间匹配上，具体表现为类型和数量空间分布上的均衡匹配。尽管学界对ES的相关研究已有多年，ES供需关系却仍是过去一段时间以来学界研究中的热点和难点。其原因在于此前学界对ES的研究多集中于ES供给方面，但对于ES需求的研究仍相对较少（翟天林 等，2019），尤其是对ES需求内涵阐释存在差异，面临着ES需求评估方法少、准确性不足等困难（郭朝琼 等，2020；欧维新 等，2018）。ES供需空间匹配作为建立在ES供给和需求之上的空间关系研究，无疑是存在一定的挑战和困难的，需要解决ES分类、供给空间量化评估、需求空间量化评估、供需匹配关系分类和供需匹配表征等一系列问题。为此，结合学界已有研究，为实现从定性到定量描述ES供需匹配关系以表征城市生态空间韧性，从类型匹配和数量匹配两个方面进行理论梳理和探讨。

① 如由于生态系统服务需求偏好的影响，人们在消费某一种或某几种生态系统服务时，有意识或无意识地对其他生态系统服务的提供产生影响（汪洁琼 等，2019）。

5.2.1 生态空间供给 ES 类型与需求类型的匹配

城市生态空间受其附着生态系统类型和在城市中的空间位置等因素影响，可能同时提供多种类型 ES，按照被城市社会群体感知程度和利用形式可以粗分为生态性服务和社会性服务[①]（Alessa et al.，2008；Karimi et al.，2015；桂昆鹏 等，2013）。本书认为，从 ES 供需关系来看，城市生态空间具有韧性的一个体现为其提供的生态性服务和社会性服务与城市对 ES 实际需求在空间上匹配。

研究表明，受到生态系统自身地理位置、生态过程以及人类需求及偏好变化的影响，不同类型 ES 的供给和需求常呈现一定的空间异质性（王伟 等，2005；谢高地 等，2006）。从 ES 供给方面来讲，首先，受生态系统功能过程影响，不同类型的 ES 供给本身具有空间异质性特点，有学者根据 ES 的空间特征，将其划分为全球邻近性、当地邻近性、定向流动性、原位不动性和用户位置变动性 5 个类型（表 5.1）（Costanza，2008）。其次，在城市范围内，受到城市功能分区和土地利用空间布局的影响，不同类型生态空间提供的 ES 也呈现空间上的差异性，如农田多分布在城市郊区或农村地区，这直接决定粮食供给服务分布在相应地域。从 ES 的需求方面来讲，由于城市人口在城市空间中的不均衡分布以及在人口年龄、工作、受教育程度等方面的差异性，会导致城市内不同社会群体对 ES 的偏好不同，从而形成城市社会群体对不同类型 ES 需求在空间上的异质性。如此，由于城市生态空间在城市占地面积上的有限性和空间分布上具有相对的稳定性，而城市社会群体的多样性及其在空间位置上的变动性，则将造成城市生态空间供给的主导 ES 类型与城市人群对 ES 需求之间的空间不匹配。

表 5.1　基于空间特征的 ES 分类

ES 分类	生态性 ES 举例	社会性 ES 举例
全球非邻近性	气候调节、碳封存、碳储存、存在价值	—
当地邻近性	干扰调节或风暴防护、生物控制、栖息地或避难所	废物处置
定向流动性	沉积物调节或侵蚀控制、营养盐调节	水流调节或洪峰消减、水量供给
原位不动性	土壤形成	食物生产或非木材生产
用户位置变动性	基因资源、生物多样性	娱乐潜力、文化或审美

来源：笔者改绘自 Costanza，2008.

① 生态性服务是以维持生态系统功能和人类赖以生存的生态环境为主，但并不为人类直接感知和使用的服务，如支持性服务、生物多样性、存在价值等。社会性服务多为城市人类可以直接感知和使用的服务，如文化服务、供给服务和调节服务。值得指出的是，生态性服务和社会性服务之间的界限并不完全清晰，有些服务类型如空气净化、农作物生产服务实质上兼具生态性和社会性服务性质，且对社会性服务的归类在一定程度上受到社会群体知识水平和生产生活习惯的影响。

在城市社会－生态热点空间识别相关研究中发现，城市中有些生态空间被规划定位为主要供给生态性服务功能，但调研发现市民常到此活动，表现出较高的社会性服务需求；而有些被规划为主要供给社会性服务的区域，市民到此活动的频率或偏好并不高，表现为对社会性服务的需求较低，并据此可以识别一些同时提供生态性服务和社会性服务，又表现出较高社会性服务需求的社会－生态热点（social-ecological hotspots）区域，以及受到人类干扰较高的自然生态保护区域（规划定位为主要供给生态性服务）和未充分发挥社会性服务的城镇生态空间（规划定位为主要提供社会性服务）（Karimi et al.，2015），从而为优化城市生态空间布局和调整城市生态保护管理策略提供了决策依据。又如 Meerow 和 Newell（2017）以美国底特律市为例，通过调研城市利益主体对 ES 的需求并对比实际城市绿色基础设施的规划布局，指出城市绿色基础设施的规划布局与城市利益主体的实际需求并不完全匹配，仍有进一步优化城市生态空间的选址布局和效益最大化的必要，以提升城市的韧性。以上均反映了城市生态空间规划布局中，其供给的 ES 类型与实际的城市需求之间的空间匹配程度将对城市社会－生态系统的综合韧性造成影响，从而这种生态性服务和社会性服务之间供需的空间匹配关系也可以在一定程度上成为城市生态空间是否具有韧性的表现。

如图 5.4 所示，根据生态空间所承载的主导 ES 类型，可以分为生态性生态空间、社会－生态性生态空间和社会性生态空间。其中，生态性生态空间是以保障城市生态安全和生物多样性为主要目的，ES 供给以为人类间接消费的支持服务、调节服务为主，一般人类活动较少的生态空间，如自然保护区、滩涂湿地等；社会－生态性生态空间主要是指覆盖有植被、水体的生态要素，距离人类活动区较近，同时提供气候调节等生态性服务以及文化娱乐和景观等社会性服务的生态空间，如城市公园、公共绿地等；社会性生态空间①则主要提供可被直接消费的社会性服务的生态空间，如社区绿地等。实际上在城市生态空间中，纯粹的生态性生态空间和社会性生态空间并不存在，因为城市生态空间或多或少以不同方式提供着生态性和社会性的生态服务，只是程度不同而已。从 ES 需求评估方面，人类活动强度常被用以表征城市对 ES 需求的强度，如人口密度、土地开发强度和地均 GDP 等指标（吴平 等，2018；谢余初 等，2020）。

---

① 本书研究的空间尺度为市域层面，受空间分辨率的原因，根据 ES 供给类型对生态空间的分类主要包括以生态性服务为主导功能的生态性生态空间和同时具有社会性服务和生态性服务的社会－生态性生态空间两类，以社会性服务为主导功能的社会性生态空间（如社区绿地）在本研究尺度下不参与讨论。

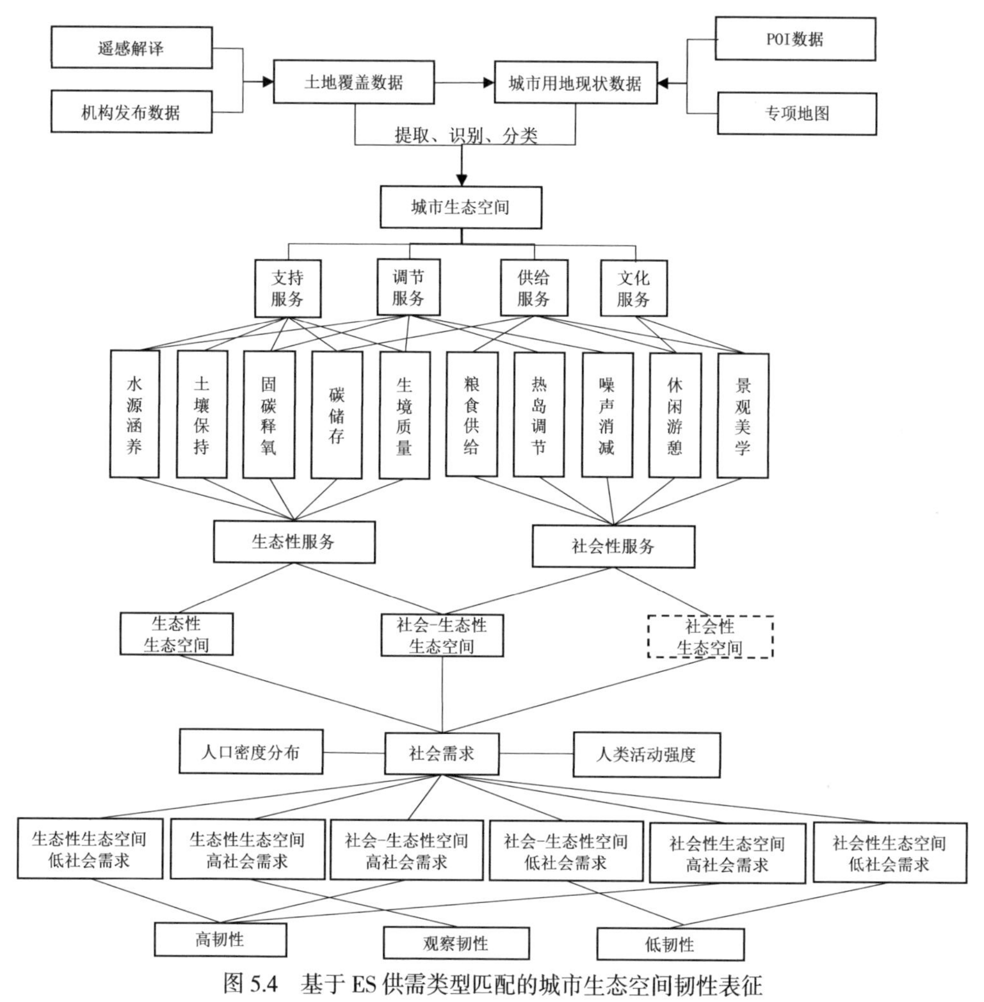

图 5.4　基于 ES 供需类型匹配的城市生态空间韧性表征

来源：笔者自绘

如此，基于生态空间提供服务类型和社会需求之间则会出现 6 种匹配类型，分别为生态性生态空间 – 低社会需求、生态性生态空间 – 高社会需求，社会 – 生态性空间 – 低社会需求、社会 – 生态性空间 – 高社会需求、社会性生态空间 – 低社会需求、社会性生态空间 – 高社会需求。

根据适度干扰理论，本书认为低社会需求的生态性生态空间说明受到人类活动的干扰相对较少，可以较为稳定地维持生态系统功能，被认为高韧性状态；高社会需求的生态性生态空间说明受到一定人类活动的干扰，但并不能认为其韧性便直接降低，而需要观察人类活动对生态空间干扰的强度和频度以及造成的影响，因而可以被认为是韧性有待观察状态；高社会需求的社会 – 生态性空间和社会性空间，由于能够较好地满足人类需求，实现生态空间的社会服务价值，也被认为是高韧性的状态；而低社会需求的社会－生态性空间和社会性空间由于不能较好地发挥其社会服务价值，其生态功能也往往由于生态空间的斑块面积和破碎化得不到最大程度发挥，可被认为是低韧性状态。

基于ES供给类型与需求的城市生态空间韧性表征，能够实现半定量地描述城市生态空间的服务定位与实际需求之间的匹配情况，从而为判断城市生态空间的生态韧性状态以及为城市综合韧性的贡献程度提供决策依据，从而有助于制定相应的生态空间保护和规划调控策略提供帮助。

5.2.2 生态空间供给 ES 数量与需求数量的匹配

城市社会－生态系统之间存在多样化的物质和价值的流动及交换关系，其本质都可以归结为某种供需数量上的匹配关系。对ES来讲，具体表现如生态亚系统为社会亚系统能够提供什么类型和多少数量的ES，提供给哪些群体，需要多少物质或能量补偿才能维持或提升ES的供给能力等方面；社会亚系统需要何种类型ES，需求数量多少，其消费或需求是否超过供给能力，能提供多少经济补偿或积极干预，以及社会系统如何满足和平衡不同利益相关者群体的服务需求等方面（周景博 等，2019）。有研究指出ES的存在依赖于生态和社会经济因素的相互作用和反馈，ES评估应同时考虑其供给侧（生态亚系统）和需求侧（社会亚系统），并需根据ES的类型了解其供需的数量、规模及其匹配情况的动态变化（Scholes et al.，2013）。ES供需在数量上的不匹配不利于生态空间综合效益的实现，如需求过大有可能增加生态空间的压力，而需求不足则生态空间生态效用得不到最大化利用。

社会系统对ES的消费和需要可被视作对生态系统的外界干扰，而当这种消费量或需要超过目标生态空间上ES的潜在供给能力时，则会增加生态系统正常运行的压力，超过其自我调节的阈值范围时，又未能通过有效的价值反馈促进形成供给增量，将导致负向交互机制，有可能引起生态质量的下降及其应对外界干扰的韧性能力下降（周景博 等，2019）。如Redman（1999）在《古代人类对环境的影响》（*Human Impact on Ancient Environments*）一书中指出，农业生产活动本身和不可持续的生产决策是造成古代局部地区生态退化乃至文明毁灭的关键因素。当农业活动的频率或强度在这样的阈值范围内时，在一定程度上是可以实现一种人类与周围环境之间平衡而可持续的生产业态。然而当这种生产活动的频度或强度超出了生态系统的恢复能力时，则会造成土壤肥力的不断下降、水资源的枯竭，继而导致生产的下降，并进入一个恶性循环，最后导致土壤的沙漠化，栖居于此的人类不得不迁居其他地方或不得不面临毁灭的结果。

在某种程度上，城市绿色发展或韧性发展的核心应是实现 ES 的供需动态平衡：一方面，要将城市社会经济系统对 ES 的需求或消费控制在生态系统的供给能力（或承载力）范围内，最大化地实现生态服务效用，并实现 ES 的持续供给（严岩 等，2017）；另一方面，可通过生态修复、重建或补偿等多种人工干预手段促进生态系统建设，建立起生态 – 社会系统对 ES 供给和需求的正向交互机制和平衡关系（王敏 等，2018）。此外，ES 供需的数量匹配程度也能够清晰反映生态系统的承载能力及受到人类干扰的程度，对了解生态系统的运行状态具有重要意义，并反过来为更好地对生态空间、生态要素以及城市人口居住和经济布局、数量结构进行规划调整，以在保障城市生态安全的基础上，实现 ES 效用最大化，最终实现城市生态空间韧性和城市综合韧性与可持续发展的目标。

如图 5.5 所示，通过价值量表法可以对城市生态空间的各类 ES 供给、综合供给、需求和综合需求进行测算。如此便可以获得城市生态空间供给和需求的高低匹配类型，包括高供给 – 高需求、高供给 – 低需求、低供给 – 高需求和低供给 – 低需求 4 种类型[①]。根据上文有关供需数量匹配的论述，可以认为高供给 – 低需求的生态空间处于一种相对高韧性的状态；而高供给 – 高需求以及低供给 – 低需求的生态空间受到人类活动一定程度的影响，是否超过生态空间所承受的阈值，受研究数据精度所限，有待进一步观察，尚难以确定韧性高低区间的过渡区域，本书将其划分为一种有待观察的韧性状态（简称“观察韧性”）；低供给 – 高需求的生态空间则明显处于一种低韧性的状态。

综上，城市生态空间韧性输出 ES 的类型和数量与城市社会需求之间的空间匹配程度如何，可以作为反映城市生态空间韧性的重要反映，并可据此用于分析城市生态空间韧性的现状如何，从而制定相应的生态空间布局与设计等方面的优化策略，这对于科学地开展城市生态空间规划管控，提升城市生态空间韧性和城市综合韧性，实现城市经济、社会和生态等多个方面的整体可持续发展具有重要意义。

① 受研究数据精度所限，本书仅以高、低两个对立状态表达 ES 供需数量的匹配程度。在未来的研究中，还可根据研究数据和相关理论和量化方法的完善，进一步对 ES 中等供给与中等需求的生态空间予以讨论。

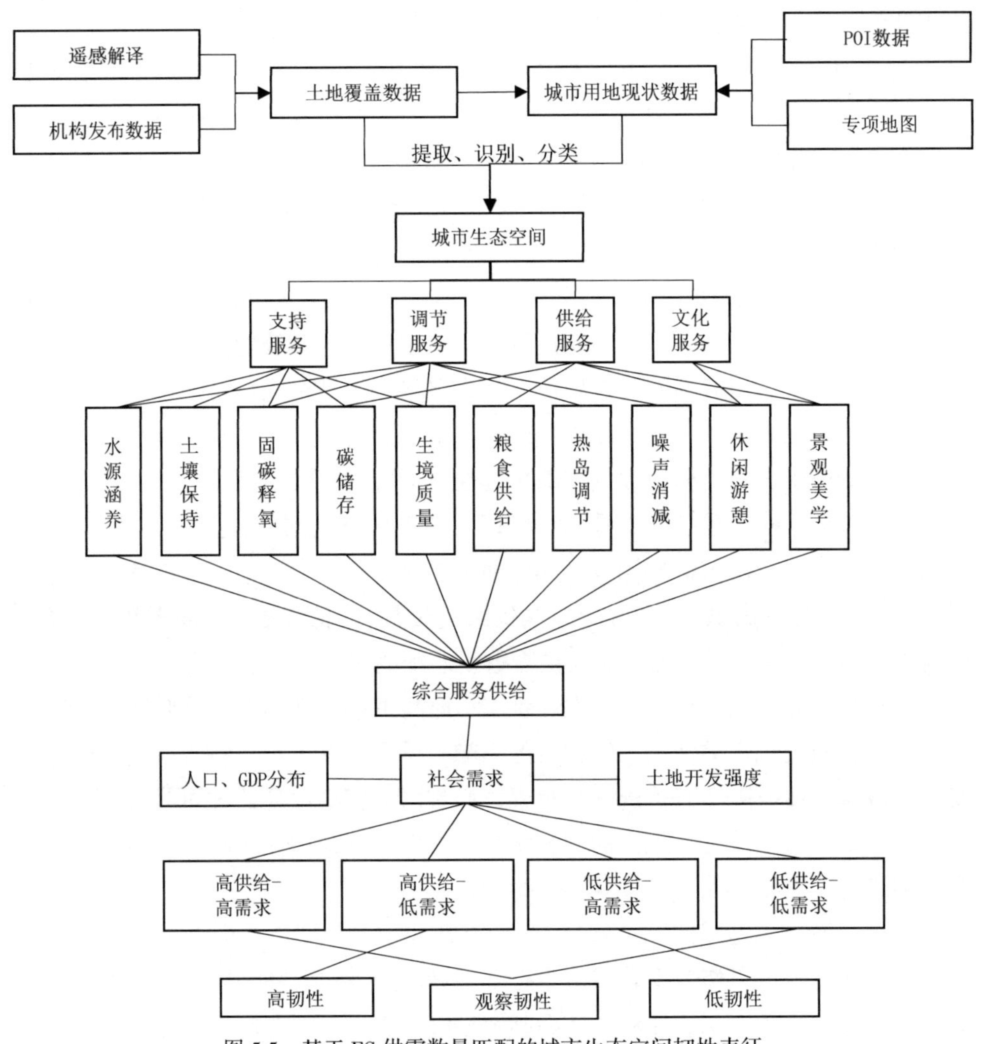

图 5.5 基于 ES 供需数量匹配的城市生态空间韧性表征

来源：笔者自绘

5.3 数据与方法

对 ES 供给和需求的量化评估及空间化呈现，是 ES 相关研究中的一个热点，因而也产生了多样化的 ES 评估方法，并各具优缺点。已有 ES 评估方法主要有土地利用估计、生态过程模拟、数据空间叠加和专家经验判别四大类型（马琳 等，2017）。这些评估方法在处理 ES 供需匹配上却存在不小的挑战。如基于 InVEST 生态过程模拟法能够较好地评估 ES 的空间梯度变化，但并不具有 ES 需求的评估模块；基于专家经验和土地覆盖情况的价值量表法虽能量化评估 ES 的供给和需求，但评估过程受限于土地覆盖数据，且具有一定的主观性；另外，对于 ES 需求评估，由于研究者对需求量是以实际消费量还是期望值作为表征，仍有一定的争论，并且关于文化服务方面的需求评估更受到人类主观偏好的影响等。这些挑战，在 ES 供需匹配研究中都应予以注意，慎重考虑和选择合适的 ES 供需和匹配关系的测度方法。

5.3.1　数据来源

本章所使用数据及来源情况如表 5.2 所示。所有数据在下载获取后，在 ArcGIS 10.5 软件中进行中间过程的计算和制图，中间处理过程详见下文 5.3.2 和 5.3.3 中相关指标的测度方法，此处不再赘述。

表 5.2　城市 ES 供需评估数据及来源

数据名称	类型	精度	版本 / 时间	来源
土地利用覆盖数据	栅格	30 米	2020 年	GlobeLand30：全球地理信息公共产品，网址：http://globallandcover.com
精细土地利用覆盖数据	栅格	30 米	2020 年	中国科学院空天信息创新研究院 2020 年全球 30 米地表覆盖精细分类产品，网址：http://www.cas.cn/syky/202012/t20201201_4768965.shtml?from=singlemessage
上海市行政边界数据	矢量	—	—	“城市数据派”，网址：https://www.udparty.com
数字高程数据	栅格	30 米	ASTER GDEM	“地理空间数据云”DEM 数字高程数据，网址：http://www.gscloud.cn
上海地区气象站累年值日 20—20 时降雨数据	文本	—	1981—2010 年	国家气象科学数据中心发布的中国地面累年值日值数据集（1981—2010 年），网址：http://www.nmic.cn/
人口空间分布	栅格	100 米	2020 年	WorldPop（全球人口与健康），网址：www.worldpop.org
GDP 空间分布	栅格	1 公里	2015 年	中国科学院资源环境科学数据中心，网址：http://www.resdc.cn
归一化差异植被指数（NDVI）	栅格	250 米	2020 年	美国国家航空航天局（NASA）网站提供的 MODIS 16 天合成 250m 分辨率 NDVI 数据，网址：https://modis.gsfc.nasa.gov/

续表

数据名称	类型	精度	版本 / 时间	来源
初级生产力（NPP）	栅格	500 米	2019 年	美国地质勘探局（USGS）MOD17A3H 数据，网址：https://e4ftl01.cr.usgs.gov/MOLT/MOD17A3HGF.006/
2018 年粮食产量	—	—	2018 年	上海市统计局《2019 年上海统计年鉴》，网址：http://tjj.sh.gov.cn/tjnj/20190117/0014-1003014.html
上海市公园绿地名录	Excel	—	2018 年	上海市绿化和市容管理局，网址：http://lhsr.sh.gov.cn/gyldml/
百度地图兴趣点 POI 数据	Excel	—	2020 年	百度地图

来源：笔者自绘

5.3.2 ES 供给类型与需求的空间匹配测度方法

开展基于 ES 供给类型与需求的空间匹配测度之前，应首先对 ES 的类型进行分类，并选择适合的评估方法。

5.3.2.1 ES 供给类型及指标选择

生态系统的复杂性与多样性，以及不同群体认知与偏好的差异性，导致 ES 分类的多样性，诸如：按服务功能分类，可分为供给、支持、调节和文化四类（Assessment，2005；Costanza et al.，1997）；按价值进行分类，可分为直接利用性、间接利用性、选择性和非利用性服务（图 5.6）（文一惠 等，2010）；按空间属性分类，可分为全球邻近性、当地邻近性、定向流动性、原位不动性和用户位置变动性五类（Costanza，2008）。实际上，由于生态系统的复杂性、动态性和非线性反馈特征，单一的分类标准并不符合多样化世界的真实情况。在现有 ES 相关研究中，研究者多在 ES 功能分类的基础上根据研究问题的需要和研究地域的特征等，对 ES 的类型进行筛选和调整（Alessa et al.，2008；Kang et al.，2018）。

不同于纯自然 ES，城市 ES 表现出人为主导性、高需求性、异质性、动态性、多功能性、社会经济属性以及生态系统负效应等一系列特征（毛齐正 等，2015）。在城市 ES 相关研究中，研究者一般多考虑城市 ES 的社会经济属性，且为方便与管理措施相对接，对其进行分类。如有学者根据 ES 被人类消费和需求的方式不同将其分为经济性服务、生态性服务和社会性服务（王宏亮 等，

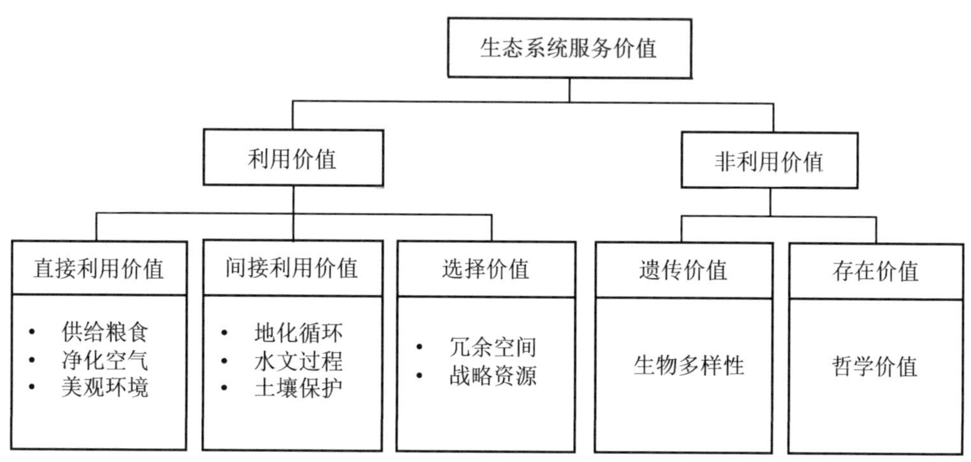

图 5.6　按价值进行的 ES 分类

来源：笔者改绘自文一惠 等，2010.

2020；王丽荣 等，2006）。亦有学者根据维持城市生态安全需要的程度将城市 ES 划分为三类：一是供给水资源、食物及净化水质等城市生存所依赖的基础资源与基本环境维持相关的服务；二是涵养水源、保持水土、固碳、更新空气、保护生物多样性等生态系统稳定和可持续性维持相关的生态系统稳定和调节类服务；三是调节微气候、提供休闲空间、净化空气和降低噪声、提升人文景观等人居环境与文化类服务（卢慧婷 等，2020）。

本小节为探讨城市生态空间供给 ES 的类型与实际需求之间的空间匹配情况，结合已有 ES 分类研究及第 3 章对上海市城市生态空间现状特征的研究，首先将 ES 分为生态性服务和社会性服务两类：其中，生态性服务体现为支撑和维护人类赖以生存的生态环境的服务类型，如气候或气体调节、水源涵养、土壤保持、生物多样性保护等；社会性服务则主要体现为经济功能和社会文化精神功能的服务类型，如粮食生产、文化娱乐、景观美学等。其次根据评估方法和数据可获得性的限制，分别从供给服务、支持服务、调节服务和文化服务中选择代表性的服务类型和指标，构建 ES 供给指标体系（表 5.3）。

表 5.3　城市 ES 供给指标体系

按属性分类	按功能分类	服务小类	指标
生态性服务	支持服务	碳储存	碳储存量
		生物多样性	生境质量指数
		生态生产力	初级生产力
		水源保护区	水源保护区范围

续表

按属性分类	按功能分类	服务小类	指标
社会性服务	供给服务	粮食供给	粮食生产量
	文化服务	休闲游憩	公园绿地分布范围
		景观美学	

来源：笔者自绘

5.3.2.2 ES 供给指标的测度方法

尽管对 ES 供给评估有多种方法，但这些方法各具优缺点，在实际研究中要根据研究目的进行选择。有研究比较了现有生态模型法、价值法、参与法和经验统计模型四大类 ES 评估方法的优缺点，指出生态模型法所需数据种类多，对数据要求高，评估精度也相对较高，且能够体现服务的空间异质性，实现评估的动态化与精准化，在方法使用尺度、数据获取、推广应用等方面更具有优势，而在主流的几款生态模型中，则以 InVEST[①] 模型的应用较为广泛和成熟（郭朝琼 等，2020）。在本书中，为尽可能以较高精度体现不同类型 ES 在空间上的梯度变化，同时避免物质量法、价值量法对土地覆盖利用数据的依赖性以及调查法的主观性等缺陷，主要采用 InVEST 模型和基于百度 POI 数据空间计算的形式对 ES 供给进行测度。对相关 ES 服务供给的具体方法如下。

（1）生物多样性保护

生物多样性与 ES 具有密切的联系，在相关研究中多用 InVEST 模型中生境质量模块（habitat quality，HQ）计算生境质量指数的方式表征。HQ 是结合土壤覆被类型的空间分布图和生物多样性威胁因素等信息计算而得，计算公式为：

$$Q_{xj}=H_j\left[1-\left(\frac{D_{xj}^z}{D_{xj}^z+k^z}\right)\right] \qquad \text{（式 5.1）}$$

式中，H_j 为 j 类型土地覆被的生境质量值；D_{xj} 为 j 类型土地覆被栅格单元 x 的生境胁迫因子；z 为尺度常量，其值一般取 2.5；k 为半饱和常数。

① InVEST 即生态系统服务和权衡的综合评估模型（Integrated Valuation of Ecosystem Services and Trade-offs），是一套用于评估和绘制陆域和海域不同土地覆被情况下生态系统服务供给能力的开源软件，由美国斯坦福大学、大自然保护协会与世界自然基金会联合开发。该软件基于土地覆被和生态环境相关驱动因子数据可用来探索生态系统的变化如何对人类社会的利益流动产生影响，可为决策者权衡人类活动的效益和影响以及自然资源管理提供科学依据。引自 https://naturalcapitalproject.stanford.edu/software/invest。

主要参数包括生态胁迫因子、胁迫强度、最大胁迫距离、各生境类型适宜度及其对胁迫因子的敏感度。本书结合相关研究（程爱国 等，2020；潘艺 等，2020；王小萍，2020），将耕地和建设用地作为胁迫因子，对主要胁迫因子参数和敏感度确定如表 5.4、表 5.5 所示。

表 5.4　生态胁迫因子量

威胁因子	最大胁迫距离 / 公里	权重	衰退线性相关
耕地	4	0.4	线性
建设用地	6	0.9	指数

来源：笔者自绘

表 5.5　各地类对各生态胁迫因子的敏感度量

地类名称	生境适宜性	耕地	建设用地
耕地	0.6	0	0.5
林地	1	0.6	0.8
草地	0.6	0.5	0.7
水域	0.6	0.3	0.6
湿地	1	0.6	0.8
建设用地	0	0	0

来源：笔者自绘

（2）碳储存服务

植被和土壤有良好的固碳效应，对减少空气中引起温室效应的主要气体二氧化碳，减缓全球气候变暖具有重要意义。InVEST 模型的碳储存（carbon storage）模块将地块上四种碳库的储量相加来评价每个空间单元和整个景观的总碳储量，计算公式为：

$$C_{tot} = C_{above} + C_{below} + C_{soil} + C_{dead} \quad （式 5.2）$$

式中，C_{tot} 为总的碳储存量；C_{above} 为地上植被的碳储存量；C_{below} 为地下植被的碳储存量；C_{soil} 为土壤中的碳储存量；C_{dead} 为死亡有机物的碳储存量。参考周汝波等研究及 InVEST 模型在线说明（Sharp et al.，2019；周汝波 等，2018），确定相关参数如表 5.6 所示。

表 5.6　土地利用类型的碳密度

用地代码	用地类型	地上生物量（吨·公顷）	地下生物量（吨·公顷）	土壤（吨·公顷）	死亡有机物（吨·公顷）
10	耕地	16.4	2	10.8	6
20	林地	21	4	22.57	12
30	草地	20	60	10	4
50	湿地	5.7	0	23	13
60	水体	0	0	0	0
80	建设用地	9	0	15.88	2

来源：笔者自绘

（3）生态生产力

生态生产力指植被在区域一定土地上的生长状况和对干扰的反应，被认为是具有供给与支持功能的生态空间特征之一（沈琰琰，2019），在本书中以初级生产力（NPP）来表征，NPP 介绍见 4.2.2.3。

（4）水源保护区

水源保护区表示区域水分生产、存储、维持人类生活的区域，参考相关研究（沈琰琰，2019），以水源保护区的界限来表征。实际上，自然保护区可以综合表征生物栖息地、生物资源和生态系统的集中保护区域，也是重要的生态性生态空间。上海市存在包括九段沙湿地国家级自然保护区、崇明东滩鸟类国家级自然保护区、金山三岛海洋生态自然保护区和长江口中华鲟自然保护区 4 个自然保护区，由于这四个自然保护区的主要范围分布于长江水域中，在上海陆域范围分布较小，因本书主要分析陆域范围，故未考虑自然保护区的范围。

在本书中，根据 2017 年 7 月 29 日上海市发布的《黄浦江上游饮用水水源保护区划（2017 版）》，在 Photoshop 软件中提取上海市水源保护地的边界，之后在 ArcGIS 平台中对水源保护区范围进行地理配准，获取 4 个主要水源保护区的范围矢量数据。

（5）粮食供给

粮食供给是重要的供给性 ES，对保障城市和区域的粮食供应安全至关重要。参照相关研究（吴平 等，2018；钟亮 等，2020），根据粮食产量与 NDVI 线性相关，将粮食总产量根据栅格单元上的 NDVI 值，按照一定的比例分配给各耕地栅格获得各栅格上的粮食产量。计算公式为：

$$G_i = G_{sum}\frac{NDVI_i}{NDVI_{sum}} \qquad \text{（式 5.3）}$$

式中，G_i 为栅格 i 的粮食产量；G_{sum} 研究区域的粮食总产量；$NDVI_i$ 为栅格 i 的 NDVI 值；$NDVI_{sum}$ 为研究区域 NDVI 值的总和。

（6）文化服务

城市公园绿地通常是城市居民常去进行休闲游憩、娱乐和欣赏生态景观的重要场所，通常也被认为是提供文化服务的重要生态空间，对城市韧性具有重要作用（Campbell et al.，2016；Choi et al.，2019；王忙忙 等，2020）。在相关研究（木皓可 等，2019）的基础上，根据上海市绿化和市容管理局网站公布的“上海市公园（绿地）名录”[①] 和百度地图 POI 显示的公园，从卫星遥感图像上进行公园边界的描绘，获得上海市公园绿地分布范围。

5.3.2.3　ES 需求的指标与测度方法

受政府政策、人口变动、经济水平、文化规范等因素影响，学界对 ES 需求的评估标准和方法呈现多样性（Kroll et al.，2012）。首先，由于研究者对 ES 需求内涵的理解上存在差异，造成对其测度方和指标的选择上存在不同：部分学者认为 ES 需求是被人类实际消耗或使用的 ES 服务和产品的总和，在这种情况下，ES 需求等于实际供给（Burkhard et al.，2012）。亦有学者认为 ES 需求是带有人类期望和主观意愿获得的数量，在这种情况下，ES 需求可能大于 ES 的实际供给（Schrter et al.，2014）。同时，由于自然、人类社会对 ES 影响的复杂性，不同地区、不同群体往往由于个人偏好、经济条件和教育程度等方面不同，因而产生对 ES 的需求的差异性（白杨 等，2017）。总体而言，还没有一类方法或模型能够完全精确地评估各类 ES 需求（郭朝琼 等，2020）。因此，在研究中需要对 ES 需求的内涵和表征指标进行选择。

在城市 ES 需求的空间识别中，研究认为可通过对需求分布、需求量以及城市居民受益者所处的位置等来描述（Naidoo et al.，2008）。其中，针对特定的 ES 而言，供给服务的需求多采用实际使用或消耗的量作为指标，如用水量（陈骏宇 等，2019；王壮壮 等，2020）；调节服务需求多利用环境脆弱性或潜在风险评价指数（董潇楠 等，2018；严岩 等，2017）作为指标；文化服务需求多以对公众偏好或意愿的问卷、访谈调查结果（Alessa et al.，2008；张红，2017）及社交媒体的“签到”数据密度（木皓可 等，2019）作为指标；对于整体综合性

---

① 详见 http://lhsr.sh.gov.cn/gyldml/。

的ES需求上，常用人口密度、GDP和土地利用程度（王萌辉 等，2018）、居民点大小（Ayanu et al.，2012）、灯光数据（Briggs et al.，2007）及道路网密度（顾康康 等，2018）等作为需求指标。亦有根据土地利用情况进行专家打分评价矩阵获得各类ES需求及综合需求的量化结果（白杨 等，2017）。

本小节主要探讨城市生态空间所提供的ES类型与实际需求在空间上的匹配程度，更倾向于对综合性的ES的需求的空间分布判断，主要反映不同主导服务性生态空间受到人类活动干扰强度大小。在相关研究中，一般认为人口的活动强度越大，对ES的需求越高，人口的活动强度多通过人口密度、GDP密度或土地利用开发强度[①]来表征（彭建 等，2017；吴平 等，2018；谢余初 等，2020）。但这些指标往往以一段时间（一般为一年）的社会统计数据，配合居民点分布、夜间灯光指数等指标进行空间计算而得，由于建设行为的"锁定"效应，这种计算结果相对静态，不能完全反映人流随时间的实际流动和分布情况，如节假日期间，人口除在居民点停留外，还会大量涌向公园绿地、郊野公园等生态空间，而这些人口分布情况在传统的人口密度空间分布数据上是难以反映的。

伴随着移动终端空间定位技术的发展，诸如手机信令、社交媒体"签到"等带有地理空间信息的"数字足迹"（digital footprint）数据不断受到学界关注，这样的数据能够反映城市用户群体活动的时空分布特征（王录仓，2018）。已有不少研究应用"手机信令数据"对人流分布和对ES的需求的进行评估，如有学者基于手机信令数据对上海市公园绿地及郊野公园的空间服务需求特征进行了描述评价（方家 等，2017；乐慧英 等，2019）。在以上研究中手机信令数据所反映的人流强度被认为是一种人口对空间的服务压力（龙凌波，2019），因此可以在某种程度上成为城市人口对空间服务的一种需求的衡量指标。

综合以上多种通过人口活动强度反映ES需求的研究成果，本书综合采用2014年3月某两个工作日和两个休息日4天的手机信令数据反映的平均人口分布情况和2020年平均人口密度空间分布，在ArcGIS平台中进行叠加计算，识别上海市对ES需求的空间分布。参照相关研究（彭建 等，2017），计算公式为：

$$X_i = x_i \cdot \lg(y_i) \qquad \text{（式 5.4）}$$

式中，X_i为评价单元的ES需求；x_i、y_i分别为信令数据反映的人口分布和人口密度分布。

① 土地利用程度即建设用地面积占区域土地总面积的百分比，反映人类对生态系统服务的消耗强度（彭建 等，2017）。

5.3.2.4 ES 供给类型与需求的空间匹配表征

ES 供给制图对生态系统生产产品与提供服务的能力进行空间可视化，需求制图则反映人类对生态系统产品与服务的消费与使用的空间特征，二者共同作为 ES 空间匹配评估基础。ES 供需分析中的常用方法有图形比较、情景分析及模型模拟等（Lautenbach et al.，2010；李双成 等，2013）。社会－生态热点绘图（social-ecological hotspots mapping）是一种通过叠加人群偏好的景观价值分布图与实际测度的景观价值分布图，以识别那些同时具有生态价值又有社会服务价值的景观空间（即社会－生态热点）的空间制图与分析技术。Alessa 等（2008）研究认为社会－生态热点绘图可用于识别那些影响城市社会生态系统韧性和脆弱性的要素，有助于识别受到高度关注的区域，如对空间的景观价值存在认知矛盾的空间区域，表现为人群对特定空间功能的了解不足或偏好不同；有助于识别那些存在社会过程与生态过程存在冲突的区域，如具有高度的社会价值需要但在景观上存在破碎化的空间区域，表现为低供给高需求；有助于识别那些设计为有社会服务功能，但其社会感知生态价值较弱的生态功能空间，如设计为服务社会的郊野公园但实际人群的感知程度较低，并对识别出的具有以上特征的空间应对其功能用途进行调整，以尽量实现生态保护和满足社会需求之间的平衡（Alessa et al.，2008）。本书尝试借鉴社会－生态热点绘图的理念和方法，并对其进行调整，用以分析 ES 供给和需求的空间匹配情况，识别那些 ES 供给类型与需求之间存在冲突或协同效应的区域。

对其进行调整的部分主要包括：①社会－生态热点绘图研究中的实际测度生态功能主要以空间的初级生产力（NPP）表征，即高生产力的区域被认为是具有高生态功能的生态空间，但这样一个指标不能准确表征生态空间功能的实际情况。在实际中生产力较高的一些生态空间可能被定为具有高社会服务的空间，如城市公园中的林地。因此，本书通过不同类型 ES 供给的空间制图，来识别那些偏向于提供生态性服务的生态空间，称之为生态性生态空间，以及同时提供生态性服务和社会性服务的生态空间，称之为“社会－生态性生态空间”。②社会－生态热点制图中反映空间需求的数据主要来自研究范围内相关人群的景观感知情况，以问卷或访谈的调研方法获取，然后对调研获得的感知位置及“热度”数据在地理信息系统平台上制作点密度图。该方法所得结果受到调研人群的样本数量、组成、范围及个体偏好的影响，工作量较大，在反映人群实际需求的准确度上有一定的不足。在本书中采用基于手机信令数据反映的人流分布与年度人口密度分布叠加计算的方法，通过人群流量在空间分布上的强度表征城市人群对生态空间的社会需求。③由于本书研究的空间尺度为市域层面，受空间分辨率的原因，根据ES供给类型对生态空间的分类主要包括以生态性服务为主导功能的生态性生态空间和同时具有社会性服务和生态性服务的社会－生态性生态空间两类，以社会性服务为主导功能的社会性生态空间（如社区绿地）在本书研究尺度下不参与讨论。

从市域尺度分析ES供给类型和需求的匹配状况。首先对供给与需求进行Z-score标准化，根据标准化结果划分供需匹配类型，以x轴表示标准化后的ES供给量，以y轴表示标准化后的ES需求量。然后根据标准化分级识别出的生态性生态空间和社会生态性生态空间分别划分为2个象限：高供给低需求和高供给高需求，如表5.7所示。其中，生态性生态空间低社会需求，说明这些生态空间受到人类活动影响程度较低，能够较好地维持和实现生态空间的生态性服务供给，将其划分为高韧性；生态性生态空间高社会需求，说明这些生态空间受到一定人类活动的影响，是否超过生态空间所承受的阈值，受研究数据精度所限，有待进一步观察，尚难以确定韧性高低区间的过渡区域，本书将其划分为观察韧性；社会－生态性生态空间高社会需求，说明这些生态空间实现了生态功能和社会服务的协调，将其划分为高韧性；社会－生态性生态空间低社会需求，由于被规划定位具有社会服务功能，却没有得到有效的供给和惠及周边人口，造成资源的浪费，将其划分为低韧性的状态。

表5.7　基于ES供给类型与需求的空间匹配评估的韧性对照表

<table>
<tr><th>ES供给类型</th><th>生态空间类型</th><th>ES需求</th><th>韧性级别</th></tr>
<tr><td rowspan="2">生物多样性保护、碳存储、生态生产力、水源保护区</td><td rowspan="2">高供给
生态性生态空间</td><td>高供给低社会需求</td><td>高韧性</td></tr>
<tr><td>高供给高社会需求</td><td>观察韧性</td></tr>
<tr><td rowspan="2">粮食供给、文化服务</td><td rowspan="2">高供给
社会－生态性生态空间</td><td>高供给高社会需求</td><td>高韧性</td></tr>
<tr><td>高供给低社会需求</td><td>低韧性</td></tr>
</table>

来源：笔者自绘

其中，对生态性和社会－生态性生态空间的识别方法如下。

（1）生态性生态空间

对本书选择的4项生态性ES（生物多样性维护、碳存储、生态生产力和水源保护）的值分别进行极差标准化处理（式4.12、式4.13），使得每种服务的供给值处于同一量纲下，获得各单项ES供给指数。按照式5.5，进行叠加计算。

$$E_s=\frac{E_{shq}+E_{sc}+E_{snp}+E_{sw}}{4} \quad （式 5.5）$$

式中，E_s 为栅格上的 ES 综合供给指数；E_{shq} 为生物多样性保护 ES 供给指数；E_{sc} 为碳储存 ES 供给指数；E_{snp} 为生态生产力 ES 供给指数；E_{sw} 为水源保护 ES 供给指数。

在 ArcGIS 中按照自然间断法，根据 Es 值将生态性服务划分为高供给、较高供给、中供给、较低供给与低供给 5 类。其中供给级别越高，越被认为是生态性生态空间。

（2）社会 – 生态性生态空间

参照生态性生态空间识别的方法，对本书选择的 2 项社会 – 生态性 ES 值进行离差标准化处理后[①]进行叠加计算，获得社会 – 生态性 ES 供给指数。

在 ArcGIS 中按照自然间断法，根据 Es 值将生态服务划分为高供给、较高供给、中供给、较低供给与低供给 5 类。其中供给级别越高，越被认为是社会 – 生态性生态空间。

5.3.3　ES 供给数量与需求的空间匹配测度方法

在 ES 供需的空间匹配中，除 5.3.2 表述的 ES 类型与需求的空间匹配外，另外一种重要匹配形式是数量的空间匹配。之所以将两种匹配方式区分探讨，主要是受到 ES 供需评估方法的限制。在 ES 供需数量空间匹配中，由于存在不同类型的 ES，多采用基于土地覆盖情况的物质量、价值量表等方法统一各种 ES 供给和需求的量纲，从而实现整个地区 ES 供需数量的匹配评估，但这种方法与基于生态过程模型法相比，在反映 ES 实际上的空间梯度变化上准确性欠佳。而基于生态过程模型计算出的 ES 供给，所需数据种类多，对数据要求高，评估精度也较高，能够较好地反映不同类型服务的空间异质性。由于每种类型服务的需求量的计算方法各异，计算单种 ES 供需数量平衡较为现实（李婷，2015；王壮壮 等，2020），在整个区域空间 ES 综合需求的评估上会出现准确度下降或不能完全表征实际综合需求的情况。考虑以上原因，本书对 ES 供给数量和需求的空间匹配上，在相关研究（欧维新 等，2018；王壮壮 等，2020）的基础上，对 ES 供给数量的评估主要采用基于土地覆被情况的 ES 供需评价矩阵的方法进行计算，采用计算 ES 供需盈亏值的方法反映 ES 供需匹配情况，以表征生态空间的韧性级别，并采用空间统计分析方法，识别那些 ES 供需盈余的热点区和赤字的冷点区。

① 由于文化服务的生态空间由识别而来，将其文化服务的空间赋值为 1，其余部分赋值为 0。

5.3.3.1 ES 供需指标的选择及测度方法

针对 ES 研究中对调节服务、文化服务及其在区域内供需关系研究缺乏，且缺乏较好的量化评估方法的困境，有学者提出了基于专家知识的 ES 供需量化矩阵方法，即针对 4 个大类 29 个小类的 ES，按照不同土地利用类型对 ES 供给或需求的贡献进行赋值，并以此来量化分析 ES 供需关系及其空间格局（Burkhard et al.，2012）。尽管这种方法在反映 ES 供需空间、实际分布及梯度变化方面还存在一些不确定性，也有专家经验判断导致的主观性（Goldenberg et al.，2017；Jacobs et al.，2015），但由于其可以较为简便地量化区域 ES 供需格局的空间变化趋势，并因量纲统一便于进行供需匹配的量化分析，因而被越来越多的学者关注（Tao et al.，2018；梁友嘉 等，2013；欧维新 等，2018）。

（1）土地利用类型划分

对于上海市土地利用覆盖情况，本书采用中国科学院空天信息创新研究院（简称“空天院”）研究员刘良云团队发布的 2020 年全球 30 米地表覆盖精细分类数据。该土地分类数据包括 30 个土地精细分类，在上海地区包括了 14 个土地利用覆盖类型，根据相关研究（欧维新 等，2018）和上海市生态空间情况，对土地分类进行调整与归并，确定本书所用土地分类体系，如表 5.8 所示。

表 5.8　根据空天院 30 米地表覆盖分类数据进行调整和归并后的土地覆盖类型

土地覆盖代码	土地覆盖类型名称	新代码及土地覆盖类型名称
10	旱地	10 旱地
11	草本覆盖植被	11 草地
20	水浇地	20 水浇地
51	开放常绿阔叶林地	51 有林地
52	封闭常绿阔叶林	51 有林地
61	开放落叶阔叶林地（$0.15<fc<0.4$）	52 疏林地
62	封闭落叶阔叶林地（$fc>0.4$）	51 有林地
71	开放针叶林地（$0.15<fc<0.4$）	52 疏林地
72	封闭针叶林地（$fc>0.4$）	51 有林地
130	草地	11 草地
180	湿地	180 沿海滩涂
190	不透水表面（建设用地）	190 建设用地
200	裸地	200 裸土地
210	水体	210 水体

来源：笔者自绘

表 5.9 基于土地利用类型的 ES 供给 / 需求评价矩阵

土地代码	土地类型	供给服务	农作物	牲畜	饲料	水产捕捞	野生食物	木材	薪材	能量	生物医疗	淡水	调节服务	局地气候调节	全球气候调节	洪水防护	地下水供给	空气质量调节	侵蚀调节	营养调节	水净化	传粉	文化服务	娱乐美学价值	多样性内在价值	知识体系
10	旱地	21/4	5/1	5/0	5/0	0/0	0/0	0/0	3/0	2/1	1/1	0/1	6/15	2/2	1/2	1/2	1/0	0/1	0/2	1/3	0/0	0/3	3/0	1/0	0/0	2/0
11	草地	14/1	0/0	4/0	3/1	0/0	4/0	0/0	2/0	0/0	1/0	0/0	25/0	2/0	3/0	1/0	1/0	1/0	5/0	5/0	5/0	2/0	12/0	3/0	4/0	5/0
20	水浇地	16/7	5/1	5/0	2/0	0/0	0/0	0/0	3/0	1/2	0/1	0/3	6/25	3/2	1/2	1/2	0/5	0/1	0/2	1/3	0/5	0/3	3/0	1/0	0/0	2/0
51	有林地	26/3	0/0	0/0	1/0	0/0	5/1	5/1	5/1	3/0	5/0	2/0	40/0	5/0	4/0	4/0	2/0	5/0	5/0	5/0	5/0	5/0	15/0	5/0	5/0	5/0
52	疏林地	22/3	1/0	0/0	1/0	0/0	3/1	5/1	5/1	3/0	3/0	1/0	38/0	5/0	3/0	3/0	2/0	5/0	5/0	5/0	5/0	5/0	13/0	5/0	4/0	4/0
180	沿海滩涂	4/4	0/0	0/0	0/0	2/2	2/2	0/0	0/0	0/0	0/0	0/0	7/7	1/1	0/0	5/5	0/0	0/0	0/0	1/1	0/0	0/0	7/1	5/1	1/0	1/0
190	建设用地	0/41	0/5	0/5	0/1	0/5	0/3	0/2	0/5	0/5	0/5	0/28	0/5	0/3	0/4	0/5	0/5	0/2	0/1	0/0	0/0	0/0	5/11	3/5	0/1	2/5
200	裸土地	0/0	0/0	0/0	0/0	0/0	0/0	0/0	0/0	0/0	0/0	0/0	3/0	0/0	0/0	1/0	1/0	0/0	0/0	0/0	1/0	0/0	3/0	1/0	1/0	1/0
210	水体	18/3	0/0	0/0	1/0	3/2	4/0	0/0	0/0	2/0	3/0	5/1	8/8	2/2	1/1	1/1	2/2	0/0	0/0	1/1	1/1	0/0	45/0	5/0	5/0	5/0

来源：笔者整理自 Burkhard et al.，2012.

（2）ES 类型选择与供需评价矩阵

在相关研究（Burkhard et al.，2012；欧维新 等，2018）的基础上，选择包括气候调节、洪水防护、文化等 23 小类的 ES，同时基于土地利用类型，构建上海市 ES 供需评价矩阵（表 5.9）。根据土地利用类型设定的各类 ES 供需水平打分标准如表 5.10 所示。

表 5.10　基于土地利用类型的 ES 供需水平打分标准

对应土地利用类型 ES 供给与需求的水平	打分标准
无	0
较低水平	1
低水平	2
中等水平	3
较高水平	4
极高水平	5

来源：笔者自绘

（3）ES 供需综合指数

本书以格网为评价单元测度上海市 ES 供需匹配关系，在土地利用格网相关研究（唐秀美 等，2017；阳文锐 等，2013）的基础上，确定 1 公里 ×1 公里的网格作为本研究 ES 供需评价单元。根据 ES 供需评价矩阵，构建基于栅格的 ES 供给能力（E_S）和需求强度（E_D）模型，计算公式为：

$$E_S(E_D)=\frac{\sum_{k=1}^{l}E_kM_k}{M_i} \qquad \text{（式 5.6）}$$

式中，E_k 为 k 地类的 ES 供给能力或需求强度值；M_k 为栅格中 k 地类的面积；l 为网格中土地类型数量；M_i 为网格面积；E_S、E_D 的取值范围均为 -110—110。

5.3.3.2　ES 供给数量与需求的空间匹配表征

在对 ES 供需数量关系的表征上，学界一般认为通过 ES 表征因子的综合集成核算城市总的 ES 供需匹配，供大于需，则城市处于安全稳定的状态，反之，城市生态安全受到威胁，生态风险增加（贺祥 等，2020；税伟 等，2019）。在表征指标上，一些研究采用 ES 供给量与需求量的比值计算供需匹配度或供需平衡度表征区域综合 ES 供需之间的关系，根据供需比值将供需关系划分为亏损（赤字）、平衡和盈余三种状态，并可根据象限匹配法将供需关系划分为高供高需、高供低需、低供高需和低供低需四种状态进行讨论（管青春，2020；贺祥 等，2020）。另有研究以陕西省产水服务为例，以 2000 年、2005 年和 2010 年三个年份的数据，构建了包括供需比、供需比趋势、供给和需求趋势在内的多个指标，以表征陕西省产水服务供需风险，根据不同指标之间的搭配划分为 7 个等级（王壮壮 等，2020）。值得注意的是，由于学界现有 ES 供给和需求在量化评估方法上不足，以供需比或象限匹配的方式进行供需关系划分的方式尽管比较简便易行，但其结果较为粗放，仅能判断供需是否亏损、平衡或盈余三种状态，而对盈余或亏损的程度却反映不足，而以王壮壮等（2020）结合多个指标进行供需风险分级的研究是针对某特定类型 ES 进行的研究，对数据要求较高，在集合多种 ES 类型的城市综合 ES 供需关系研究中适用性不足。

为此，本书在相关研究（杜可心，2019；欧维新 等，2018）的基础上，通过计算 ES 供给量（E_S）和 ES 需求量（E_D）差值，即 ES 的供需盈亏值（E_{SD}）的方式，通过等距划分的方式分级表征城市 ES 供需数量的空间匹配情况，根据本章基于 ES 供需数量空间匹配的理论建构，形成城市生态空间韧性程度的对照表（表 5.11）。

表 5.11　基于 ES 供需盈亏程度构建的空间韧性对照表

供需盈亏程度	空间的韧性程度
赤字严重区	低韧性
赤字一般区	较低韧性
供需均衡区	一般韧性
盈余一般区	较高韧性
盈余充足区	高韧性

来源：笔者自绘

5.4　基于 ES 供需的类型空间匹配的韧性测度结果

5.4.1　基于 ES 供需类型的空间识别

5.4.1.1　生态性生态空间识别

配合使用 InVEST 模型与 ArcGIS 软件获得上海市域生态性服务供给分级空间分布图（图 5.7），各单项生态性 ES 的供给量空间分布图如图 5.8 所示。分析可知，上海市域生态性服务高供给区域在陆域主要集聚分布在黄浦江上游区域和宝

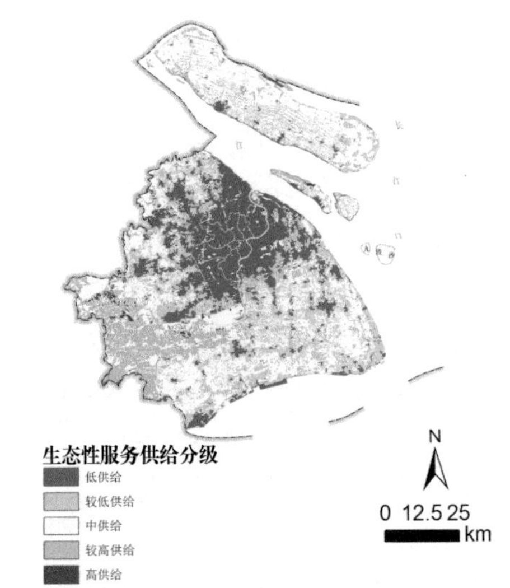

图 5.7 上海市生态性服务供给分级空间分布图

来源：笔者自绘

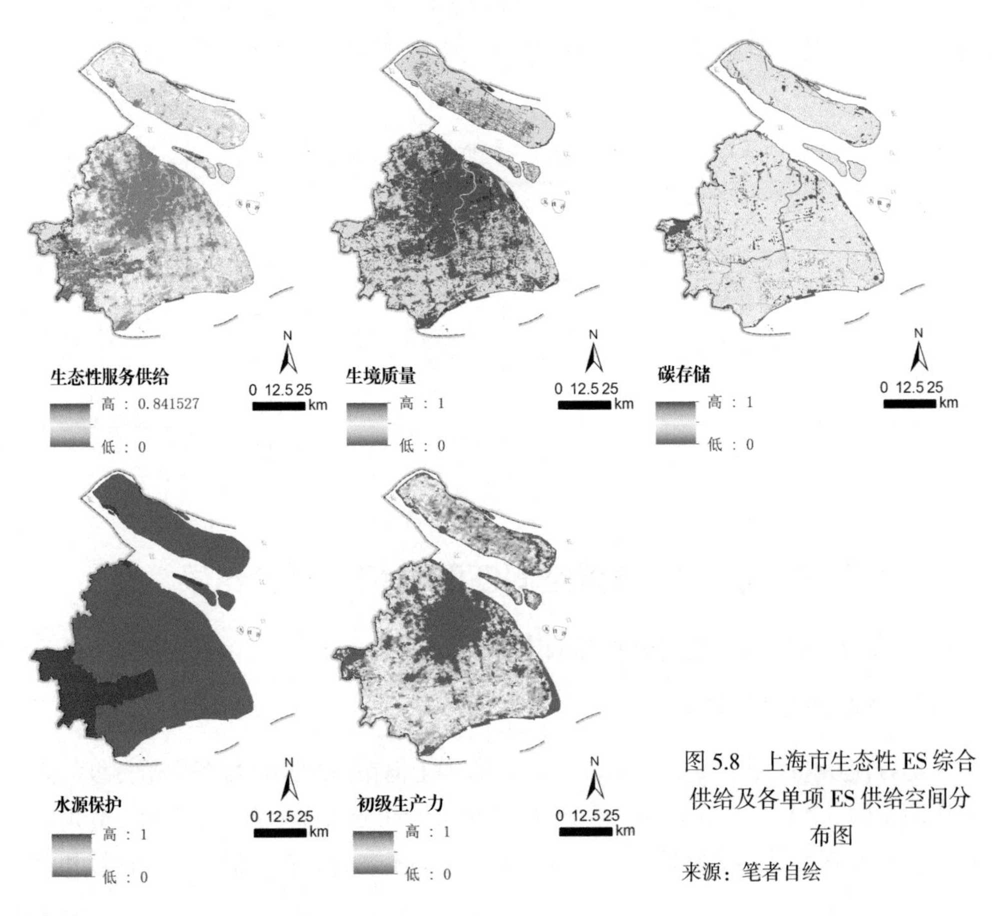

图 5.8 上海市生态性 ES 综合供给及各单项 ES 供给空间分布图

来源：笔者自绘

山区陈行水库周边区域，这些区域是主要的水源保护地。另外受植被覆盖类型的影响，在中心城区及沿海地区的林地和草地区域，由于供给了较高的碳储存和生境质量 ES，生态性 ES 高供给区域还主要分布于中心城区周边的绿地、南汇区南部的海湾国家森林公园、金山区南部沿海等区域，在崇明二岛上也分布有较大面积的高供给生态空间，如崇明西沙东风西沙水库周边区域，东平森林公园、北湖、东滩以及长兴岛青草沙水库周边区域。中供给生态区域主要对应了耕地的用地类型，尽管这些生态空间提供了一定量的碳存储和生境质量等生态性 ES，但这些空间更多是主要提供了粮食生产的社会 – 生态性服务。受土地覆盖类型的影响，生态性服务较低供给和低供给区域分布于主要建成区范围。

综合以上，为识别上海市主要生态性生态空间的分布范围，在 ArcGIS 中对 ES 供给服务量进行 Z-score 标准化处理，在对栅格以自然间断法 5 级分类的基础上，继续对栅格进行重分类操作，对标准化后的生态性 ES 综合指数以 1.15 为界，将栅格划分为高供给和低供给两种，其中高供给区域被定义为生态性生态空间（图 5.9）。分析可知，上海市域生态性的生态空间主要分布于上海陆域的黄浦江上游区域和城区主要的大型公园、绿带等区域，以及崇明三岛植被覆盖较好区域和重要的湿地区域，如崇明西沙、东滩、北湖、青草沙等区域。这些区域多是水源保护区，以及提供碳存储和生境质量生态性服务较高的区域。

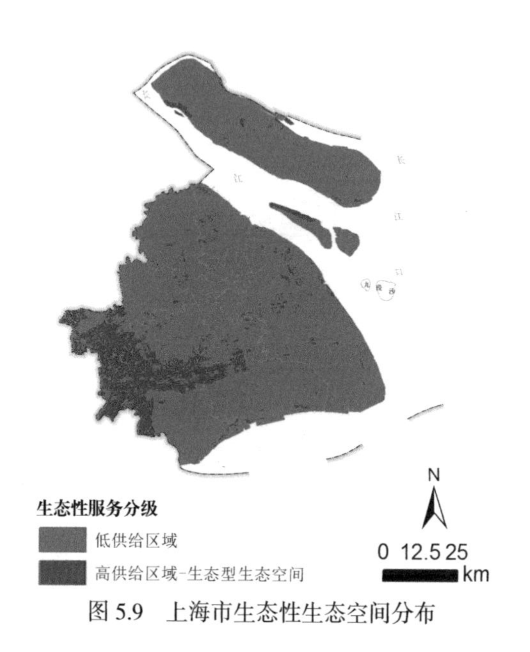

图 5.9　上海市生态性生态空间分布

来源：笔者自绘

5.4.1.2 社会 – 生态性生态空间识别

配合使用 InVEST 模型、Photoshop 软件与 ArcGIS 软件获得上海市社会 – 生态性服务供给分级空间分布图（图 5.10），各单项生态性 ES 的供给量空间分布图如图 5.11 所示。分析可知，社会 – 生态性服务综合供给的水平主要受到上海市城市公园的分布以及粮食生产 ES 供给分布的影响。总体来看，社会 – 生态性

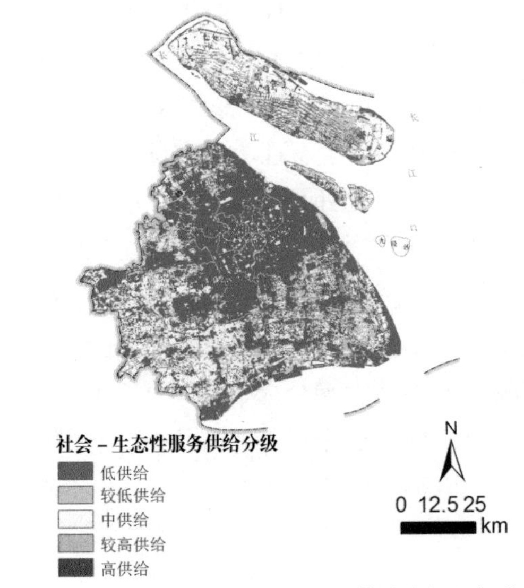

图 5.10 上海市社会 – 生态性服务供给分级空间分布图

来源：笔者自绘

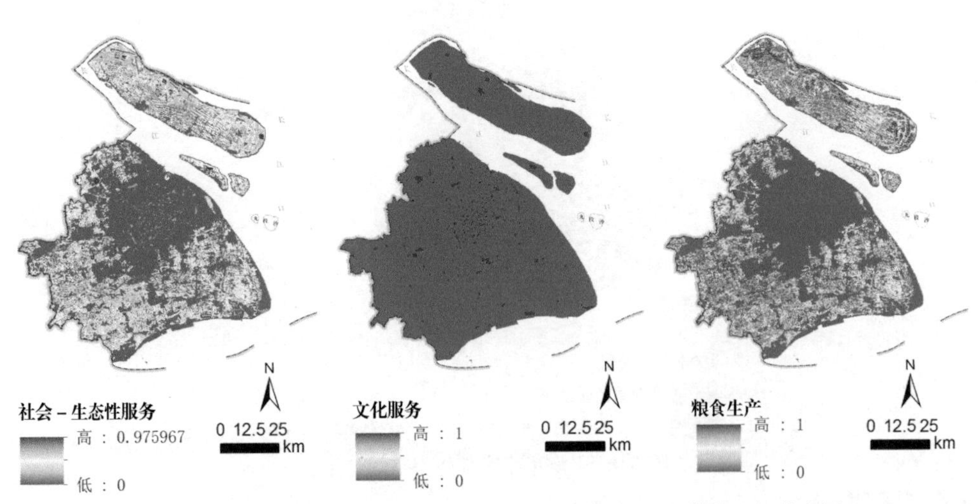

图 5.11 上海市社会 – 生态性 ES 综合供给及各单项 ES 供给空间分布图

来源：笔者自绘

服务综合供给较高等级的区域主要分布于一些大型公园区域，如嘉定区的嘉北郊野公园，松江区的佘山国家森林公园、辰山植物园及周边，南汇区的浦江森林公园、上海海湾国家森林公园、滴水湖周边区域，奉贤区的奉贤申隆生态园，长兴岛郊野公园，崇明东滩湿地公园、东平森林公园、前卫村生态农业旅游景区、光明瑞华果园、西沙明珠湖湿地公园等区域，这些区域多为大面积公园，且周围有大量耕地分布，是提供粮食生产和社会文化服务的主要空间，值得注意的是，中心城区尽管耕地分布较少，但由于零散分布了大量的城市公园，成为中心城区提供社会文化服务的主要生态空间。

为识别上海市主要生态性生态空间的分布范围。在 ArcGIS 中对 ES 供给服务量进行 Z-score 标准化处理，在对栅格以自然间断法 5 级分类的基础上，继续对栅格进行重分类操作，对标准化后的社会 – 生态性 ES 综合指数以 0.96 为界，将栅格划分为高供给和低供给两种，其中高供给区域被定义为社会 – 生态性生态空间（图 5.12）。分析可知，上海市主要的社会 – 生态性生态空间主要分布在散居于上海各区域的大型郊野公园、森林公园等地区，生态空间总量相对缺乏的主要建成区的城市公园区域也是主要的社会 – 生态性生态空间。另外，散布于崇明三岛和上海陆域郊区的耕地分布区域，由于提供了较高的粮食生产服务，也被判定为社会 – 生态性生态空间的主要分布区域。

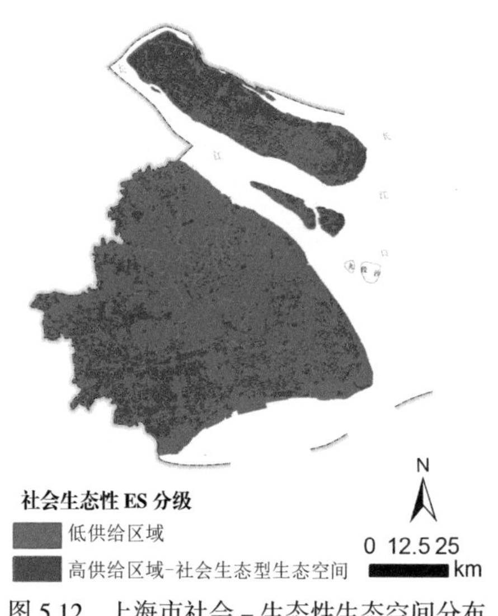

图 5.12　上海市社会 – 生态性生态空间分布

来源：笔者自绘

5.4.1.3 ES 需求空间识别

在 ArcGIS 平台中将基于手机信令数据生成的人口分布强度与基于居民点生成的人口分布密度数据进行叠加计算，获得市域尺度上人类活动强度空间分布图（图 5.13），以反映城市对 ES 需求的空间分布。在 ES 需求相关研究中，一般认为人口的活动强度越大的区域，对 ES 的需求或偏好程度越高（董潇楠 等，2018；谢余初 等，2020）。分析可知，上海市 ES 需求较强的区域明显分布于主要的建成区人口密集区域，这尤其在以基于居民点和夜间灯光指数获得人口密度分布图上表现明显，但基于居民点的人口密度分布数据虽然能够反映较长一段时间内较为稳定持续的人口密度分布情况，但受空间插值方法的限制，该数据并不能反映城市中实际的人流动态分布强度，尤其是那些非住宅或办公区（夜间亮灯区域）的生态空间，实际上在白天或节假日也会有较强的人流分布强度。基于手机信令数据所反映的人口分布强度则构成了有效的弥补，由图 5.13 可见：除城市主要的建成区范围内人流强度较大之外，在一些生态空间上存在较强的人口分布的区域，如黄浦江上游淀山湖周边、崇明东滩附近、长兴岛等区域，均有一定强度的人流分布，而这在基于居民点和夜间光指数计算出的人口密度分布图上显示不明显，以上则为判断 ES 供给类型和需求分布的空间匹配情况提供了数据基础。

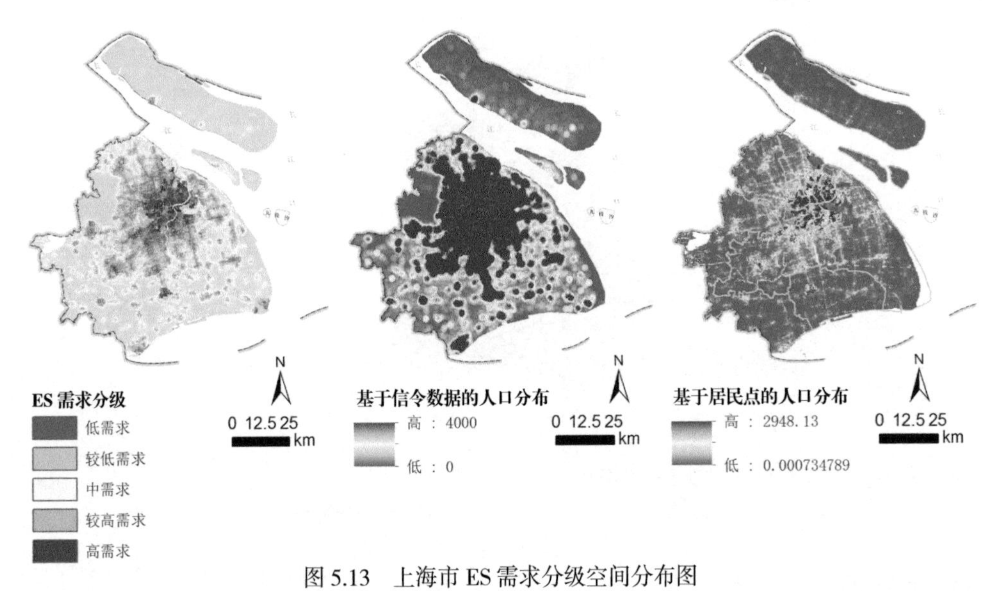

图 5.13　上海市 ES 需求分级空间分布图

注：基于手机信令的人口分布数据，为使强度较低区域更为明显，对强度超过 4000 的部分全都赋值为 4000 视为高人流强度区域，以使人流强度较低的区域可视化更为明显。

来源：笔者自绘

图 5.14 上海市 ES 需求高低区域分布

来源：笔者自绘

为进一步识别上海市主要 ES 需求的高低区间分布范围，以便进行 ES 供需类型和需求的空间匹配分析。在 ArcGIS 中对 ES 需求综合指数进行 Z-score 标准化处理，在对栅格以自然间断法 5 级分类的基础上，继续对栅格进行重分类操作，对标准化后的 ES 需求综合指数以 –0.3763 为界，将栅格划分为高需求和低需求两类区域，如图 5.14 所示。

5.4.2 基于 ES 供需类型匹配的生态空间韧性测度

为可视化呈现 ES 供给类型与需求的空间匹配情况，在 ArcGIS 中对 ES 供给高低区域分别赋值为 0 和 1，对需求高、低区域分别赋值为 –1 和 1，通过 ES 供给与 ES 需求栅格相乘，分别获得生态性 ES 供给和社会 – 生态性 ES 供给与需求的空间匹配结果。其中，结果得分为 –1 的区域为高供给低需求区域；得分为 1 的区域为高供给高需求区域；得分为 0 的区域为低供给区域，这些区域由于 ES 供给量较低，且一般包含了建设用地等非生态空间区域，不被判定为相应生态性或社会 – 生态性生态空间，在本书中不参与韧性分级讨论。在此基础上，参照表 5.7 判定两种类型 ES 生态空间的韧性级别，结果如图 5.15 和图 5.16 所示。

（1）生态性生态空间韧性水平

对生态性生态空间来讲，高供给高需求的范围主要呈块状散布于上海市的不同区域，结合城市用地的类型来看，主要分布于黄浦江上游一些建设用地周边区

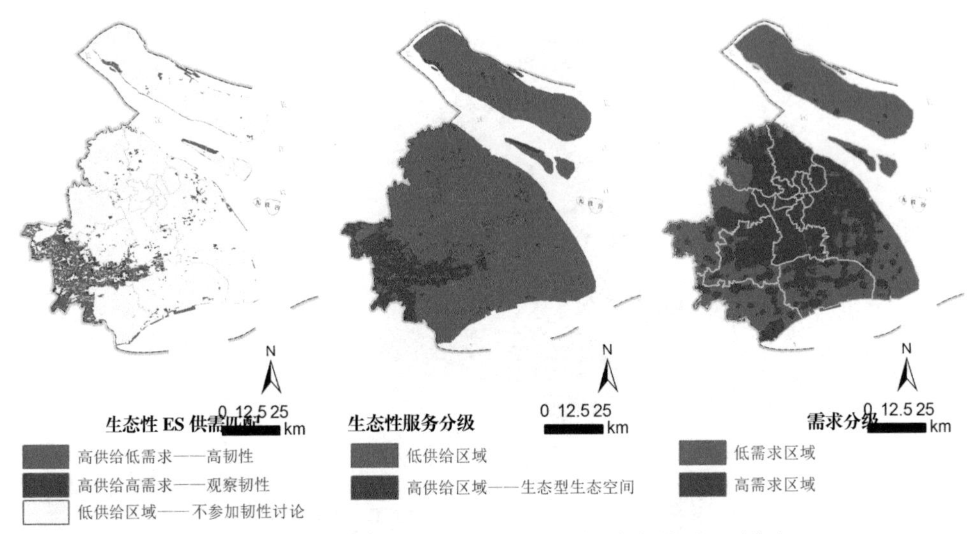

图 5.15　上海市生态性生态空间韧性级别测度与范围识别分布

来源：笔者自绘

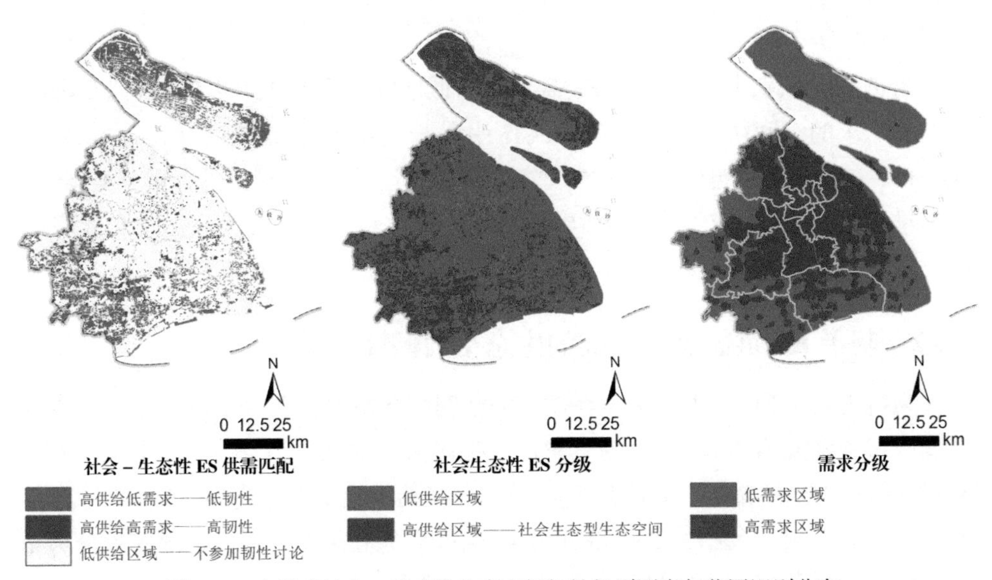

图 5.16　上海市社会－生态性生态空间韧性级别测度与范围识别分布

来源：笔者自绘

域、陈行水库附近，以及城市主城区主要的公园绿地等区域。从生态性服务来讲，这些区域由于植被覆盖较好，提供了较高的水源保护、碳存储和生境质量等生态性服务，对于维持这些地区重要的生态系统功能具有重要作用，但由于需求较高，其实受到了一定程度的人类活动的影响，承受了较高的人类活动的压力，有可能会对生态性服务的供给造成影响，但这种人类活动的强度是否达到影响生态功能的阈值，仍需要进一步细致的研究予以验证，因而判定为观察韧性的状态。尤其以水源保护地附近，更应对此予以重视，尽量减少人类活动对水源保护造成负面影响。

与此同时，这些生态性空间还存在一些高供给低需求的区域，主要分布在黄浦江上游区域，滨海的森林公园，崇明西沙、北湖、东滩、东平森林公园以及青草沙水库等区域，这些区域人流活动较小，反映了较小的人类对生态性 ES 的需求，这样以提供生态性服务为主的生态空间受到人类活动的直接干扰强度较小，有助于持续地输出生态性服务和维持局部的生态系统功能，因而被判定为高韧性的状态。

（2）社会 – 生态性生态空间韧性水平

对社会 – 生态性生态空间来讲，高供给高需求的区域主要散布于上海陆域的主城区的城市公园绿地和周边郊区的一些耕地区域，反映了这些区域有较强的人流活动强度，这些生态空间在实现生态功能过程的同时，能够提供周边市民享受休闲、游憩等文化服务的生态空间，实现生态服务功能和社会服务功能的协同，是有助于城市综合的社会生态韧性的，被判定为高韧性的状态。值得注意的是，由于这些区域人流活动强度较大，这些生态空间尽管提供了社会性服务的空间，但能否有效满足市民的实际需求或期望，仍需要进一步的小尺度上的研究。

另外，上海陆域的郊区以及崇明三岛的大部分区域，在用地类型上主要包括耕地和一些郊野公园，表现为高供给低需求的区域，说明这些区域尽管由于其植被类型或规划定位主要提供社会 – 生态性服务，但实际反映的人流活动强度较低，除了大面积的耕地上以农业活动为主，缺少人流分布之外，一些郊野公园或公共绿地的区域也显示了较低的需求，说明这些区域的社会性服务可能并没有得到最大强度的体现，其原因有可能是这些区域的可达性较差，导致人流难以抵达，也可能这些区域本身的功能定位或功能实现方式有值得优化的空间，如南汇滩涂地区、崇明西沙、东滩和北湖等区域本是具有重要生态功能的湿地区域，或是重要的候鸟迁徙途经区域，或是靠近重要的水源保护地，尽管这些地方有一定的社会性服务的功能定位，但实际反映的人流活动强度较低，存在一定的优化空间，如：其一，消减森林公园的社会服务功能，进一步压缩或减少人类活动的出现，逐渐恢复其原生态的生境特点和生态系统功能；其二，根据主要保护物种和人类活动强度的时间节律特征进行调控，如在人流活动较强的节假日或生物生长旺盛抵抗性较强的夏季集中开展有限制性的社会活动，而在人流活动较低的工作日或生物繁殖或育幼的重要时段采取较为严格的措施，减少人类活动对这些生态空间的干扰强度，从而有助于实现生态功能和社会性功能之间的协调，实现生态空间韧性和城市综合韧性的优化提升。

值得指出的是，受手机信令数据、ES 测度方法等限制，本书研究中所反映的 ES 供给和需求在精度上仍有一定的不足，在下一步的研究中值得结合大数据、社会调研等方法予进行深化。

5.5 基于 ES 供需的数量空间匹配的韧性测度结果

为统一 ES 供给数量与需求数量的测度量纲，便于实现以 ES 供需数量差值表征供需数量空间匹配的结果，本书采用了基于土地覆盖的 ES 供需专家评价矩阵的方法测度 ES 供给数量与需求数量，并参照表 5.11 根据生态空间的 ES 供给数量和需求数量的匹配类型，对生态空间的韧性级别进行了判定，结果如图 5.17 所示。

由图可知：上海市 ES 供需呈严重赤字和一般赤字的区域占绝大部分，由于专家评价矩阵法较大程度上受到土地覆盖情况影响（图 5.18），在社会和经济活动多发生在城市的建设空间上，这些区域对 ES 具有较强的需求，而供给 ES 的能力较弱，因此 ES 供需严重赤字的区域主要分布在上海陆域以及崇明三岛的建成区范围，从供需数量匹配的角度来讲，处于低韧性状态。

ES 供需一般赤字的区域主要分布于上海陆域主城区外围以及崇明岛的中南

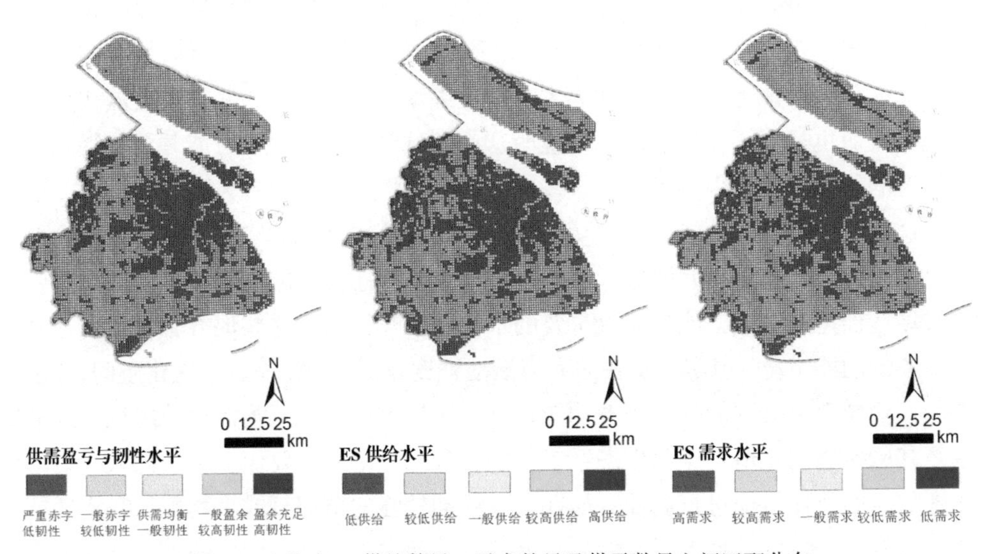

图 5.17 上海市 ES供给数量、需求数量及供需数量空间匹配分布

来源：笔者自绘

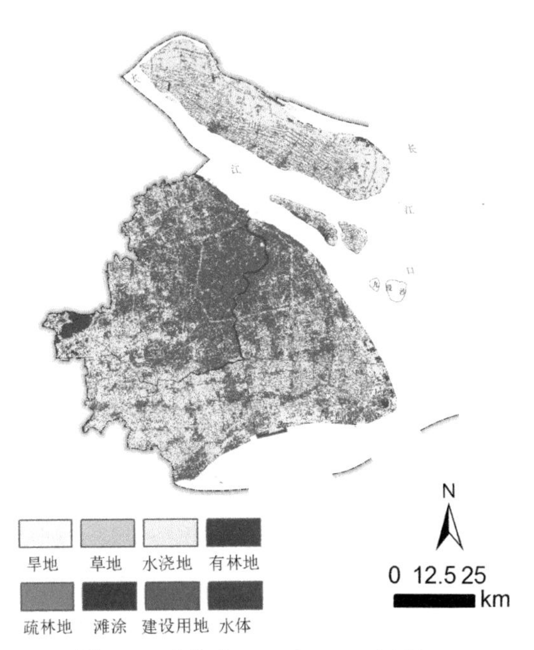

图 5.18　上海市 2020 年土地覆盖情况

来源：笔者依据中国科学院空天信息创新研究院 2020 年全球 30 米精细地表覆盖产品（GLC_FCS30 —2020）自绘

部，这部分区域多对应大面积的耕地和建设用地，两种土地覆盖类型的穿插存在，该部分区域尽管 ES 供给数量多于以建设用地为主的主城区，但由于耕地的 ES 供给能力有限，仍不能满足周边区域对 ES 的需求数量，因而形成一般赤字区域，被判定为较低韧性的区域。

ES 供需均衡的区域呈明显的带状分布，对照土地覆盖情况，对应的土地覆盖类型主要有耕地、水体和零星的林地和草地。该区域呈带状分布的原因之一在于这部分区域多分布有河流水系，如上海陆域的嘉定—青浦—金山带，该区域主要有练祁河、蕴藻浜—吴淞江—淀浦河、油墩港—拦路港、大蒸塘、红旗塘—青浦塘等水系，以及沿黄浦江带。另外崇明岛西部和中北部也分布有供需均衡的区域，该区域虽没有明显的河流水系，但有块状的水体、林地以及较大面积的耕地分布，且该区域与崇明岛南部相比，建设用地的分布减少，从而实现了 ES 供给数量与需求的均衡，被判定为一般韧性区域。

ES 供需盈余的区域分布范围较少，且相对集中，主要分布于黄浦江上游青浦区和松江区交界的区域，该区域分布有淀山湖周边的水体、佘山国家森林公园及周边的林地以及较大面积的耕地，因为总体的 ES 供给数量较多，且该区建设用地分布范围相对较小，因而表现为供需盈余的区域，被判定为较高韧性和高韧性的区域。另外，供需盈余区域在崇明岛也有零星点状分布，如崇明西沙、东滩等区域。

本章节从ES供需匹配的角度提出了一种城市生态空间韧性的测度方法。研究认为城市生态空间不同于纯自然生态空间，城市生态空间具有韧性的表现不应只考虑影响生态空间所承载的自然生态系统功能的实现，而要同时将生态空间向城市社会系统提供服务即满足人类获得生态福祉的能力考虑在内。长期以来，城市生态空间规划和保护中多关注生态空间的总量，而对空间分布的合理性关注相对不足（Meerow et al.，2017；何梅 等，2009）。城市生态空间所供给的ES是否能够满足市民的需求，不仅依赖于生态空间的总量，还与生态空间的空间配置有直接关系。如果生态空间的空间配置不合理，从数量上看似生态的城市，却无法从空间布局和满足市民需求的层面得出相同的结论（桂昆鹏 等，2013）。

总体而言，ES作为连接城市生态系统与社会系统之间的重要纽带，是未来城市韧性与可持续发展相关研究中的重要方向。在ES量化测度、ES权衡与供需关系等多方面仍有较大的研究空间，在基于ES供需匹配定量测度生态空间韧性方面，本书仅做了初步探索，值得在后续研究中继续深化。该测度方法的目的不在于给出生态空间韧性在数值上高低，而在于通过发现生态空间所承载的多种ES与社会需求之间的匹配度，研究城市不同区域生态空间上的ES供需关系，以寻求城市ES中的供需不平衡区域，从而明确城市生态空间规划、保护与管理的优化策略，并为后期生态空间规划提供科学借鉴，以实现生态空间的自然自给功能和社会服务功能之间的耦合和协同共生，这对于优化城市或区域的生态系统管理和社会经济发展之间关系，从而实现城市生态空间韧性与城市综合韧性的提升具有重要意义。

另外，就影响ES供需的因素而言，受尺度效应、城市地方情境、评估方法适用性等因素影响，位于不同地理区位和主导功能设定的城市或城区之间可能存在差异，在生态空间服务量化评价方面仍存有主观性强、功能和服务机理脱节等不足，这些问题均会影响到ES供需量化结果的可比性和应用性，进一步影响相关评估的科学性和可信性（孔繁花，2020；汪洁琼 等，2019）。在下一步研究中，应该综合问卷调查或小规模抽样调查等多样化的学科交叉方法获得更准确的数据，改进定量分析方法，以提高分析的准确性。

第 6 章　城市生态空间韧性提升的国际经验与地方策略

"敬山泽，林薮积草，夫财之所出，以时禁发焉。"

——《管子·立政》

"自相矛盾的是，虽然城市化使我们与自然环境更加隔离，我们却更关心自然环境，因为我们越来越依赖于自然环境。"

——尤金·奥德姆（Eugene Pleasants Odum），1997

《生态学——科学与社会之间的桥梁》

（*Ecology: A Bridge between Science and Society*）

国际知名城市韧性实践先锋组织 100RC 在其 2019 年发布的《韧性城市韧性生活》中指出：尽管不同城市关注的问题或领域可能有所不同，但在其城市规划、建设与管理等提升城市韧性的研究与实践过程中，都应持有一种整体性思维。强调在提升城市特定韧性（specified resilience）的同时，要始终把城市整体性、长期性的综合韧性（overall resilience）考虑在内，并将实现城市综合韧性与可持续发展作为指导城市特定韧性实践的目标，使城市在各种不确定性多重风险挑战下得以"存活"（surviving）并能持续"繁荣"（thriving）（Rockefeller Foundation，2019）。

显然，本书中所指的城市生态空间韧性属于城市特定韧性，但又与城市综合韧性密切相关。它虽聚焦于城市生态空间这一特定对象，但城市生态空间韧性与城市生态系统要素结构和功能过程直接关联，同时由于城市生态空间在满足城市人类福祉上的重要意义，并深刻受到城市社会经济活动的反馈性影响。这也就决定了城市生态空间韧性的提升要深刻把握城市生态空间韧性的生态和社会双重内涵，努力追求自然生态系统韧性与社会系统韧性之间的协同。同时应结合目标城市的地方发展情境，吸取国内外类似城市相关经验，制定因地、因时的生态空间韧性提升策略，助推城市的综合韧性提升与可持续发展。

为此，本书基于对国内外类似城市生态空间韧性提升的案例研究与经验总结，结合前文对城市生态空间韧性的理论建构、上海市生态空间现状描述以及“景观格局”和“生态系统服务”双视角下生态空间韧性测度结果，从生态空间格局优化、生态系统服务供需匹配等方面提出上海市生态空间韧性提升的对策建议，为上海建设卓越的“韧性生态之城”及国内其他城市开展韧性实践提供参考。

6.1 国内外城市生态空间韧性提升经验借鉴

城市韧性作为一个新兴概念，也最先在众多世界级大城市中得到应用与实践。从全球范围来看，包括伦敦、纽约、巴黎、北京和深圳等在内的国内外大城市都较早开展了城市韧性相关研究与实践，并且发布了一系列城市韧性相关的规划、报告等资料。城市生态空间韧性作为城市韧性理论与实践中的重要组成部分，可以从国内外代表性城市对这一问题的探索实践中汲取经验，本书以上海市为研究对象，主要从国外和国内选择有代表性的城市，进行城市生态空间韧性提升策略的梳理和总结，为提出上海市生态空间韧性提升策略提供参考。

6.1.1 国外城市经验

“上海 2035”规划提出要将上海建设成为卓越的全球城市，根据代表性全球城市研究报告《全球实力城市指数》（Global Power City Index）、《机遇之都》（Cities of Opportunity）和“全球化与世界城市研究机构城市排名”（Globalization and World Cities Study Group and Network）等，选择与上海自然环境、城市发展阶段和功能定位等方面有参照性的伦敦、纽约、东京、巴黎等城市进行研究。

6.1.1.1 英国伦敦

英国伦敦是开展城市韧性实践较早的国家。早在 2002 年就开始每年举办“伦敦韧性峰会”（London Resilience Forum）讨论城市韧性问题，逐步探索建立了一套以“伦敦韧性峰会”为中心，由 7 个不同性质机构在内的上下联通、左右衔接的城市风险管理组织体系（钟开斌，2015），并陆续发布了一系列增强城市韧性的相关文件，如 2011 年《管理风险和增强韧性》（Managing Risks and Increasing Resilience），2016 年《伦敦规划》（The London Plan 2016），2019 年伦敦《韧性初步评估报告》（The Preliminary Resilience Assessment），以及 2020 年《伦敦韧性战略规划》（London Resilience Strategy）等，提出了包括城市经济、社会、生态、基础设施和制度等多方面的韧性增强策略。

空间（space）是伦敦韧性提升策略的三大对象[①]之一，其中生态空间作为城市重要的物质环境组成和绿色基础设施的主要载体，伦敦市从宏观到微观构建了一系列提升生态空间韧性的措施。例如：①建设典型的以绿链和环城绿带为特征圈层结构的生态空间布局，维持一定的生态空间总量，城区内生态空间占用地总面积的 67%；通过绿廊、绿楔和河道将公园、花园、公共绿地等在内的各级绿地连成网络，逐渐形成了多功能、多尺度、高质量的绿色生态空间网络，增强城市绿地结构和功能上的连通性，以促进市区和郊区之间的空气流通和交换，改善城市局部小气候，扩大绿地对周边地区的服务支撑能力，并增强生态空间自身的稳定性和健康度（张浪，2018）。②建设城市“冷点网络”（network of cool spot），为增强城市应对热浪天气的韧性，将城市内的林地、公园、水体等有热浪缓解效应的生态空间与博物馆、商场等具有降温设施的城市公共空间进行有机连通，这些可为市民提供降温体验的空间称之为“冷点”，通过营建城市的“冷点网络”，增强城市适应热浪天气的能力。③充分利用和发挥“同时空间”（meanwhile space）效用，将城市中那些暂时闲置的（vacant）、遗忘的（forgotten）或未充分利用的（underused）空间称之为“同时空间”，在这些空间用于某种永久性用途之前，以多种创新用地形式，充分发挥这些空间在提供休闲游憩、艺术文化、商业以及社区服务等暂时性服务功能，有可能减轻人们对公园绿地的需求压力，提供提高空气质量、适应气候变化、促进就业和夜间经济以及文化交流等多种效益，有助于减轻城市环境压力，并在一定程度上提升城市长期性的经济韧性和社会韧性。④强调数据在韧性评估和提升策略制定中的重要性，强调数据的实证性（better evidence base）、可视化（visualisation）、透明性（transparency）、可获得性（access to services）和第三方参与性（third party innovation）等特征。

6.1.1.2　美国纽约

美国纽约也是城市韧性实践的先锋城市。韧性是过去一段时间以来纽约规划文件中的重要议题，如 2007 年《一个绿色和伟大的纽约》（A Greener，Greater New York），2013 年《一个更强大和韧性的纽约》（A Stronger，More Resilient New York），2015 年《规划一个强健和公正的城市》（The Plan for a Strong and Just City）以及 2019 年发布的《一个纽约 2050：建设强大而公平的城市》（One NYC2050: Building a Strong and Fair city）中都有大量篇幅关注了城市韧性的问题。

① 三大对象分别是市民（people）、空间（space）和过程（process），其中市民主要是指社区的韧性提升，空间主要指物质环境和基础设施的韧性提升，过程主要是指将韧性提升融入城市治理过程。

纽约在提升城市生态空间韧性方面，主要集中于以应对气候变化为中心的城市适应性策略，推出了一系列从微观到宏观、从近期灾害到远期风险、从单一管控到预先留白的系统性韧性提升举措（白立敏，2019；周可婧 等，2020）。其中，以城市沿海、河流等滨水区域为主的生态空间韧性建设占据了重要位置，相继发布《2020 纽约市复合水岸计划》《城市水岸适应性策略》《沿海洪涝韧性区划》等文件，并成立了都是水岸联盟等机构，推进水岸韧性建设。具体策略包括：①在水岸公园的设计与建造中，融入韧性提升的理念和风暴潮灾害防御策略，如增强水岸区域对灾害的缓冲性，将部分区域设计为可淹没区域，保护社区免受风暴潮和海平面上升的冲击，并可起到存储、吸收、过滤和净化洪水的作用，如纽约空间景观公司（SCAPE）的“生命防波堤”（life breakwaters）使用多层防护空间设计，整合了海岸的防浪功能和生物栖息地的功能。②通过河岸绿道的建设提升河岸的韧性，通过开挖碗形池底创建景观土丘，增加对洪水的滞留量，同时为周边社区提供一个防洪的缓冲区。③通过屋顶绿化（绿色屋顶和蓝色屋顶）、临街绿化带、立体绿化和生态湿地的改建，缓解城市热岛效应，同时增加城区绿化面积，改善连通性，改善了动植物的栖息地，并为生物提供了迁徙通道，有助于生物多样性保护（一览众山小 - 可持续城市与交通，2020）。④成立了专门的恢复与韧性办公室、长期规划与可持续性办公室、纽约气候变化城市委员会等机构，协调城市韧性规划与建设工作。⑤倡导基于自然的设计方案，应用生态友好标准与技术，保护生态系统和自然缓冲区，也减轻了城市可能遭受的洪水和其他灾害冲击。⑥纽约城市韧性规划实施也契合了协同治理的治理主体多元化特征，通过将各级政府、邻里组织、社区组织、私人部门等协同起来以共同建设韧性城市，充分地将韧性城市建设与协同治理结合起来（陈玉梅 等，2017），并通过社区参与形成社会学习，对提升沿海城市韧性意义重大。

具体案例如纽约史丹顿岛东岸社区通过东岸特别洪涝风险区改建方案和“蓝带”项目，提出了增强开放空间连通性、提升土地混合利用、保护生态敏感区等再区划（re-zoning）建议，保护了该区域的湿地资源和水网系统，在保护城市生物赖以生存的生态空间的同时，有助于改善生态系统水质净化、洪水调控等方面功能，巩固了周围高密度建成环境的灾害韧性（周可婧 等，2020）。又如在规划界闻名遐迩的纽约高线公园，将城市原废弃的高架铁路上重新进行空间改造，大量采用基于自然的设计方案（图 6.1），营建城市生态景观空间，实现生态与社会的协同效益，在植物选择上近 50% 植物为本地品种，许多植物具有耐旱性，几乎不需要额外的浇水，有利于高线公园生态系统的自我维持（沈清基 等，2019；王祥荣 等，2019）。

图 6.1　纽约高线公园实景

来源：笔者自摄

6.1.1.3　日本东京

日本由于地理位置原因，大部分国土和城市发生地震或台风等自然灾害的风险较高，使得日本城市在防灾减灾以及城市韧性建设方面积累了大量经验。东京作为日本首都，人口密度高，发生自然灾害容易造成重大损失，东京的城市韧性提升主要以应对地震、台风等自然灾害为主要关注（张垒，2017）。有研究指出城市生态空间在东京城市长期性的综合韧性（long-term resilience）提升中扮演重要作用，但生态空间自身作为一种可再生资源却在逐渐消失，应通过规划重建等措施恢复其资源和短期韧性（short-term resilience）（Kumagai et al.，2015），即要重视提升生态空间的自身韧性，以实现生态保护和巩固城市系统综合韧性的协同（Mukherjee et al.，2018）。在相关举措包括：①在东京都 23 区外围，通过城际铁路线将直径为 30 公里的绿色地带连接起来，形成由公园绿地、道路绿化与河流水系组成的生态空间网络。②结合绿环建设大型的郊野生态公园，增加城市生态空间总量；在新种植 100 万株街道树的同时，对东京的 5 万株大型树木进行彻底保护和修整，提升绿化树种的健康和抵抗灾害冲击的能力；开展“造绿、护绿、惜绿”的绿色运动，鼓励城市不同的利益相关群体自发参与城市生态环境保护活动。③在城市发展同时，注重乡村振兴及其生态功能的改善和环境质量的提高，重视农业和农业生态空间在国土生态安全、水源涵养、生物多样性保护、田园景观形成、民俗文化传承等方面有助于提升周边韧性的重要作用；在城镇化区域保留了大片农田，重视城市农业用地和城镇用地的混合使用。研究发现东京郊区的土地混用模式能够实现食物供给和土壤营养自给之间较好的协同效果，因而表现出较高的韧性水平（Sioen et al.，2018；张红，2020）。④发挥生态空间的多面功能，通过自然环境的再生与防灾减灾的共同促进，产生复合效果。如东京市多摩地区采用“间伐材”用于更新公园设施（图 6.2）；很多公园（如东京临海广域防灾公园，图 6.3）建设时就有防灾的功能设计；又如充分挖掘城市滨水空间

（a）（b）上野公园使用“间伐材”的展示板；b.“间伐材”使用介绍：间伐材是一种木材的叫法，因为林木间距较密，需将部分树木伐除，以维持足够的树木间距，使树木获得充足阳光，树根有扩展的空间，让森林生长得比较理想，采伐取得的木材就是间伐材。通过间伐材方式恢复公园林地活力，同时将间伐材用于铺装公园步道、修建道路围栏和休息用的“回忆椅子”等设施，木质的步道、围栏和椅子等较为安全，对游人的脚或膝盖等身体感受更为友好，也会给人们营造有温度的空间，能够使人联想到木材源自自然，有助于人们形成爱护自然的意识；（c）“间伐材”用于铺装公园步道

图 6.2　东京多摩地区（上野公园）的“间伐材”使用

来源：笔者自摄

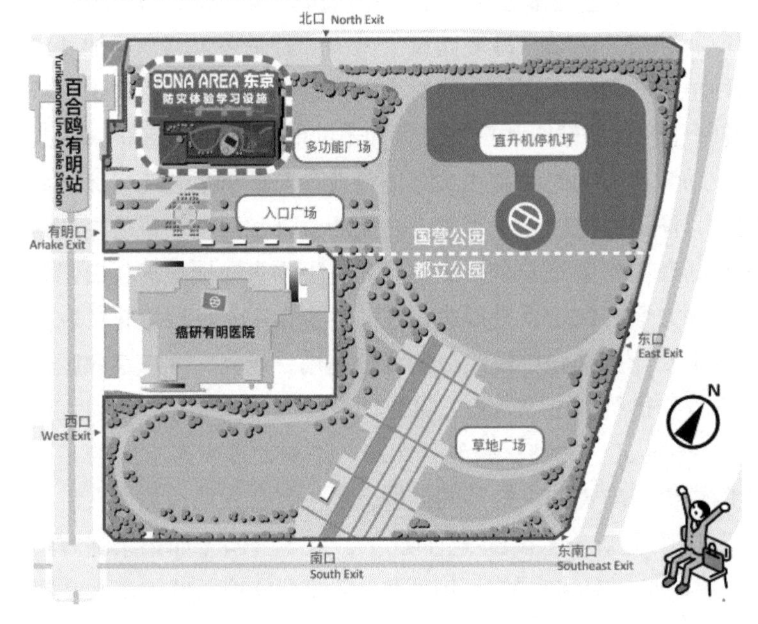

图 6.3　东京临海广域防灾公园平面图

注：公园既有直升机停机坪、医院、广场等救灾设施和冗余空间，又有防灾科普的功能。

来源：笔者译自东京临海广域防灾公园网站 https://www.tokyorinkai-koen.jp/en/

支撑多种社会活动的功能，发挥滨水生态空间的功能复合作用，吸引市民来水边休闲娱乐，并将滨水空间建成集生态保护、文化娱乐与信息交流的聚集地，创造新的城市生态文化。⑤重视系统性和关联性设计，双向考虑生态空间与其他用地之间的机能分担与联系（吴次芳 等，2019）。如对生态价值高的原生自然地区，着力维持保护的野生生物的重要的栖息生长地及优美的自然风景胜地，包括城市和农村在内的生态网络发挥核心作用，确保野生生物的栖息、生长空间有适当配置和连续性，这样可以有较高的对气候变动的顺应性，在自然环境劣化的情况下也有利于再生。

6.1.1.4　法国巴黎

与英国伦敦和美国纽约一样，法国巴黎也加入了 100RC 组织，并于 2017 年发布了《巴黎韧性规划》（Paris Resilience Strategy）。在该版韧性规划中，巴黎以“化危机为机遇”为理念，提出了 3 个方面的城市韧性提升措施，分别为通过增强市民韧性，提升城市凝聚力和包容性；强化和完善基础设施，提升城市鲁棒性、模块性和灵活性等；加强协作、新技术应用和公共治理，提升城市适应性，囊括了 9 个城市韧性提升的分目标和 39 项具体措施。在城市生态空间韧性提升方面的具体措施包括：①在 1995 年《巴黎区域绿色规划》（Regional Green Plan）的基础上，修建巴黎环城绿带，将自然与文化传统保护与社会发展联系起来，进一步完善巴黎都市生态空间系统。除重要的生态空间外（包含国有的林地、森林、农田和城市公园以及农田），也将含有大片绿地的公共场所和闲置用地、废弃地也被纳入环城绿带建设。尤其重视被确定为生态修复的廊道和市民可达的线性空间在连通生态空间网络中的重要作用，如线性的自然环境、绿色廊道、延展的河道与沟渠等（张浪，2013）。②提出“开放 – 适应 – 敏化 – 创新 – 社会联结”项目（Openness，Adaptation，Sensitisation，Innovation，and Social Ties），通过对市区内校园、绿地等生态空间的升级措施以应对城市热岛，同时增进私有或隔离的生态空间与公共空间的开放性和连通性，促进社会融合，提升城市综合韧性。③开展“绿化许可”（Greening Permit）项目，鼓励和支持市民或志愿者开展城市公共生态空间的增绿或升级活动，如屋顶或墙体的立体绿化，雨水收集设施的加装等。④建设集合多功能的城市综合生态空间，提升生态空间的多重效益，如提议建设两个韧性公园，并将节能减排、雨水蓄集、生物多样性保护、公共参与等多种活动集合于公园建设中。

6.1.1.5 国外其他城市

在国外其他的一些城市中，尽管其城市规模与上海有较大差异性，但在其生态空间韧性提升方面，也有一些措施值得国内城市借鉴。

（1）西班牙的巴塞罗那制定了《2020 绿色基础设施和生物多样性计划》，列出 70 多个项目和行动，保护城市自然遗产（古越，2020），具体举措包括：①实现城市绿色基础设施与周围自然生态空间连通性，建设网络化的生态空间；②纠正和预防有害的土地活动带来生态风险（如生物入侵），对公共空间和私有绿地分别制定生物多样性保护协议；③促进城市街道绿化树种多样性，重新设计沿海植被，提高绿色基础设施的质量；④在设计城市及其绿色空间时要考虑其环境服务，并纳入绩效评价体系；⑤增加公园、花园和公共场所中树木灌木数量来增加生物多样性，利用广场等公共空间创建季节性花园，用适宜本地气候的植物代替高耗水量的草坪；⑥推广垂直绿化、绿色屋顶、建筑外墙和庭院，在临时未使用的规划地块中营建绿色空间；⑦利用基于自然的方案考虑巴塞罗那三大生态系统（城市、沿海、森林）应对气候变化的能力，提出街道树木、绿色走廊、混合沙丘、城郊森林以及都市花园在内的五大目标主题。

（2）美国著名景观规划师伊恩·麦克哈格在美国的得克萨斯州林地地区进行的生态设计，被证明在社会经济、洪水防御和热岛效应防范等方面表现出相对更高的景观绩效和韧性水平（Yang，2019）。Yang（2018）从景观设计的角度提升生态空间韧性的措施包括以下几个方面：①根据防范的主要干扰，创建景观层面空间和基础设施的一级组织结构，细节部分留给以后填补；②组建多学科专家团队，从更大尺度上了解影响城市形态的自然过程；③识别影响景观绩效或生态系统服务供给能力的关键变量及介入机制；④完善多层次治理机制以应对跨尺度跨部门间的合作事宜；⑤在设计和管理过程中注重培养不同参与主体的反思性学习能力，促进不同群体间的知识共享和社会凝聚力；⑦创建具有紧密的反馈和监测机制，跟踪评估工程进展、绩效和社会响应等；⑧将更大尺度上的城市系统和区域层面上的地方情境考虑在内，逐步完善目标区域的景观设计。

（3）100RC 网络中一些城市以生态空间为主要抓手，提升生态空间韧性和城市综合韧性。如：①丹麦瓦埃勒发起“蓝绿项链”（blue-green necklace）计划，强化自然基础设施和生态空间的承灾能力，具体措施如强化岸防基础设施增加鲁棒性、开发“轻屋”（light house）适灾建筑、增加适应性等（100 Resilient Cities，2016）。②美国洛杉矶市修复洛杉矶河沿岸生态环境、增强河流的生态廊道作用，恢复沿岸湿地和水生生物栖息地等，增加生态空间面积，改善其连通

（a）白天；（b）夜晚

图 6.4　韩国首尔市市清溪川项目连通水系的同时连通了多种社会服务

来源：笔者自摄

性及其与城市居民的可及性，修建休闲步道和自行车道，设置防洪科普场地，实现生态与社会双重效益（100 Resilient Cities，2018）。③希腊雅典发起吕卡维多斯山复兴计划，作为雅典市重要的历史文化遗产，同时也是重要的城市生态空间，通过生物多样性保护、连通生态廊道、扩大生态空间、升级公共设施等提升生态空间韧性和抵抗冲击的能力，同时拉动投资，促进城市综合韧性（Rockefeller Foundation，2019）。④韩国首尔市以更新老化城市基础设施为契机，通过建设线性公园项目（清溪川生态修复工程，图 6.4），增加城市生物多样性，通过步道建设连通城市地标建筑和历史遗迹，增加城市自然生态、历史文化和现代商业方面的城市特质（100 Resilient Cities，2019）。⑤日本富山市实施“代际植树”项目，从公立学校开始向社区花园和城市公园推进，发动老人和青年人共同参与到城市植树活动中，以获取在环境教育、城市绿化、减少碳排放、增进代际联系增强社会凝聚力等方面的多重效益，作为应对城市压力，建设韧性环境友好城市重要举措（Rockefeller Foundation，2019）。⑥意大利米兰市设定 2030 年前植树 300 万棵的目标，通过城市森林、基于自然的方案、生物多样性保护、垂直绿化等举措增加城市自然资产，增加城市绿化和改善生态功能（Rockefeller Foundation，2019）。

6.1.2　国内城市经验

在气候变化和经济全球化背景下，我国城市也面临着诸多风险挑战，许多地方政府日益认识到风险管理和韧性城市建设的重要性。包括北京、广州、深圳、武汉等城市均提出了城市韧性提升相关内容，其中有关生态空间韧性的内容值得梳理和借鉴。

6.1.2.1 北京

北京是我国首都和人口超过2000万人的超大城市，建设韧性城市具有重要意义。北京在2017年开展了《北京韧性城市规划纲要研究》工作，并在《北京城市总体规划（2016年—2035年）》中明确提出“提高城市韧性”的要求，内容涉及城市建设、社会发展、生态保护、资源保障等诸多方面。结合相关研究资料（焦思颖，2020），总结与生态空间相关的韧性提升策略包括：①开展生态修复，建设两道一网，提高生态空间品质；②构建多功能、多层次的绿道系统和由水体、滨水绿化廊道、滨水空间共同组成的“蓝网”系统，建设蓝绿交织的森林城市；③增加留白增绿，增加小微绿地、口袋公园，提升公共生态空间覆盖率，加强城市通风廊道建设；④划定并严守生态保护红线和永久基本农田保护红线，强化生态底线管控，加强对具有重要生态功能生态空间的保护、修复和重建工作，在空间结构和功能上将生态基础设施与灰色基础设施有机结合与连通，强调“平灾结合”原则，提升城市基础设施和生态设施综合体应对灾害风险的能力；⑤强化各生态源地、节点之间的连通性和网络化，构建区域性生态空间网络，通过提升生态系统的自然原真性、完整性和结构功能上的连通性，提升生态系统抵御多重风险干扰和自我平衡、自我恢复能力；⑥充分利用道路绿化、河道水网等线性生态空间，发挥其隔离灾害的作用，完善城市防灾空间布局；⑦重点保护河流、湖泊等水源保护地及湿地生态系统等水生态敏感地区，推进海绵城市建设进程，提高城市自然蓄洪排涝能力；⑧完善城市风险感知、监测与预警体系，推动大数据、在线监控等高新技术应用于城市风险监测与评估，推动数据共享以及信息管理能力建设；⑨建立完善多层级、多主体、全空间和全流程防御的韧性城市协同治理体系。

6.1.2.2 广州

广州市在2019年发布的《广州市国土空间总体规划（2018—2035年）》草案中明确提出了建设“安全韧性城市”的目标。结合相关研究资料（广州市城市规划勘测设计研究院规划研究中心，2018），整理有关生态空间韧性提升的相关举措包括：①从“被动保护”走向“主动建设”，在条件允许的地方，将生态空间所提供的生态产品或服务进行经济资产化转化，努力实现资源利益的显性与共享；在山水林田湖等生态资源的详细调查基础上，策划开发适合的生态项目建设项目，如郊野公园、登山徒步小道、滨河绿道、景观林带建设等。②从“单一功能空间”转向“提供复合功能产品”，改变以往生态廊道保留纯粹的自然留存地的方式，促进生态空间功能的多样化与复合化；促进生态空间与其他城市基础设施等公共空间在结构和功能上的连通与结合，发挥生态综合服务功能，提升市民资源可用、距离可达和获取方便的生态福祉。③积极开展城市多元主体的共同参与，协调不同群体间的利益冲突，开展包容性原则下的规划设计与方案实施，注重调动市民和企业等不同主体共同参与协作。④稳步推进海绵城市建设，确保水域调蓄空间，提升备蓄、缓冲空间保护水生态、改善水环境；倡导“以水定城、量水而行”，协调水城关系。⑤统筹“三线”划定和管控，严格保护自然保护地、生态功能重要区域和生态环境敏感区域，推进生态修复和环境治理。

6.1.2.3　深圳

深圳在推动建设中国特色社会主义先行示范区的进程中，正积极谋划将其建设成为与全球标杆城市相匹配的全球韧性城市发展范例。在对城市韧性的认识上，正在从城市防灾减灾上的狭义理解上转向包含了经济、生态、社会、基础设施等多个系统和维度的广义理解上（谭刚，2020）。结合相关研究资料（邴启亮 等，2017；崔翀 等，2017），整理该城市生态空间韧性提升相关举措包括：①推进海绵城市建设，提倡功能多样与冗余设计，保护河流、湖泊及湿地等水生态敏感区，提高城市防洪排涝能力；②在城市空间结构布置方面，通过超前的空间规模预测、划定“弹性”用地、以“当量人口”配置“一步到位”的设施等规划手段来增强空间韧性；③结合城市更新，发挥城市公园等公共绿地的在休闲游憩和防灾减灾等多方面功能；④加强灾害预警能力建设，同时避开高风险区域进行城市空间建设行为；⑤恢复山水联系，完善绿地系统、自然补水和雨污收集系统，对城市流域水系的地理环境和生态格局进行优化；⑥推广生态技术和顺应自然规律的设计方案应用于城市生态空间营建和改造，提升物理环境品质的同时，提升生态空间服务能力，注重历史文脉在生态空间建设中的传承，助推城市提升韧性。

6.1.3　国内外城市生态空间韧性提升策略归纳

过去一段时间以来，提升城市韧性，建设韧性城市已成为国内外众多城市抵御灾害冲击、增强城市竞争力和促进城市繁荣与可持续发展的共识，并开展了大量的城市韧性实践活动（ICLEI，2018）。城市生态空间韧性是城市综合韧性的重要组成，总结国内外城市案例中的生态空间韧性提升策略，主要包括以下几个方面。

6.1.3.1 优化生态空间景观格局

景观生态学研究范式下的空间韧性理论认为，生态系统的空间组分构成、位置、连通性及其他空间关系对生态系统韧性有重要影响，同时景观格局及其动态过程也是系统对外界干扰的吸收、适应和转变能力的一种综合反映（Cumming, 2011; 刘志敏 等, 2018）。已有不少研究指出，景观格局的优化是维持区域生态安全与健康，防范生态风险与脆弱性，评估和提升生态空间韧性的重要途径（白立敏, 2019; 吴衍昌, 2019; 张静, 2018），同时在国内外城市生态空间韧性提升实践中也有众多体现。如国外的超大城市伦敦、巴黎和东京等都建设了环城绿带，并通过生态廊道、绿楔将城市中大郊野林地、公园、公共绿地等连通，形成分层、多功能的生态空间网络格局，将提升生态空间面积和质量作为维护城市生态安全、维持城市环境质量和协调城市可持续发展的重要途径。这在国内城市的韧性提升策略中也有明显体现，如北京提出要构建多功能、多层次的绿道系统和由水体、滨水绿化廊道和滨水空间沟通组成的蓝网系统。总体来看，景观格局视角下的生态空间韧性策略主要包括：通过绿色基础设施建设提升生态空间总量面积和具有重要生态功能的斑块的面积、增加生态空间类型的多样性和以廊道加强不同生态空间之间的有机连通性构建生态网络等，以确保生态空间生态效益，而且为生物提供栖息地和迁徙空间，也为城市防范和抵御洪水等自然灾害等提供了冗余空间。

6.1.3.2 注重发挥生态空间多重效益

在城市有限的空间内，伴随着城市化进程的加快，城乡建设空间的不断扩张，无疑将带来城市生态空间与生活空间和生产空间的矛盾和博弈（陈晓琴，2019），而这种矛盾在人口和社会经济活动高密度的城市建成区更为明显。以上海市静安区为例，高密度城区存在着生态空间增量“无处安放”“连通不足”及空间品质不均等问题，严重影响城区生态空间品质和服务效能的实现（袁芯，2018），这也不利于城市生态空间局部性和整体性的自身韧性实现。对此，国内外城市多采取了挖掘城区闲置、割裂存在的多类型生态空间，在其现有功能和权属的基础上进行升级改造并加强彼此间的有机连通，从而实现生态空间的多重效益，既提升了生态空间自身品质，也有助于城市综合韧性的实现。如伦敦市将城市内各类具有降温效应的生态空间与其他公共空间进行有机连通，营建城市的“冷点网络”，将那些暂时闲置的“同时空间[①]”进行创新式的改造，使其提供与城

① 城市中那些暂时闲置的、遗忘的或未充分利用的空间称之为“同时空间”。

市公园绿地同样的文化服务功能，可以减少人们对城市原有生态空间如（公园绿地）的需求，有助于提升城市长期性的综合韧性。又如纽约的“蓝绿屋顶”计划及巴黎的“开放 - 适应 - 敏化 - 创新 - 社会联结”项目、“绿化许可”项目等也是将城市中原有社会型生态空间（如校园、公园）同城市其他公共空间进行改建或连通，实现生态空间增量和减轻原有生态空间压力的目的。东京也充分发挥了农田进行粮食生产之外的其他生态服务功能，将其纳入整体性的城市生态空间网络建设中来。国内城市如广州提出了从“单一功能空间”转向“提供复合功能产品”的策略，促进城市生态空间的功能多样化和复合化，同时与其他城市公共设施和空间进行结合，最大程度地提升生态资源向生态福利的转化效率。通过对城市原有生态空间的升级改造，发掘与利用其多重性的服务功能，同时与其他城市公共空间进行连通，可以实现生态空间服务功能的“增效”效应，同时也减轻了城市原有生态空间的压力，有助于提升城市生态空间的自身韧性和对城市综合韧性的贡献。

6.1.3.3　推崇基于自然的方案与设计

基于自然的方案（nature-based solutions，NBS）是指通过对自然或经人工改造的生态系统的保护、可持续管理和修复的行动，使其能够有效地适应来自社会方面的挑战，同时提供人类福祉、生物多样性等多方面的惠益（IUCN，2018）。NBS 通过自然要素和人工要素的有机结合，保护和维持城市生态系统健康及其提供的生态系统服务，以一种可持续性和综合性的途径来设计、营建和修复城市生态空间，有助于提升生态空间品质、服务效益和系统韧性，被认为是“有生命的（living）和适应性的”工具和途径（Lafortezza et al.，2018；曹坤，2019；罗明 等，2020），现已越来越多地用于指导城市韧性的规划实践。如纽约市发布的《纽约 2050》设“宜人的气候”专章，采取 NBS（湿地恢复、森林恢复等），应用生态友好标准与技术，保护生态系统和自然缓冲区，也提升城市应对热浪和洪水等灾害的综合韧性。又如纽约在高线公园建设中尽可能地选用本地物种和耐旱物种，减少了人工输入，有利于高线公园植物种群的自我维持能力。在国内城市中也不乏基于自然的方案应用于生态空间保护与韧性提升，如在上海市廊下郊野公园“农林水乡”示范点中（张红，2020），研究团队针对农田面源污染和生态退化问题，设计构建了包含“多级生态水耕区、清水涵养塘、水上森林、林间湿地”等复合生态循环净化系统，农田灌排尾水经过一层层的“生态过滤器”，水质改善后再流入河道，打造了不仅好看，更“好用”的水清、岸绿、河畅、景美的生态空间。

6.1.3.4 开展数据导向的评估与规划编制

城市规划作为一种统筹安排城市资源以应对不确定性和实现城市发展目标的重要手段（王新哲，2018），也是国内外城市开展城市韧性实践活动的重要抓手。根据100RC统计在其城市网络内有70%以上的城市均制定了城市韧性的战略规划或行动方案，以指导城市进行长期可持续性的城市韧性实践（Rockefeller Foundation，2019）。而制定行之有效的韧性规划的基础在于对城市韧性和韧性现状进行科学的评估，国际社会尤其重视基于数据和实证（data and evidence based）的韧性规划进行韧性提升的指导（ICLEI，2018）。如包括伦敦、纽约、巴黎、芝加哥等100RC网络中的城市利用100RC提供的城市资产和风险评估导则（Assets and Risks Tool Guidance Manual）、城市韧性指数（City Resilience Index）等方法对城市现状和韧性水平进行整体、全面性的评估后，进行相应的韧性提升策略制定。伦敦在其韧性评估和提升策略制定中尤其强调了数据的实证性、可视化、透明性、可获得性等要点。国内城市如北京采用了“规划—实施—监测—响应”的韧性城市规划技术框架，建立了城市风险数据库并识别出37种典型致灾因子，在单灾种风险评估基础上建立了多灾种耦合的综合风险评估体系。已有的城市规划框架大都采取了城市脆弱性分析与灾害识别、城市韧性评估、城市韧性策略制定实施、城市管治与信息共享与再评估的工作方案（焦思颖，2020）。值得注意的是，即便是应对某具体问题的城市特定韧性专项规划，也往往将城市不同功能维度进行整合考虑，力图实现城市在经济、社会、生态等多方面的协同，最终实现城市综合韧性与可持续发展。

6.1.3.5 强调城市多主体参与及协同治理

在建设韧性城市和提升城市韧性的实践中，由于韧性概念的宽泛性，不同群体之间可能对韧性有不同的理解，而且有时对某一群体韧性有利的举措，有可能造成另一群体韧性的下降，因此越来越多的学者注意到“什么的韧性和韧性为了谁”的问题（Vale，2014；White et al.，2014），即城市韧性实践中难免要涉及多方利益群体之间进行权衡（trade-off）的问题（Chelleri et al.，2015）。这一问题在生态空间韧性的构建中显得尤为明显，比如城市不同区域居民是否能够公平地获得城市公园或公共绿地提供的生态系统服务，以及城市绿色基础设施的规划布局是否与城市不同群体的实际需求是否匹配，正不断成为城市生态空间韧性研究的重要考虑方面（Meerow et al.，2017；王忙忙 等，2020）。为此，国内外城市普遍重视鼓励和调动多方利益群体共同参与韧性提升的实践活动。在100RC

的城市韧性实践中更为重视多元主体参与和协同治理在提升城市韧性中的重要意义，主张由城市韧性专业工作组协调与争取地方决策层、投资者和其他利益相关群体的支持，通过创新模式或示范项目，整合之前可能割裂存在的不同群体、资源、过程，逐渐培养一批城市韧性工作的认同者、支持者和“领跑者”（champions），以扎实有效地推进城市韧性规划编制与实施等后续工作。如美国林地地区的景观韧性提升策略中提到要注重培养不同参与主体的反思性学习能力，促进不同群体间的知识共享和社会凝聚力，以及完善多层次治理机制以应对跨尺度跨部门间的合作事宜。国内城市如北京倡导建立覆盖多层级、多主体、全空间、全流程防御的城市治理体系；广州提出从“蓝图式规划”走向“过程式治理”，围绕协调满足多元主体利益需求开展规划设计与策划，注重调动联合各方力量促进协作，推动绿地廊道建设项目落地实施。

6.2　城市生态空间韧性提升的原则与逻辑路径

6.2.1　城市生态空间韧性提升的原则

提升城市生态空间韧性对于从空间维度保护城市生态系统，保障城市生态安全和协调城市生态保护与社会经济发展，实现城市生态韧性和社会韧性的综合效益具有重要意义。在本书第 2 章从理论层面探讨了韧性、韧性系统和城市生态空间韧性的特征，这些都将为在实践层面制定城市生态空间韧性提升策略提供理论参考。在此基础上，本书综合考虑国内外城市生态空间韧性提升的实践经验，提出城市生态空间韧性提升的基本原则包括以下几个方面。

6.2.1.1　系统性

从系统论的角度来看，城市生态空间在城市系统中不是一个独立的存在。一方面，不同类型的生态空间形成一个多尺度间紧密联系的城市生态空间系统（张浪，2018）；另一方面，城市生态空间通过多种形式的空间活动与其他城市空间具有紧密的联系。因此，城市生态空间韧性提升策略的制定必须考虑多尺度、多功能维度之间的协同平衡以及韧性提升整体性与局部性、长期性与短期性的协同。具体来讲，按照适应性模型，韧性包含了自上而下的“记忆”和自下而上的“反抗”阈值（崔翀 等，2017），意味着在城市生态韧性建设中要至少包含区域、城市和城镇 / 社区三个空间尺度上的韧性提升策略体系。区域层面主要是建设稳定的、网络化的生态空间格局和协同管理平台；城市层面要通过不同类型生态空间数量和位置的合理布局，形成功能冗余和服务供需匹配的生态空间布置；城镇/社区层面作为与市民直接相关的基本韧性单元，要注意发挥人类个体的能动性，提升社会个体的参与和学习能力，形成生态要素与社会主体之间的良性互动。城市生态空间韧性作为城市综合韧性的重要组成，在制定相关策略时要求对城市现状、面临问题与现有资源情况进行系统性通盘考虑，强调在应对特定问题的同时，要将提升城市整体性、长期性的综合韧性考虑在内，尽量避免或减少以降低另一维度韧性（或长期韧性）为代价的目标韧性（或短期韧性）提升策略，努力追求不同子系统韧性间的协同效应。

6.2.1.2 动态性

世界处于不确定的变化之中，系统能够在外界各种快速冲击和慢性压力的干扰下能够维持关键功能和状态持续性的能力被称为韧性，并表现为对干扰的抵抗吸收、适应、恢复和转变等一系列的特征（Folke et al.，2010）。城市生态空间韧性提升策略的制定亦要充分考虑系统外部环境、自身结构和功能响应等诸多因素的动态性的变化，并给予动态性的适应或转变。这其中包括对城市生态空间结构、空间分布及各类型生态空间质量历史演变的把握，还包括对影响生态空间功能实现的自然灾害冲击和人类活动引起的环境压力等方面的变化情况予以监控，从而为把握城市生态空间的韧性状态和演变趋势提供预警信息。同时，动态性原则也体现在城市生态空间韧性的提升策略也并非一成不变的，应根据城市阶段性的地方发展情境和实际需求的变化进行相应的调整。反映在韧性规划的编制过程中，一些城市采用了“规划—实施—监测—响应”的循环模式，也是韧性提升策略制定中动态性的表现。

6.2.1.3 多样性与冗余性

城市生态空间在类型、功能及其输出的生态系统服务上都具有多样性（王甫园 等，2017）。这种多样性，尤其是功能上的多样性使得系统可以在外来干扰下形成多样性的应对和适应方法，而这种功能上的多样性是建立在生物多样性的基础之上的，这也为在外界环境变化下，具有相同功能或服务价值的不同生物个体或种群之间能够彼此替代和补充，形成系统功能的替代性与冗余性提供了可能，并表现为系统的内稳态机制（homeostatic mechanisms）（Odum，1997）。城市生态空间韧性提升中应注重多样性和冗余性原则的应用，如保护和提升生物多样性尤其是本地物种的多样性；在城市生态空间的布局上，在保证生态空间斑块面积的基础上，注重提升不同生态斑块的多样性和彼此间的连通性，为提升城市生态空间抵御不确定性冲击的能力提供可能，同时有助于促进多种生态系统服务功能之间的协同效应，实现生态系统和社会系统的多重效益。

6.2.1.4　顺应自然且以人为本

城市生态空间韧性的实现以其承载的生态要素和生态功能过程的健康稳定为基础，这就要求在城市生态空间韧性提升策略制定中要有顺应自然、保护自然的意识，最大限度地保留生态系统原有自然本底的完整性和延续性，以保障生态安全，提高生态空间防御各种自然灾害和冲击的能力（匡晓明，2020；尚勇敏，2018）。在具体的修复或营建活动中，强调生态空间内稳态机制控制下的自然修复，提倡“自然做功”的、“设计遵循自然”的和基于自然的方案在城市生态空间韧性实践中的应用（成玉宁 等，2016；俞孔坚，2020）。同时，从社会生态系统的视角来看，城市生态空间韧性的提升不应只关注于生态系统的自然属性或生态系统功能实现的最大化，还应考虑城市生态空间向城市提供生态服务和生态产品的能力（王忙忙 等，2020）。要充分关注不同层次市民对生态空间品质的需求，同时吸引社会公众参与城市生态空间设计、营建、修复等韧性提升的活动中，使得城市生态空间的布局与不同社会群体对生态系统服务的需求做到动态性、均衡性的空间匹配，这样才能在修复生态环境、提高生态环境质量、保护生物多样性和保障生态安全的同时，不对市民公平、可持续地获得生态福祉的能力造成影响，更有助于营建更为生态、韧性的城市空间、社区和复合系统。

6.2.1.5　技术创新与协作

伴随着人工智能、大数据、物联网等信息技术发展，其产品与服务不断进入城市生活，以“机器学习”“基于时空大数据的生态监测”等为代表的新时代智慧技术正不断被整合进城市规划与管理工作中，成为城市生态空间韧性提升的重要辅助（李乃强，2019）。如欧洲 iScape 公司开发了基于智慧技术的气候服务工具，使决策者和用户可以通过网络、电视、电脑、手机 APP 等收集与分享极端天气（如热浪）信息，进行合理决策，同时提供热浪风险和可能的规避建议，如距离用户最近的躲避热浪拥有降温条件的地点，帮助设计凉爽的交通线路等，具有信息沟通便捷、速度快等优点，也为市民参与和多方协作提供了有效平台。类似这样的技术创新可以帮助市民实时了解不同城市空间舒适度和人流强度等信息，从而可以有效地缓解社会层面对城市生态空间的短期的需求压力，也有助于协助城市管理者根据生态空间与人流需求的供需匹配程度的动态变化采取响应措施，并可以为生态保育修复、生态品质管理提供有力支撑。同时，城市应努力破除“筒仓[①]”现象，加强跨越不同尺度、部门和主体之间的通力协作，有助于先进模式、技术与成功经验的彼此借鉴和推广。

6.2.1.6 因地制宜性

处于不同气候条件、地理位置以及社会经济发展阶段的城市，对城市韧性的内涵理解和目标界定可能存有不同（Rockefeller Foundation，2019）。在具体的城市生态空间韧性研究与提升实践中，应注意结合目标城市的自然资源禀赋、城市功能定位、人口规模以及生态承载力等，因地制宜地选择适宜的模式和路径。如对其他地方引进的城市韧性评估的方法、标准和指标上要进行本地转化，以适合当地应用。即便对于同一城市的不同区域，也应考虑所在区域生态空间的具体类型、承载的主要生态系统服务类型，及其在更大空间尺度上生态空间系统中的功能定位，并考虑不同社会群体的需求或偏好的差异性，实施包容性的生态空间保护和韧性提升策略。既要立足当前，着力解决局部突出性的问题，又要着眼长远，持续推进整体性的城市生态空间系统韧性和城市综合韧性提升。

6.2.2 城市生态空间韧性提升的逻辑路径

生态实践是实践主体以达到良好的经济－生态、文化－社会、美学－艺术等多重效益为目标，对实践客体所做的寻求改造与维护、改善与提升、优化与再生结果的各类主动性活动与过程，而高品质的生态实践具有韧性、生态性、智慧性、人文性等多种特征（沈清基 等，2019）。显然，提升城市生态空间韧性的活动也是追求高品质生态实践的一种体现，理应遵循高品质生态实践的一般逻辑路径。

由于韧性概念的宽泛性，在不同城市地方情境下有可能存在不同的理解和阐释，势必影响之后的韧性目标制定、韧性规划编制和实施环节的效果。为此，包括城市生态空间韧性概念阐释、韧性评估、规划编制和提升策略制定在内的城市韧性实践活动理应遵循科学和规律性的逻辑路径，完成从韧性理论研究到韧性实践转化的综合过程。

---

① “筒仓”英文为“silo”，原意指储存粮食的容器。筒仓现象是指政府不同职能系统或部门上下级单位之间沟通顺畅，但与横向其他平行职能系统或部门之间的信息沟通和资源共享不够，总体协同性差的现象。

本书在借鉴美国质量管理专家戴明（Deming）推广的 PDCA 循环[①]概念模型以及美国北卡罗来纳大学海岸韧性研究中心[②]（Coastal Resilience Center）提出的“模型 – 规划 – 行动 – 教育”海岸韧性构建思路的基础上，将城市生态空间韧性理论研究到实践转化的逻辑路径表达为 R–PDCA 五个阶段（图 6.5）。这五个阶段或其中部分阶段之间的联动关系可以在一定程度上为城市生态空间韧性提升实践提供思维与逻辑方面的支撑。

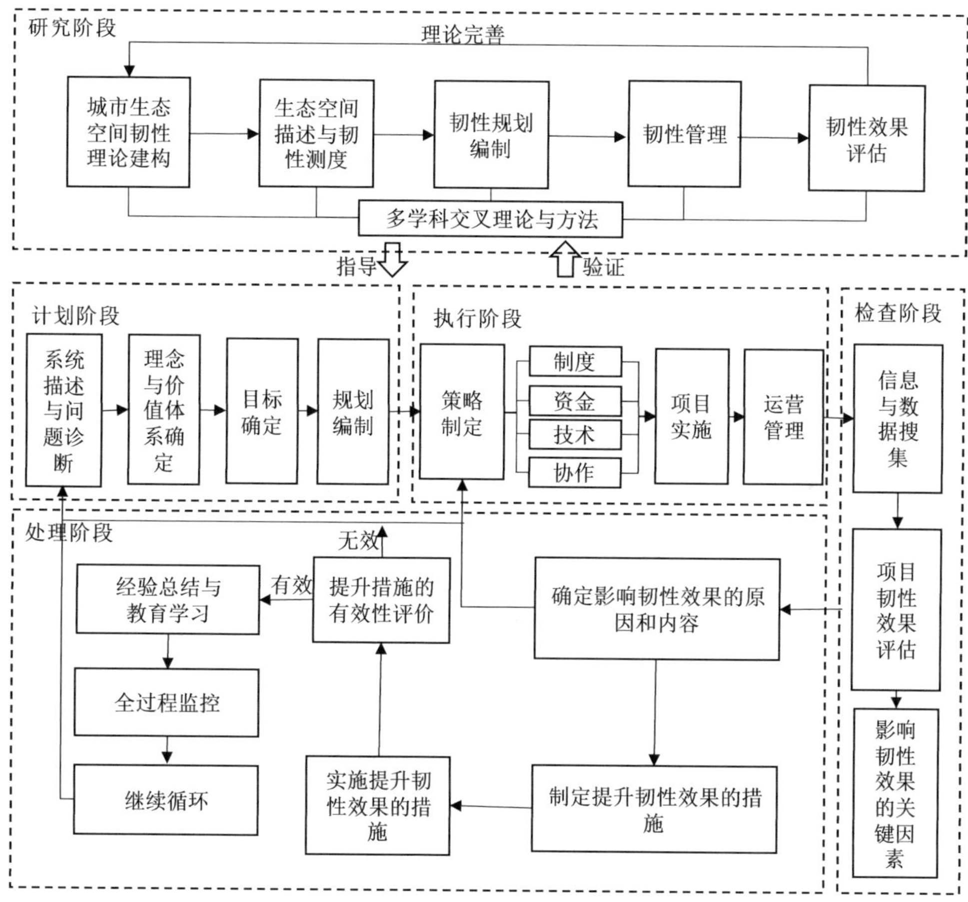

图 6.5　城市生态空间韧性理论向实践转化的逻辑路径

来源：笔者自绘

① PDCA 循环的含义是将质量管理分为持续改进和不断学习的四个阶段，即 Plan（计划）、Do（执行）、Check（检查）和 Act（处理）。PDCA 循环由美国质量管理专家沃特·休哈特（Walter Shewhart）首先提出，后来由戴明（Deming）采纳、宣传，获得普及，所以又称戴明环。

② 详见 https://coastalresiliencecenter.unc.edu/。

值得注意的是，由于韧性概念的宽泛性以及城市系统的复杂性，城市生态空间韧性的理论阐释根据研究者的理论出发点、城市地方情境和关注的实际问题可以存在多种研究视角（Meerow et al.，2016）。如从韧性提升的目的来讲，有狭义防灾减灾或生态安全保障目的的韧性提升：如小尺度的城市公园的防灾韧性提升（侯雁，2018），中尺度的城市河流滩区（李翅 等，2020）、海岸带安全韧性（李杨帆 等，2019）提升，以及景观大尺度的城市生态安全格局和健康韧性提升（白立敏，2019）等；亦有从城市社会生态复合系统的整体性视角进行生态空间韧性提升：如实现生态品质改善的同时努力提升城市市民的生态福祉的城市公园绿地的社会生态韧性提升（Meerow et al.，2017；王忙忙 等，2020）。因此也将产生多种研究视角下的城市生态空间韧性理论阐释、测度方法和相应的提升策略，构成城市生态空间韧性提升的科学知识体系、方法体系与技术体系。本书认为城市生态空间韧性的提升策略制定应遵循一般性的城市韧性实践逻辑路径，根据目标城市的地方情境和实际需要，开展多视角下的理论建构、测度和提升策略的研究，以应对不确定的内外环境变化，不断丰富人类认识自然规律和改造客观世界的科学知识体系和技术方法体系。对于追求城市韧性提升、建设韧性和可持续发展的城市这一目标来讲，本书认为这是一个一直在路上、过程即是结果的动态、持续和循环反馈的系统积极演进和正向发展的渐进过程。

6.3 上海市生态空间韧性提升策略

上海市地处长江入海口，拥有较好的生态环境基础，同时作为人口超过2400万人的超大城市和全球城市，在城市生态空间韧性建设方面既有来自政策、经济、人力、技术等方面的优势，也面临着气候变化、人口集聚等带来的诸多挑战和压力（孟海星 等，2019）。协调好城市生态保护与社会经济发展之间关系，在有限的城市空间范围内通过合理布局生态空间、提升生态空间品质和服务能力等途径提升城市生态空间韧性，对于保障城市生态安全和社会经济的可持续繁荣与稳定至关重要，但也充满挑战。

包括100RC在内的一些韧性城市研究组织及学者都已指出，提升城市韧性的实践活动是一个涉及多维度（生态、社会、经济、技术等），多层级（国际、国家、区域、城市、社区、建筑等）和多过程（评估、规划、设计、营建、管理等）协作的综合过程（Meerow et al.，2016；Rockefeller Foundation，2019）。城市生态空间韧性的提升自然也不例外，可以从多种学科视角、尺度和维度进行策略制定。尽管如此，为避免概念的泛化并同时考虑提升策略的可操作性和聚焦性，本书中的城市生态空间韧性提升策略主要聚焦在城市规划学科主要关注的生态空间格局、品质提升等方面，涉及的尺度以中观的市域和城区尺度为主，而在宏观的区域和微观的社区和建筑尺度仅做有限的探讨。本书基于国内外城市生态空间韧性提升的经验总结、生态空间韧性提升的原则和逻辑路径，并结合前文从景观格局和生态系统服务供需匹配视角对上海市生态空间韧性测度和分析结果，就上海市生态空间韧性的提升策略作初步探讨。

6.3.1　生态空间格局优化

本书第 4 章基于景观格局视角对上海市生态空间韧性进行测度，结果显示上海市生态空间韧性平均水平总体呈现了先下降后上升的 V 字形结构，分析各级指标，在生态空间景观格局方面影响上海市生态空间韧性提升的主要薄弱方面主要包括：生态空间总量的下降、生态空间完整性和连通性的下降，以及生态空间布局的不均衡等方面，对此提出相应的以下韧性提升策略。

6.3.1.1　遏制生态空间总量下降趋势

“上海 2035”规划明确提出建设用地总规模负增长要求，锁定建设用地面积控制在 3200 平方公里以内。这从规划层面为保护生态空间和进一步提升生态空间总量奠定了重要的政策基础。综合考虑各城区功能定位和现有生态空间现状，在保护和增加生态空间面积方面应采取因地制宜的策略。如主城区人口密度大、建设用地比例远高于生态空间，应注重保护现有公园绿地、公共绿地的情况，进一步采取“见缝插针”和“针灸”式的策略进行空间挖掘（袁芯，2018），对河湾街角、社区服务、公共设施以及暂时废弃和闲置空间等一切适宜绿化的空间进行增绿建设，具体形式包括建设“口袋公园”、楔形绿地、垂直绿化、屋顶绿化等微更新措施，提升生态空间总量。对城市外围郊区来讲，上海市应注重对包括崇明岛、淀山湖、杭州湾和近海湿地等四大生态区域的保护，运用生态技术，减少人为活动对重要生态空间的干扰，通过划定生态保护红线和永久基本农田保护红线等，严格控制城市用地扩张，切实保护好现有生态空间底线。

6.3.1.2　优化生态空间结构和空间布局

在上海市现有生态空间的类型结构中，存在着林地、草地少，耕地多的情况，耕地在维持上海市生态空间总量方面扮演重要角色（刘新宇 等，2019）。另外，上海市生态空间布局就有明显的崇明三岛的比例大、陆域比例小，陆域西南多东北少、中心城区少外围城区多等空间分布不均衡特点。由于不同类型生态要素覆被的生态空间在生态空间活力和服务价值上具有明显的差异性，这样造成了生态空间韧性在空间分布上差异性。对此，上海市应在保护初级生产力较高、服务价值较高的湿地、林地和草地的基础上，进一步优化土地利用结构，开展退耕还林、退渔还滩等工作，同时加强城市森林体系建设和滩涂湿地保护工作，增加林地和湿地面积。根据“上海 2035”规划，到 2035 年，上海的耕地面积将从现在的 1898 平方公里减少到 1200 平方公里，调减出来的 698 平方公里全部用于林地、湿地等生态建设，同时增加建设用地的绿化广场用地，确保生态用地占市域陆域面积的 60% 以上。应注意提升生态空间类型的多样性，形成在生物、斑块、景观等多种层面的多样性，自然生态空间与人造生态空间互为补充，以追求较高的生态空间稳定性。

6.3.1.3 提升生态空间连通性和网络化

1989—2019 年，上海市生态空间总量下降的同时，另一个问题表现在受到城市建设空间扩张的影响，城市生态空间的完整性下降，生态斑块破碎化程度增加，彼此间的连通性下降，成为城市生态空间韧性下降的重要因素。与此同时也能清晰地注意到，可能由于近年来上海市大力推进河流水系疏通和绿色廊道建设，表征景观破碎化和连通性的指标正开始向积极方向转化，在当前及未来一段时间内生态空间总量提升程度有限的情况下，优化生态空间连通性可能是提升生态空间稳定性和抵御、适应外界环境冲击的重要措施。对此，上海市应注重加强长江口水源地和主要河道水系岸线整治与修复，通过清淤疏浚、岸线修复、水系连通、水岸联治、退渔还湖等措施保护核心水体；通过骨干河湖连通、周边湿地建设，完善各级泄洪通道，实现“活水畅流”；通过缩小圩区，提升蓄滞洪能力；构建基于河网水系的蓝色廊道建设（尚勇敏，2018；王凯，2020）。同时结合“双环、九廊、十区”等市域线性生态空间，通过楔形绿地、主要道路绿化带等将上海市的基础生态空间、郊野生态空间、中心城区周边地区生态空间和主城区的绿化生态空间连通起来（郭淳彬，2018；袁芯，2018），最终形成多层次、成网络、功能复合的生态空间格局。

另外，由于上海市的特殊地理位置和相对狭小的空间范围，以及与周边区域发展的相互影响，决定了支撑上海市生态空间韧性的要素不能仅仅在上海市域范围内考虑，而必须把上海的生态空间纳入更大空间尺度上的整个长三角地区的生态空间体系中之中（徐闻闻，2010）。为此，上海市生态空间格局优化应与长三角区域的大型生态廊道、生态林地和主要河流水系形成对接连通，从而从区域层面保障生态安全，保护生物多样性和促生生态空间抵抗外界干扰的韧性。

6.3.2　生态空间品质提升

“生态空间品质”在学界尚没有确切定义，但已有研究多将其概念以“生态环境质量”“空间环境质量”等方面（沈清基 等，2019；袁芯，2018）。本书前文发现，2000—2020 年间，表征生态空间品质的初级生产力、植被覆盖指数等指标呈上升趋势，构成影响生态空间韧性提升的积极因素。笔者认为在生态空间面积总量有限的情况下，除了改善生态空间之间连通性，有效地提升生态空间品质成为提升生态空间韧性的重要途径。生态空间品质提升的基础在于生态空间覆被的生态要素拥有较高的环境质量和健康程度，并与周围公共设施形成有机结合，从而表现出较为生态、舒适和品质优良的生态空间。

6.3.2.1　发挥耕地的多重服务功能

上海市地处长江口冲积平原的地理位置、江南水乡的农耕文化和“农林水复合、林田湖相间”的生态特色（郭淳彬，2018），决定了耕地在城市生态空间中的重要位置。如研究发现尽管 1978—2015 年间上海市耕地总量呈下降趋势（高婧，2018），但耕地仍是上海陆域生态空间中比例最大的类型[①]。耕地在承载主要的粮食生产生态系统服务的同时，也具有一定的调节、支持和文化服务供给能力，提升耕地的品质，并将包括耕地在内的农业生态空间与自然生态空间和城镇生态空间在结构和功能上进行有机联合（Shi，2020），有助于提升生态空间系统整体上的稳定性。具体策略包括制定可持续的耕地适度轮作休耕的生产模式，通过工程或生态技术改良耕地土壤营养条件（俞振宁 等，2020）；减少化肥农药的使用量，减少人类活动对耕地的污染；鼓励开展有机农业和农业文化旅游项目，发挥耕地的多重服务功能；参考日本东京经验，重视耕地和农业生态空间在国土生态安全、水源涵养、生物多样性保护、田园景观形成、民俗文化传承等方面有助于提升周边韧性的重要作用，在保证永久基本农田的基础上，考虑农业用地和城镇用地的混合使用，推广“农林水乡”式的生态可持续土地混用模式，通过实现食物供给、面源污染消减和土壤营养自给之间较好的协同效果（Sioen et al.，2018；张红，2020），提升耕地韧性和对周边地区韧性的贡献。

6.3.2.2　加强绿地林地建设

城市森林、绿地建设是城市生态空间的重要组分。研究表明，以林地和草地

① 根据 2016 年土地利用现状调查的上海市生态空间统计结果显示，耕地面积占城市生态空间总面积的 51.90%，占全市陆域面积的 28.04%。

为主的城市绿地由于植被覆被，初级生产力较高且相对稳定，往往能支撑更多的生物多样性，也具有较高的生态系统服务综合供给能力（谢高地 等，2015）。尽管如此，上海市存在林地总量不足、结构不合理、面积增加困难、林地质量不高、连通性不足等困境（刘新宇 等，2019），限制了有限的林地和草地最大程度地发挥其生态服务功能。结合相关研究（达良俊 等，2019；尚勇敏，2018），具体的提升策略包括：通过城市公园绿地、主要河流和道路沿岸绿带建设、退耕还林等措施，大力推进城市森林体系建设，连接城市“环廊森林片区”“城区森林片区”和“农田林网”，结合绿道建设，形成承载市民活动和韧性生态之城的绿色连续空间；在园林植物选择方面，要有地域代表性，尽量选择适应本地气候的本地物种，营建具有上海本地特色的生态景观风貌，避免引进外来物种导致的生物入侵；在城市绿化的方面，追求增质性绿化、季相性彩化、保育性珍贵化、多元性效益化的综合推进，科学构建以“近自然森林”为主的城市森林体系。

6.3.2.3 提升水生态空间环境质量和连通性

水体生态空间作为城市重要的生态基础设施，具有调蓄雨洪、维持生物多样性、为其他生态空间提供水源和廊道连通的重要作用，对城市生态空间韧性和城市韧性的实现至关重要（谢高地 等，2015；赵梦琳，2018）。受城市化过程和上游影响，近年来上海陆域水生态空间尚存在着总量萎缩、水系连通性下降、水质污染、水系景观有待改善等问题，影响了水体生态安全、水环境健康和水功能的发挥（刘新宇 等，2019）。从水生态空间角度提升上海市生态空间韧性的策略包括，加强黄浦江上游、青草沙、东风西沙区域的水源地保护，推进滨海及骨干河道岸线的整治与修复，以黄浦江、苏州河为骨架，增强城市河网水系的连通性，构建基于河网水系的蓝绿网络；通过底泥疏浚、关闭或截留污染源，完善水环境处理基础设施，建设人工湿地等手段提升水体环境质量；对主要水域、河流两岸及长江河口海岸地带的湿地滩涂进行保护和恢复，提升湿地的水体净化、生物多样性保护等多种生态系统服务功能，提升水体自净能力和景观，充分发挥骨干河道水系的生态功能、休闲功能、景观功能及文化功能。

6.3.2.4 推广 NBS 应用于城市空间生态化

城市生态化是指城市以生态学原理进行设计改造发展的过程（李莉莉 等，2011），同时也被认为是建设韧性城市的重要途径（金磊，2017；孙丽辉 等，2020）。“上海 2035”规划提出了建设“生态韧性之城”的城市发展目标，大力推进城市生态化转型引起学界重视，被认为是提升城市生态文明水平、应对气候变化能力和生态环境质量，实现城市韧性与可持续发展的重要路径（王祥荣 等，2019）。城市生态化有自然性生态化和社会性生态化等多种类型，就提升城市生态空间韧性来讲，其中一个重要方面是城市空间的生态化，包括原有生态空间和其他城市空间的生态化设计、修复、营建与改造等实践活动。

在城市空间生态化实践过程中，有诸如“自然修复或被动修复”（白中科 等，2020）、“自然补偿式设计”（曹坤，2019）、“四个自然良性保护利用”（何昉，2020）等基于生态系统的适应和缓解（ecosystem-based adaptation & mitigation）的设计路径和原则，或都可统称为“基于自然的方案”（NBS）。这些路径和原则正受到学界及国际代表性城市的重视，被认为是增强气候变化下生态系统韧性、保护生物多样性、改善基础设施灰色化和促进经济社会绿色发展的重要路径。采用 NBS 方案对人口集聚、建设密度高的上海来讲，在提升城市生态空间以及其他空闲、废弃或公共的城市空间生态化、韧性化改造和功能提升方面具有重要意义。相关举措如基于区域的 NBS 保护方法，保护崇明东滩、九段沙、南汇潮滩（图 6.6）等重点自然生态系统的完整性，恢复关键地区的生物多样性；合理运用再野化（rewilding）[①] 或生态工程（ecological engineering）等工具，在顺应自然、保护优先的原则下，充分利用自然的力量恢复潮滩湿地和退耕还林的生态系统和生物多样性（罗明 等，2020）；推广基于 NBS 的“绿色海堤”用于上海市的海塘修缮建设，将传统工程与生态系统相结合，营建和使用以湿地、生物礁、海岸沙丘等天然景观形成的海岸防护、生态建设、娱乐旅游等多种功能复合的“绿色

图 6.6　上海横沙岛东滩的沿岸盐沼湿地景观

来源：笔者自摄

① “再野化”是指针对受人类干扰较大的区域，通过一系列措施提升并恢复景观的荒野程度，并在区域尺度中将荒野地联通起来，从而有效保护生物多样性与生态系统完整性的生态空间保护策略（罗明 等，2019）。

海堤”海防系统（高抒，2020；张华 等，2015）；通过政策引导和补贴的方式，鼓励市民或不同产权管理者对空闲的城市空间进行“空中花园”“绿色屋顶”“绿色街道”等改造工程，连通城市原有生态空间和其他城市公共空间，形成城市空间多重功能的积极协同。

6.3.3 生态空间服务供需匹配调适

从社会－生态系统的视角来看，城市生态空间韧性的提升除了就生态空间所承载的生态系统在要素构成、景观格局和环境质量等方面的提升之外，还应考虑生态系统与社会系统之间的相互关系。进行生态空间保护的同时，注重城市社会系统对生态福祉的获取，关注人民对不同类型生态系统服务的需求（尚勇敏，2018），而城市生态空间 ES 供给与需求的空间匹配程度成为影响生态空间韧性的重要方面。第 5 章的研究从生态系统服务的供需匹配角度出发，揭示了上海市在生态系统服务供需方面存在的问题。研究发现，上海市的生态空间在提供主导性生态系统服务（ES）类型方面与社会需求的匹配度不高，同时，生态空间的综合生态系统服务供给量与社会需求之间的匹配也不理想。这些问题导致了某些区域的生态韧性相对较弱。值得在生态空间韧性提升策略中予以重视。

6.3.3.1 ES 供给类型与需求的协调匹配

根据生态空间供给 ES 的属性特征识别生态性生态空间和社会－生态性生态空间，并根据社会需求的空间匹配情况，结合城市空间用地现状提出优化策略。

（1）对高供给高需求的生态性生态空间来讲，原则上应以控制人类活动对这些生态空间的干扰，如果在那些承载重要生态系统功能的生态空间或其附近布置较多的社会性服务需求，既增加对生态空间的压力，又不能有效地满足社会需求，将不利于生态空间最佳效益的实现，极大削弱生态空间韧性。如分布于黄浦江上游的水源保护地、陈行水库周边区域，应严格依照生态保护红线和水源地保护的要求，划定禁止建设区和限制建设区，严格禁止对生态系统有重大影响的开发建设活动；对一些非生态保护红线内的生态性生态空间，应尽可能地实现对人流活动强度的监控，从时间和空间的角度调控人流对这些区域的影响；对主城区的公园绿地、环城绿带、绿廊等生态空间，由于植被覆盖较高，在提供大量生态性服务的同时，也是满足市民生态福祉的重要区域，这些区域应注重增加人工管理和投入，以提升生态空间质量和品质，加强这些空间与周边自然生态空间的连通性。对于高供给低需求的生态性生态空间，主要分布于郊区的滨海森林公园、崇明西沙、北湖、东滩等地区，这些区域人流活动较少，反映了较小的人类活动干扰，被判定为高韧性的状态，应继续加强生态空间自然原生性和完整性的保护，在适当的区域扩大自然保护区的范围采取“超前”的保护策略。

（2）高供给高需求的社会 – 生态性生态空间主要分布于人口密度和流动强度较大的主城区的公园绿地区域，这些区域仍存在供需不均衡的情况，如有学者发现静安公园、襄阳公园日均每公顷游客量达 3000 人左右（陈琳，2018）。针对这些情况，要加强城市公园体系建设，通过口袋公园、楔形绿地、城市空闲用地微更新、灰色基础设施绿化等手段增加城市绿地量，以最大程度地满足人类活动需求；改善交通条件，引导主城区市民向城市外围郊野公园等提供社会性服务的生态空间转移；加大政策引导，鼓励开展农村旅游项目，发挥农业生态空间的多重服务功能，分解市区人民对生态空间社会性服务的需求。对高供给低需求的社会 – 生态性生态空间来讲，值得在未来的生态空间布局和管理中予以重视，这部分区域被规划定位为提供社会性服务，但并没有有效发挥，如有研究指出上海市郊区辰山植物园和炮台湾湿地公园日均每公顷游客量仅 70 人左右（陈琳，2018）。对于这种情况要加强监测分析其原因。如对出现人流活动时间节律性变化的区域，根据主要保护物种和人类活动强度的时间节律特征进行调控，如在人流活动较强的节假日或生物生长旺盛抵抗性较强的夏季集中开展有限制性的社会活动，而在人流活动较低的工作日或生物繁殖或育幼的重要时段采取较为严格的措施，减少人类活动对这些生态空间的干扰强度，以促进生态空间的自我平衡；对由于交通条件不佳而人流较少的区域，应改善周边交通条件，提升公园服务品质，吸引周边区域市民（陈琳，2018）；对服务条件较好、人流活动强度依然较低的区域，说明该公园的选址可能存有不当的可能，应考虑转换生态空间主要功能定位，鼓励此类空间的“再野化”，逐渐消除或减小其社会性生态服务的功能。

6.3.3.2　ES 供给数量与需求的均衡匹配

从 ES 供需数量差值表征的 ES 供给数量与需求的空间匹配结果上来看，上海市 ES 供需呈严重赤字和一般赤字的区域占绝大部分，并主要分布于社会经济活动密集的城市主城区，表明这些区域有较强的 ES 需求，但综合的 ES 供给数量较弱。对这些区域应通过加大城市公园体系和森林体系建设，在生态空间的生态功能建设中兼顾市民的休闲需求，提升生态空间开放性与连通性，使其可体验、可游憩，在建成区提升公共绿地的均等化，提高市民对生态空间的可达性、趣味性和获得感（陈琳，2018）。在一项对加拿大 137 个城市的混合利用景观提供的 12 种 ES 间的权衡关系研究中，发现景观层面上的 ES 的供给服务与大部分调节和文化 ES 之间存在权衡关系（Raudsepp-Hearne et al.，2010），而上海市主城区周围有大量的耕地生态空间，构成ES供需数量匹配的一般赤字地区，有必要考虑在保证基本的粮食供应安全的基础上退耕还林、农业生态空间混合功能使用等方式增加耕地在支持、调节和文化服务方面的供给能力。ES供需数量均衡和盈余的区域往往有较好的植被覆被或靠近河流水系，有较好的连通性，且周围建设用地密度较低。对这些区域要注重对生态空间的保护，同时在适当的位置建设郊野公园及配套的公共服务设施，以疏解主城区对生态系统服务需求的压力，同时注重加强郊野公园建设中存在的建设用地占用比例过大、建筑设施过多和生态不足等问题（马震陆，2015），提高用地的综合效益，回归郊野公园的生态本位。

本章首先梳理了国内外代表性城市生态空间韧性实践相关经验，归纳了国内外城市生态空间韧性提升五个方面的主要经验，包括：优化生态空间景观格局、发挥生态空间多重效益、推崇基于自然的方案与设计、开展数据导向的评估与规划编制和强调城市多主体参与及协同治理。在此基础上，提出了城市生态空间韧性提升的基本原则和逻辑路径，并结合前期基于景观格局和生态系统服务供需匹配双视角，对上海市生态空间韧性测度结果提出了上海市生态空间韧性的提升策略，主要包括优化生态空间格局、提升生态空间品质和协调生态空间服务供需匹配等方面。

第 7 章　人与自然和谐共生：城市生态空间韧性研究展望

“人，不是存在的主宰；人，是存在的守护者。人，诗意地栖居在大地上”

——马丁·海德格尔（Martin Heidegger）

“从人类的视角，这是一个美好的世界，因为我们参与改造了它，并使它变得如此美好。但是，这不意味着我们可以持续拥有这份美好，已发生的环境危机让我们意识到未来仍充满威胁和种种不确定性。

但我仍然在根本上持有一种乐观的态度，尽管我们在当前城市社会发展中制造了一些不适应，但我也相信人类解决问题的能力，能够建立一种平衡，不断地将系统拉回原来的轨道。”

——查尔斯·瑞德曼（Charles Redman），1999

《古代人类对环境的影响》

（*Human Impact on Ancient Environments*）

城市生态空间通过向城市提供支持、调节、供给和文化等生态系统服务，对保障城市生态安全，提升城市居民生活质量，缓冲自然灾害和社会压力，实现城市系统的综合韧性与可持续发展具有重要价值（Kumagai et al.，2015；Mukherjee et al.，2018；王甫园 等，2017）。然而，在快速城镇化与不断加强的人类活动影响下，不少城市出现生态空间萎缩、结构破碎化、环境质量下降、不能充分满足市民对良好生态环境需求等问题，造成城市生态系统功能受损和抵抗、适应外界干扰的韧性能力下降（Zhang et al.，2016；苏伟忠 等，2020；徐波，2018）。值得指出的是，学界对城市生态韧性的研究多聚焦于城市生态系统韧性（resilience of urban ecosystem），在评价指标上多选用以行政范围统计的绿地率、污染排放量等整体性指标（Sharifi et al.，2016；郭祖源，2018），但从生态空间要素结构、空间过程关系和空间管控等空间视角出发，以城市生态空间为对象的韧性研究仍相对缺乏。

为此，本书以城市生态空间韧性为研究对象，以促进人与自然和谐共生为理念指导，采用多学科交叉研究方法，探讨城市生态空间韧性的理论与测度方法建构。本书确立“景观格局”与“生态系统服务”两个研究切入点，以景观格局优化提升城市生态空间所承载的生态系统健康稳定性和韧性，以生态系统服务的供需匹配提升生态系统与社会系统之间的协同性，将生态空间韧性的生态内涵向社会内涵深度延伸，旨在探索实现人与自然和谐共生的空间技术路径。并以上海市为案例，开展上海市生态空间现状问题与干扰分析、韧性测度与提升策略研究，以期深化城市韧性理论在城市生态领域和空间维度上的认知，丰富城市韧性理论与方法体系以及跨学科交叉研究案例。同时响应当前国家生态文明建设和国土空间规划改革对“科学布局‘三生空间’”“提升国土空间韧性”“建设韧性城市”等指导性要求，通过加深对“三生空间”结构和功能过程的认知，探寻影响上海市生态空间韧性的关键因素，识别薄弱区域和重点区域，从而为从优化城市生态空间景观格局、协调生态系统服务供需匹配等方面提升城市生态空间韧性和城市系统综合韧性提供理论和实践参考。本章节基于前文研究，总结本书主要创新点，并就下一步研究提出展望。

7.1 拓展城市空间韧性理论和技术方法

城市生态空间韧性研究有助于拓展城市空间韧性理论和技术方法，本书的创新点主要体现在研究视角、理论和技术方法三个方面。

在研究视角方面，当前学界已有不少对生态系统韧性的研究，但从空间视角关注生态系统的承载空间及对空间关系进行的韧性研究相对较少。本书结合韧性理论尤其是空间韧性理论最新研究进展，以及景观生态学和生态系统服务供需等相关研究方法，聚焦城市生态空间要素和空间关系进行城市生态空间韧性研究，是对城市韧性以及生态韧性研究视角的新拓展。

在研究理论方面，随着城市空间韧性成为城市韧性研究领域新的研究热点，学界不断出现一些关注于城市特定空间类型的韧性研究，并零星出现“城市生态空间韧性”相关提法，但其系统性理论研究相对缺乏。本书对城市生态空间概念内涵、特征、基本原理等进行了初步的理论建构，并尝试性地构建了基于景观格局的“压力－结构－活力－服务”城市生态空间韧性测度模型和基于生态系统服务供需匹配的城市生态空间韧性测度框架。这是对学界城市生态空间韧性理论研究不足的弥补，是对城市韧性理论的丰富与拓展。

在研究技术方面，在城市生态空间韧性的测度上，尽管景观格局和生态系统服务在学界已有一定的研究基础，但在其具体的指标测度和数据精准性仍有不少争议和有待完善的地方。本书根据已有研究的不足，在测度方法上综合运用InVEST模型、突变级数评价模型等较新技术手段进行相关指标测度与分析，使用手机信令数据、多时相遥感卫星图像和官方最新发布的高精度土地覆被数据相结合的方式用于相关指标的计算，并尝试性地提出ES供给类型与供给数量与社会需求空间匹配的两种测度体系，以反映城市生态空间韧性的不同侧面，体现了新技术、新数据和新方法在本书中的应用。

7.2　因地制宜开展城市生态空间韧性实践

由于韧性概念内涵的宽泛性以及城市系统的复杂性、动态性和多主体性等特点，城市生态空间韧性在理论上存在多重内涵理解。在不同的研究视角、研究尺度、具体问题应对等情况下，城市生态空间韧性这一理论概念在实践层面仍有大量的研究空间，其关键在于因地制宜，根据具体问题选择研究视角，以及适用的研究尺度、技术方法和匹配性数据。而鉴于对自然世界和人类社会发展规律的知识积累和研究手段的不足，本书所做的工作只是在努力寻找推进应用于人居环境改善的途径，若能对问题的讨论或工作的进展有微小的帮助，就已经起到了它的作用。

本书中仍存有一些不足，值得在下一步韧性研究实践中继续深入探讨。

一是研究尺度的选择有待扩展。城市生态空间是一个多重尺度上的复合体，其结构和功能可在不同的观测尺度上表现出差异性，且存在不同尺度之间的相互联系和过程反馈机制。城市生态空间韧性也不例外，具有明显的尺度依赖性特征。本书研究的空间尺度主要限定在城市的市域层面，对生态空间的区域性影响以及微观层面上社会活动与生态空间互动机制的探讨相对不足。在后续的研究中，应从理论建构和方法上对尺度问题继续进行探索和创新，以揭示多尺度影响下的生态空间韧性机制与过程，更好地理解生态学中的尺度依赖性，明确在不同尺度上揭示生态空间韧性的形成原因和制约机制问题的途径。包括可以考虑将上海案例与不同气候区、不同生态空间特征的城市之间的韧性比较研究等。

二是研究数据的质量有待提高。城市生态空间韧性涉及复杂的城市社会－生态过程，对其韧性的测度更是涉及长时间和的空间要素和空间关系，需要尽可能多源、多时态、高精度的数据支撑。受研究数据的可获取性影响，本书选用的指标和数据有一定的局限性，如在生态空间识别和景观格局分析中选用了中分辨率（30米）的遥感卫星图像，受到景观生态学空间尺度效应的影响，分辨率不高导致部分细节信息的缺失，对生态空间识别的精度以及景观格局分析的结果造成影响。又如在生态系统服务需求的指标测度上，本书选用了手机信令数据叠加基于居民点的人口密度数据的方法以提升测度准确度。尽管如此，手机数据也只是3月份非连续4天间断性数据，在完全体现人流强度长时间空间动态变化上仍远远不足。在接下来的研究中值得根据研究问题所需进一步提升数据质量，综合运用常规数据和大数据手段开展后续研究。

三是研究视角有待丰富。本书对城市生态空间韧性的内涵理解主要集中在市域保障城市生态安全和协调生态系统服务供需匹配的层面，对韧性的测度更侧重于城市生态空间实现生态系统功能和输出生态系统服务的能力上。实际上，城市生态空间韧性还存有多样化的内涵理解，如防灾视角下针对热浪、地震或洪水灾害的城市特定生态空间（山水林田湖草沙、耕园林草湿鱼海）防灾韧性，如治理视角下城市生态空间应对气候变化中的社会韧性，又如生态视角下城市农田或林地对某种病虫害的空间韧性等议题，都值得在下一步研究中予以深化，以丰富城市生态空间韧性的理论应用与实践。尤其需要采用多学科交叉研究方法，开展针对典型干扰下的城市生态空间韧性实现机制的研究，建构基于韧性过程机制的测度方法研究，增加实地观测性数据，从而为制定更为科学有效的空间规划与管控策略提供依据。

7.3 城市生态空间韧性规划和治理新方向

综合国内外韧性城市建设实践经验，从城市系统的整体性视角编制综合性的韧性规划，有助于整合城市资源、协作多元主体开展行之有效的韧性提升工作（Rockefeller Foundation，2019）。当前我国正开展国土空间规划体系改革，更有助于在推动“多规合一”、跨部门与多学科间协作、统一技术标准和信息共享、社会治理等方面促进城市生态空间韧性提升工作。值得指出的是，韧性理论与城市规划的结合仍是一个新生方向和热点问题，从韧性理论转向韧性实践的过程中仍有不少挑战（Meerow et al.，2016；Stumpp，2013）。

以城市生态空间韧性提升工作为例，笔者认为以下几个方面需在未来的城市韧性规划与实践中予以加强。①进一步明确中国语境和规划语言体系下的“城市韧性”相关概念内涵，开展包括生态空间韧性在内的专项规划编制方法研究与实践。②促进韧性理念与知识从学界向地方政府、市民和企业界的传播普及，从城市韧性多重效益回报的角度争取从政治意愿、资金到智力等多方面支持，引导公众参与城市生态空间的设计、修复、营建和改造活动，以城市花园、社区绿地及地标性生态空间为载体，发挥人在韧性提升中的主导作用，培育城市生态空间的

“社会生态记忆”（Rodriguez Valencia et al.，2019）和韧性“基因[①]”。③对当下韧性测度评估方法或技术工具进行因地制宜性的测试与创新，开发适合超大城市规划建设与社会治理语境的韧性技术方法工具，并开展城市生态空间韧性规划及其实施效果的评估研究。④加强跨越不同层级、部门和学科间的协作交流，鼓励技术与方案创新，推广基于自然的方案、基于时空大数据的“天－空－地”一体化生态监测技术、数据共享等应用于生态空间韧性实践。

① 基因（Gene）源自生物学，指“生物体携带和传递遗传信息的基本单位”，过去一段时间以来开始以隐喻形式进入城市研究中，形成“城市基因”概念，主要指城市演变过程中逐渐积累而成，并投射于人群行为、规章制度、文化艺术、景观风貌等城市要素的共同价值取向，如公民精神、市场意识、创新精神、人文精神等，强调其历史继承性、变异性和时代特点，是促进城市系统运行长期稳定和韧性的内在动力（毛梦维 等，2017；盛维 等，2015）。

致　谢

本书出版在即，感谢诸多良师益友在写作过程中给予的建议和帮助。

首先感谢同济大学沈清基教授，他不仅是我的学术领路人，更是我的人生导师与楷模。他的教诲如涓涓细流，滋润着我知识的荒原；他那万余字的书面指导，充满对我的期许。每当我迷茫、徘徊，他总是以从容的心态与和蔼的微笑鼓励我砥砺奋进。他倡导的“批判”“读者”“完型”“圆”“优轨”等学术写作意识，以及诸多珍贵的人生箴言，已深深烙印在我心间，化作我探索学术瀚海的精准罗盘，让我在未知的领域中勇敢启航，无畏前行。

感谢赫磊、于靓、安超、王宝强、杨会会、阎凯、彭姗妮、方辰昊、晏龙旭、刘飞萍、方家、杨颖慧、刘波、李纯、安纳、慈海、陈子扬等师友，他们在成书过程中给予我关键性的指导和有力的帮助。

家人始终是我温暖且坚实的依靠。感谢父母的默默付出，为我遮风挡雨，承担了生活的重压；感谢姐姐的无私奉献与悉心关怀，让我心无旁骛地追逐学术梦想。我的爱人是我生命中最璀璨的幸运星，感谢她的理解包容和鼓励支持，一同经历的喜怒哀乐，皆化作我前行的动力。

还要感谢同济大学出版社，以专业的眼光和严谨的态度精心审阅稿件，提出许多建设性的修改建议，确保本书以最佳状态呈现在读者面前。

往昔岁月，虽布满困难，然收获与成长亦满溢心间。本书的出版，并非终点，而是崭新的起点——它将不再仅仅属于我个人，而成为公共知识的一部分，服务于更广泛的社会群体。我期待这本书能够像一叶扁舟，载着读者穿越知识的海洋，启发新的思考。展望未来，我将怀揣这份炽热与笃定，继续探寻未知。

谨以此书献给每一位点燃知识火种的人，愿思想之光永续传递。

上海大学延长校区南大楼 205

2024 年 12 月 19 日

参考文献

100 Resilient Cities, 2016. Vejle's resilience strategy[R]. Vejle: 100 Resilient Cities.

100 Resilient Cities, 2018. Resilient Los Angeles[R]. Los Angeles: 100 Resilient Cities.

100 Resilient Cities, 2019. Resilient Seoul a strategy for urban resilience 2019[R]. Seoul: 100 Resilient Cities.

ADGER W N, 2000. Social and ecological resilience: are they related?[J]. Progress in Human Geography, 24(3):347–364.

ADGER W N, HUGHES T P, FOLKE C, et al., 2005. Social–ecological resilience to coastal disasters[J]. Science, 309(5737):1036–1039.

AHERN J, 2011. From fail–safe to safe–to–fail: sustainability and resilience in the new urban world[J]. Landscape & Urban Planning, 100(4):341–343.

AHERN J, 2013. Urban landscape sustainability and resilience: the promise and challenges of integrating ecology with urban planning and design[J]. Landscape Ecology, 28(6):1203–1212.

ALBERTI M, MARZLUFF J M, SHULENBERGER E, et al., 2003. Integrating humans into ecology: opportunities and challenges for studying urban ecosystems[J]. Bioscience, 53(12):1169–1179.

ALESSA L N, KLISKEY A A, BROWN G, 2008. Social - ecological hotspots mapping: a spatial approach for identifying coupled social - ecological space[J]. Landscape and Urban Planning, 1(85):27–39.

ALEXANDER D E, 2013. Resilience and disaster risk reduction: an etymological journey[J]. Natural Hazards and Earth System Sciences, 13(11):2707–2716.

ALLAN P, BRYANT M, 2011. Resilience as a framework for urbanism and recovery[J]. Journal of Landscape Architecture, 6(2):34–45.

ALLEN C R, ANGELER D G, CUMMING G S, et al., 2016. Quantifying spatial resilience[J]. Journal of Appled Ecology, 53(3):625–635.

ALLEN T, STARR T B, 1982. Hierarchy: perspective for ecological complexity[M]. Chicago: University of Chicago Press.

ASSESSMENT M E, 2005. Ecosystems and human well–being: biodiversity synthesis[J]. World Resources Institute, 42(1):77–101.

AYANU Y Z, CONRAD C, NAUSS T, et al., 2012. Quantifying and mapping ecosystem services supplies and demands: a review of remote sensing applications[J]. Environmental Science & Technology, 46(16):8529–8541.

BAGGIO J A, KATRINA B, DENIS H, 2015. Boundary object or bridging concept? A citation network analysis of resilience[J]. Ecology and Society, 20:121.

BAHO D L, PETER H, TRANVIK L J, 2012. Resistance and resilience of microbial communities – temporal and spatial insurance against perturbations[J]. Environmental Microbiology, 14(9):2283–2292.

BARTHEL S, FOLKE C, COLDING J, 2010. Social-ecological memory in urban gardens–retaining the capacity for management of ecosystem services[J]. Global Environmental Change–Human and Policy Dimensions, 20(2):255–265.

BARTHEL S, PARKER J, ERNSTSON H, 2013. Food and green space in cities: a resilience lens on gardens and urban environmental movements[J]. Urban Studies, 52(7):1321–1338.

BIZZOTTO M, HUSEYNOVA A, ESTRADA V V, 2019. Resilient cities, thriving cities: the evolution of urban resilience[R]. Toronto: International Council for Local Environmental Initiatives.

BRAND F S, JAX K, 2007. Focusing the meaning(s) of resilience: resilience as a descriptive concept and a boundary object[J]. Ecology and Society, 12:1–16.

BRIGGS D J, GULLIVER J, FECHT D, et al., 2007. Dasymetric modelling of small-area population distribution using land cover and light emissions data[J]. Remote Sensing of Environment, 108(4):451–466.

BROWN K, 2015. Resilience, development and global change[M]. London: Routledge.

BURKHARD B, KROLL F, NEDKOV S, et al., 2012. Mapping ecosystem service supply, demand and budgets[J]. Ecological Indicators, 21:17–29.

BUSH J, DOYON A, 2019. Building urban resilience with nature-based solutions: how can urban planning contribute?[J]. Cities, 95:102483.

CAMPBELL L K, SVENDSEN E S, SONTI N F, et al., 2016. A social assessment of urban parkland: analyzing park use and meaning to inform management and resilience planning[J]. Environmental Science & Policy, 62(1):34–44.

CARPENTER S, WALKER B, ANDERIES J M, et al., 2001. From metaphor to measurement: resilience of what to what?[J]. Ecosystems, 4(8):765–781.

CHELLERI L, 2012. From the "resilient city" to urban resilience. A review essay on understanding and integrating the resilience perspective for urban systems[J]. Documents D'an à lisi Geogr à fica, 58(2):287–306.

CHELLERI L, WATERS J J, OLAZABAL M, et al., 2015. Resilience trade-offs: addressing multiple scales and temporal aspects of urban resilience[J]. Environment and Urbanization, 27(1):181–198.

CHOI H, SEO Y A, 2019. The process of creating Yongsan Park from the urban resilience perspective[J]. Sustainability, 11(5):1–19.

CHRISTIANSEN L, MARTINEZ G S, NASWA P, 2018. Adaptation metrics: perspectives on measuring, aggregating and comparing adaptation results[R].Copenhagen:UNEP DTU Partnership.

CHUNG A E, WEDDINGZ L M, GREEN A L, et al., 2019. Building coral reef resilience through spatial herbivore management[J]. Frontiers in Marine Science, 6:98.

CHURCHILL D J, LARSON A J, DAHLGREEN M C, et al., 2013. Restoring forest resilience: from reference spatial patterns to silvicultural prescriptions and monitoring[J]. Forest Ecology and Management, 291:442–457.

CIMELLARO G P, 2016. Urban resilience for emergency response and recovery[M]. Berlin:Springer International Publishing.

COHEN–SHACHAM E, WALTERS G, MAGINNIS S, et al., 2016. Nature–based solutions to address global societal challenges[R]. Gland: International Union for Conservation of Nature.

COLDING J, 2007. Ecological land–use complementation' for building resilience in urban ecosystems[J]. Landscape & Urban Planning, 81(1–2):46–55.

COLLIE J, RICHARDSON K, STEELE J H, 2004. Regime shifts: can ecological theory illuminate the mechanisms? [J]. Progress in Oceanography, 60:281 - 302.

CONTRERAS D, BLASCHKE T, HODGSON M E, 2017. Lack of spatial resilience in a recovery process: case L'aquila, Italy[J]. Technological Forecasting and Social Change, 121:76–88.

COSTANZA R, 2008. Ecosystem services: multiple classification systems are needed[J]. Biological Conservation, 141:350–352.

COSTANZA R, 2012. Ecosystem health and ecological engineering[J]. Ecological Engineering, 45(8):24–29.

COSTANZA R, D'ARGE R, DE GROOT R et al., 1997. The value of the world's ecosystem services and natural capital. Nature[J]. Nature, 387:253–260.

CUMMING G S, 2011. Spatial resilience: integrating landscape ecology, resilience, and sustainability[J]. Landscape Ecology, 26(7):899–909.

CUMMING G S, MORRISON T H, HUGHES T P, 2017. New directions for understanding the spatial resilience of social–ecological systems[J]. Ecosystems, 20(4):649–664.

CUMMING G S, MORRISON T H, HUGHES T P, 2017. New directions for understanding the spatial resilience of social–ecological systems[J]. Ecosystems, 20(4):649–664.

CUTTER S L, 2016. Resilience to what? Resilience for whom?[J]. The Geographical Journal, 182(2):110–113.

DAVIS–STREET J, FRANGOS S, WALKER B, et al., 2018. Addressing adaptive and inherent resilience–lessons learned from hurricane harvey[C]//SPE International Conference and Exhibition on Health, Safety, Security, Environment, and Social Responsibility. Abu

Dhabi:Society of Petroleum Engineers.

DE LA BARRERA F，2017. Improving the design of urban green spaces by incorporating knowledge from science and citizens to increase resilience and the provision of benefits[M]//SPENDER J C，SCHIUMA G，GAVRILOVA T. Matera: IKAM-INST Knowledge Asset Management:1221-1227.

DE PARIS M，2018. Paris resilience strategy[R]. Paris: 100 Resilient Cities.

DICKINSON S，2013. Philip allmendinger，planning theory，2nd edn[J]. Local Government Studies，39:625-628.

FALUDI A，1973. Planning theory[M]. London: Pergamon Press.

FERGUSON B C，BROWN R R，DELETIC A，2013. A diagnostic procedure for transformative change based on transitions，resilience，and institutional thinking[J]. Ecology and Society，18:574.

FLEISCHHAUER M，2008. The role of spatial planning in strengthening urban resilience[M]//PASMAN H J，KIRILLOV I A. Resilience of cities to terrorist and other threats. Dordrecht: Springer:273-298.

FOLKE C，CARPENTER S，ELMQVIST T，et al.，2002. Resilience and sustainable development: building adaptive capacity in a world of transformations[J]. Ambio，31 (5):437-440.

FOLKE C，CARPENTER S，WALKER B，et al.，2010. Resilience thinking: integrating resilience，adaptability and transformability[J]. Ecology and Society，15(4):20.

FORMAN R T T，1995. Land mosaics: the ecology of the landscapes and regions[M]. Cambridge: University Press.

FOSTER K A，2007. A case study approachto understanding regional resilience[R]. Berkeley: Institute of Urban and Regional Development.

FRIEDMANN J，2003. Why do planning theory?[J]. Planning Theory，2:10-17.

GARBOLINO E，LACHTAR D，SACILE R，et al.，2013. Vulnerability and resilience of the territory concerning risk of dangerous goods transportation (DGT): proposal of a spatial model[M]//PIERUCCI S，KLEMES J J. Chemical engineering transactions. Milan: Aidic Servizi Sri:91-96.

GARCIA E J，VALE B，MUMINOVIC M，et al.，2014. The role of green spaces for the resilience of a city[M]//CAVALLO R，KOMOSSA S，MARZOT N，et al. New urban configurations. Amsterdam: Ios Press:865-871.

GODSCHALK D R，2003. Urban hazard mitigation: creating resilient cities[J]. Natural Hazards Review，4(3):136-143.

GOLDENBERG R，KALANTARI Z，CVETKOVIC V，et al.，2017. Distinction，quantification and mapping of potential and realized supply-demand of flow-dependent ecosystem services[J]. Science of the Total Environment，593–594:599–609.

GOTHE E，SANDIN L，ALLEN C R，et al.，2014. Quantifying spatial scaling patterns and their local and regional correlates in headwater streams: implications for resilience[J]. Ecology and Society，19(3):15.

GUO X J，DONG S C，WANG G K，et al.，2019. Emergy–based urban ecosystem health evaluation for a typical resource–based city: a case study of Taiyuan，China[J]. Applied Ecology and Environmental Research，17(6):15131–15149.

HABER W，2004. Landscape ecology as a bridge from ecosystems to human ecology[J]. Ecological Research，19(1):99–106.

HARRISON M L，1984. Philip cooke，theories of planning and spatial development [J]. Journal of Social Policy，13(02):247.

HOLLING C S，1973. Resilience and stability of ecological systems[J]. Annual Review of Ecology & Systematics，4(2):1–23.

HOLLING C S，1996. Engineering resilience versus ecological resilience[M]//National Academy of Engineering. Engineering within ecological constraints. New York: National Academies Press:31–44.

HOLSCHER K，FRANTZESKAKI N，LOORBACh D，2019. Steering transformations under climate change: capacities for transformative climate governance and the case of Rotterdam，Netherlands[J]. Regional Environmental Change，19(3):791–805.

ICLEI，2018. Resilient cities 2018[R]. New York: ICLEI.

ISCAPE，2019. Sensor analysis framework[EB/OL].[2020–10–11]. https://docs.iscape.smartcitizen.me/Sensor%20Analysis%20Framework/.

IUCN，2018. Commission on ecosystem management，nature–based solutions[EB/OL].[2020–10–11]. https://www.iucn.org/commissions/commission–ecosystem–management/our–work/nature–based–solutions.

JACOBS S，BURKHARD B，VAN DAELE T，et al.，2015. 'The matrix reloaded': a review of expert knowledge use for mapping ecosystem services[J]. Ecological Modelling，295:21–30.

JANSSON A，POLASKY S，2010. Quantifying biodiversity for building resilience for food security in urban landscapes: getting down to business[J]. Ecology and Society，15(3):20.

JHA A K，MINER T W，STANTON–GEDDES Z，2013. Building urban resilience: principles，tools，and practice[M]. Washington: World Bank Publications.

JIANG M，GAO W，CHEN X，et al.，2008. Analysis of ecological vulnerability based on landscape pattern and ecological sensitivity: a case of duerbete county[C]//Gao W，Wang H. Remote Sensing and Modeling of Ecosystems for Sustainability V. San Diego: Optical Engineering + Applications:708315.

JOHNSTONE J F，ALLEN C D，FRANKLIN J F，et al.，2016. Changing disturbance regimes, ecological memory, and forest resilience[J]. Frontiers in Ecology and the Environment, 14(7):369–378.

KABISCH N, FRANTZESKAKI N, PAULEIT S, et al., 2016. Nature-based solutions to climate change mitigation and adaptation in urban areas: perspectives on indicators, knowledge gaps, barriers, and opportunities for action[J]. Ecology and Society, 21(2):39.

KAIKA M, 2017. “Don't call me resilient again!': the new urban agenda as immunology ... Or ... What happens when communities refuse to be vaccinated with 'smart cities' and indicators[J]. Environment and Urbanization, 29(1):89–102.

KANG P, CHEN W, HOU Y, et al., 2018. Linking ecosystem services and ecosystem health to ecological risk assessment: a case study of the beijing-tianjin-hebei urban agglomeration[J]. Science of the Total Environment, 636:1442–1454.

KARIMI A, BROWN G, HOCKINGS M, 2015. Methods and participatory approaches for identifying social-ecological hotspots[J]. Applied Geography, 6:9–20.

KARRHOLM M, NYLUND K, DE LA FUENTE P P, 2014. Spatial resilience and urban planning: addressing the interdependence of urban retail areas[J]. Cities, 36(3):121–130.

KOTILAINEN J, EISTO I, VATANEN E, 2015. Uncovering mechanisms for resilience: strategies to counter shrinkage in a peripheral city in finland[J]. European Planning Studies, 23(1):53–68.

KROLL F, MUELLER F, HAASE D, et al., 2012. Rural-urban gradient analysis of ecosystem services supply and demand dynamics[J]. Land Use Policy, 29:521–535.

KUMAGAI Y, GIBSON R B, FILION P, 2015. Evaluating long-term urban resilience through an examination of the history of green spaces in tokyo[J]. Local Environment, 20(9):1018–1039.

LAFORTEZZA R, CHEN J Q, VAN DEN BOSC C K, et al., 2018. Nature-based solutions for resilient landscapes and cities[J]. Environmental Research, 165:431–441.

LAUTENBACH S, VOLK M, GRUBER B, et al., 2010. Quantifying ecosystem service trade-offs[C]//Swayne D A, Yang W H, Voinov A A, et al. 2010 International Congress on Environmental Modelling and Software. Ottawa: International Environmental Modelling and Software Societ.

LI H, WU J, 2004. Use and misuse of landscape indices[J]. Landscape Ecology, 19(4):389–399.

LI Y, SHI Y, QURESHI S, et al., 2014. Applying the concept of spatial resilience to socio-ecological systems in the urban wetland interface[J]. Ecological Indicators, 42(1):135–146.

LIETH H, WHITTAKER R H, 1975. Primary productivity of the biosphere[M]. Dordrecht: Springer.

LIU Z, XIU C, SONG W, 2019. Landscape-based assessment of urban resilience and its evolution: a case study of the central city of Shenyang[J]. Sustainability, 11:2964.

LONDON M O, 2020. London city resilience strategy 2020[R]. London: Greater London Authority.

LU P, STEAD D, 2013. Understanding the notion of resilience in spatial planning: a case study of Rotterdam, Netherlands[J]. Cities, 35(4):200–212.

LUCASH M S, SCHELLER R M, GUSTAFSON E J, et al., 2017. Spatial resilience of forested landscapes under climate change and management[J]. Landscape Ecology, 32(5):953–969.

LUDWIG D, WALKER B, HOLLING C S, 1997. Sustainability, stability, and resilience[J]. Conservation Ecology, 1(1):7.

LUO F, LIU Y, PENG J, et al., 2018. Assessing urban landscape ecological risk through an adaptive cycle framework[J]. Landscape and Urban Planning, 180:125–134.

LYNCH C, 2018. Citystrength diagnostic: methodological guidebook[R]. Washington: World Bank Group.

LYNCH K, 1981. A theory of good city form[M]. Cambridge: The MIT Press.

MACKENZIE A, BALL A S, 2001. Instant notes in ecology[M]. London: Taylor & Francis.

MAGIS K, 2010. Community resilience: an indicator of social sustainability[J]. Society and Natural Resources, 23(5):401–416.

MAIMAITIYIMING M, GHULAM A, TIYIP T, et al., 2014. Effects of green space spatial pattern on land surface temperature: implications for sustainable urban planning and climate change adaptation[J]. Isprs Journal of Photogrammetry & Remote Sensing.89(3):59–66.

MANDELBAUM S J, MAZZA L, BURCHELL R W, 1996. Explorations in planning theory[M]. New Brunswick: Center for Urban Policy Research.

MCGARIGAL K, COMPTON B W, PLUNKETT E B, et al., 2018. A landscape index of ecological integrity to inform landscape conservation[J]. Landscape Ecology, 33(7):1029–1048.

MCPHEARSON T, ANDERSSON E, ELMQVIST T, et al., 2015. Resilience of and through urban ecosystem services[J]. Ecosystem Services, 12(SI):152–156.

MCPHEARSON T, HAMSTEAD Z A, KREMER P, 2014. Urban ecosystem services for resilience planning and management in new york city[J]. Ambio, 43(4):502–515.

MEEROW S, 2017. Double exposure, infrastructure planning, and urban climate resilience in coastal megacities: a case study of Manila[J]. Environment and Planning a–Economy and Space, 49(11):2649–2672.

MEEROW S, NEWELL J P, 2017. Spatial planning for multifunctional green infrastructure: growing resilience in detroit[J]. Landscape and Urban Planning, 159:62–75.

MEEROW S, NEWELL J P, 2019. Urban resilience for whom, what, when, where, and why?[J]. Urban Geography, 40(3):309–329.

MEEROW S, NEWELL J P, STULTS M, 2016. Defining urban resilience: a review[J]. Landscape and Urban Planning, 147:38–49.

MELLIN C, MATTHEWS S, ANTHONY K R N, et al., 2019. Spatial resilience of the great barrier reef under cumulative disturbance impacts[J]. Global Change Biology, 25(7):2431–2445.

MILLER S, 2020. Greenspace after a disaster: the need to close the gap with recovery for greater resilience[J]. Journal of the American Planning Association, 86:339–348.

MOORES J P, YALDEN S, GADD J B, et al., 2017. Evaluation of a new method for assessing resilience in urban aquatic social–ecological systems[J]. Ecology and Society, 22(4): 15.

MUKHERJEE M, TAKARA K, 2018. Urban green space as a countermeasure to increasing urban risk and the UGS–3CC resilience framework[J]. Internatioanl Journal of Disaster Risk Reduction, 28:854–861.

NAIDOO R, BALMFORD A, COSTANZA R, et al., 2008. Global mapping of ecosystem services and conservation priorities[J]. Proceedings of the National Academy of Sciences, 105:9495–9500.

NASSL M, L FFLER J R, 2015. Ecosystem services in coupled social – ecological systems: closing the cycle of service provision and societal feedback[J]. Ambio, 44(8):737–749.

NEUENSCHWANDER N, HAYEK U W, GRET–REGAMEY A, 2014. Integrating an urban green space typology into procedural 3d visualization for collaborative planning[J]. Computers Environment & Urban Systems, 48:99–110.

NEWMAN P, BEATLEY T, BOYER H, 2009. Resilient cities: responding to peak oil and climate change[M]. Washington: Island Press.

NGOM R, GOSSELIN P, BLAIS C, 2016. Reduction of disparities in access to green spaces: their geographic insertion and recreational functions matter[J]. Applied Geography, 66:35–51.

Nhuan M T, Tue N T, Quy T D, 2018. Enhancing resilience to climate change and disasters for sustainable development: case study of Vietnam Coastal Urban Areas[M]//Takeuchi K, Saito O, Matsuda H, et al. Resilient Asia: fusion of traditional and modern systems for a sustainable future. Tokyo: Springer Japan:63–79.

NICASTRO K R, ZARDI G I, MCQUAID C D, 2008. Movement behaviour and mortality in invasive and indigenous mussels: resilience and resistance strategies at different spatial scales[J]. Marine Ecology Progress Series, 372:119–126.

NORRIS F H, STEVENS S P, PFEFFERBAUM B, et al., 2008. Community resilience as a metaphor, theory, set of capacities, and strategy for disaster readiness[J]. American Journal of Community Psychology, 41(1–2):127–150.

NUTSFORD D, PEARSON A L, KINGHAM S, et al., 2016. Residential exposure to visible blue space (but not green space) associated with lower psychological distress in a capital city[J]. Health & Place, 39:70–78.

NYKVIST B，VON HELAND J，2014. Social-ecological memory as a source of general and specified resilience[J]. Ecology and Society，19(2):47.

NYSTROM M，FOLKE C，2001. Spatial resilience of coral reefs[J]. Ecosystems，4(5):406-417.

ODUM E P，1997. Ecology: a bridge between science and society[M]. Sunderland: Sinauer Associates，Inc.

PARIVAR P，FARYADI S，SOTOUDEH A，2016. Application of resilience thinking to evaluate the urban environments: a case study of Tehran，Iran[J]. Scientia Iranica，23(4):1633-1640.

PARK S，SCHEPP K G，2015. A systematic review of research on children of alcoholics: their inherent resilience and vulnerability[J]. Journal of Child and Family Studies，24(5):1222-1231.

PATTEN B C，ODUM E P，1981. The cybernetic nature of ecosystems[J]. American Naturalist，118(6):10.

PELLING M，2003. The vulnerability of cities: natural disasters and social resilience[M]. London: Routledge.

PELLING M，2011. Adaptation to climate change: from resilience to transformation[M]. London: Routledge.

PENG J，LIU Y，WU J，et al.，2015. Linking ecosystem services and landscape patterns to assess urban ecosystem health: a case study in Shenzhen city，China[J]. Landscape and Urban Planning，143:56-68.

PETRISOR A，MEITA V，PETRE R，2016. Resilience: ecological and socio-spatial models evolve while understanding the equilibrium[J]. Urbanism Architecture Constructions，7(4):341-348.

PHARO E，DAILY G C，1999. Nature's services: societal dependence on natural ecosystems[J]. Bryologist，101(3):475.

PICKETT S T A，CADENASSO M L，GROVE J M，2004. Resilient cities: meaning，models，and metaphor for integrating the ecological，socio-economic，and planning realms[J]. Landscape & Urban Planning，69(4):369-384.

RAUDSEPP-HEARNE C，PETERSON G D，BENNETT E M，2010. Ecosystem service bundles for analyzing tradeoffs in diverse landscapes[J]. Proceedings of the National Academy of Ences of the United States of America，107(11):5242-5247.

REDMAN C L，1999. Human impact on ancient environments[M]. Tucson:University of Arizona Press.

RESCIA A J，ORTEGA M，2018. Quantitative evaluation of the spatial resilience to the B. oleae pest in olive grove socio-ecological landscapes at different scales[J]. Ecological Indicators，84:820-827.

Resilience Alliance，2020. Key concepts[EB/OL]. [2021-11-24].https://www.resalliance.org/keyconcepts.

Rockefeller Foundation，2019. Resilient cities，resilient lives[R]. New York: Rockefeller Foundation.

Rockefeller Foundation，2020. Urban resilience – 100 resilient cities[EB/OL]. [2021–10–18]. http://100resilientcities.org/resources/.

ROMERO–LANKAO P，GNATZ D，WILHELMI O，et al.，2016. Urban sustainability and resilience: from theory to practice[J]. Sustainability，8(12):1–19.

ROUSAKIS T C，2018. Inherent seismic resilience of rc columns externally confined with nonbonded composite ropes[J]. Composites Part B–Engineering，135:142–148.

SCHEFFER M，CARPENTER S，2003. Catastrophic regime shifts in ecosystems: linking theory to observation[J]. Trends in Ecology and Evolution，18:648–656.

SCHEFFER M，CARPENTER S，FOLEY J A，et al.，2001. Catastrophic shifts in ecosystems[J]. Nature，413:591–596.

SCHOLES R，REYERS B，BIGGS R，et al.，2013. Multi–scale and cross–scale assessments of social – ecological systems and their ecosystem services[J]. Current Opinion in Environmental Sustainability，5(1):16–25.

SCHRTER M，BARTON D N，REMME R，et al.，2014. Accounting for capacity and flow of ecosystem services: a conceptual model and a case study for Telemark，Norway[J]. Ecological Indicators，36:539–551.

SEDDON N，CHAUSSON A，BERRY P，et al.，2020. Understanding the value and limits of nature–based solutions to climate change and other global challenges[J]. Philosophical Transactions of the Royal Society，375(1794): 20190120.

SEIDL R，SPIES T，PETERSON D，et al.，2016. Searching for resilience: addressing the impacts of changing disturbance regimes on forest ecosystem services[J]. The Journal of Applied Ecology，53 1:120–129.

SHARIFI A，YAMAGATA Y，2016. Principles and criteria for assessing urban energy resilience: a literature review[J]. Renewable and Sustainable Energy Reviews，60:1654–1677.

SHARIFI E，BOLAND J，2017. Heat resilience in public space and its applications in healthy and low carbon cities[M]//DING L，FIORITO F，OSMOND P. Procedia Engineering. Amsterdam: Elsevier Science Bv:944–954.

SHARIFI E，SIVAM A，BOLAND J，2016. Resilience to heat in public space: a case study of Adelaide，South Australia[J]. Journal of Environmental Planning and Management，59(10):1833–1854.

SHARP R，DOUGLASS J，WOLNY S，2020. InVEST user guide[EB/OL]. [2021–09–10].https://storage.googleapis.com/releases.naturalcapitalproject.org/invest–userguide/latest/index.html.

SHI L，2020. Beyond flood risk reduction: how can green infrastructure advance both social justice and regional impact?[J]. Socio–Ecological Practice Research，(3):1–10.

SPAANS M，WATERHOUT B，2016. Building up resilience in cities worldwide – rotterdam as participant in the 100 resilient cities programme[J]. Cities，61:109–116.

STUMPP E，2013. New in town? On resilience and "resilient cities" [J]. Cities，32:164–166.

SU S，LI D，YU X，et al.，2011. Assessing land ecological security in Shanghai (China) based on catastrophe theory[J]. Stochastic Environmental Research & Risk Assessment，25(6):737–746.

TAO Y，WANG H，OU W，et al.，2018. A land–cover–based approach to assessing ecosystem services supply and demand dynamics in the rapidly urbanizing Yangtze River Delta Region[J]. Land Use Policy，72:250–258.

UNEP，2020. Nature can still heal itself，if we give it the urgent attention it needs[EB/OL]. [2021–08–10]. https://www.unep.org/news–and–stories/story/nature–can–still–heal–itself–if–we–give–it–urgent–attention–it–needs.

VALE L J，2014. The politics of resilient cities: whose resilience and whose city?[J]. Building Research & Information，42(2):191–201.

VALENCIA R M，DAVIDSON–HUNT I，BERKES F，2019. Social–ecological memory and responses to biodiversity change in a bribri community of costa rica[J]. Ambio.48(12):1470–1481.

WALKER B H，SALT D，2006. Resilience thinking: sustaining ecosystems and people in a changing world[J]. Northeastern Naturalist，3:43.

WALKER B，HOLLING C S，CARPENTER S R，2004. Resilience，adaptability and transformability in social – ecological systems[J]. Ecology and Society，9(2):5–13.

WALKER B，SALT D，2012. Resilience practice: building capacity to absorb disturbance and maintain function[M]. Washington: Island Press.

WALTNER–TOEWS D，1996. Ecosystem health: a framework for implementing sustainability in agriculture[J]. Bioscience，46(9):686–689.

WANG C J，ZHAO H R，ZHOU Y，2018. Quantifying spatial resilience of Yanhe Watershed to foster ecosystem sustainability[M]//HU S，YE X，YANG K，et al. International conference on geoinformatics. New York: IEEE.

WANG X，LI Z，MENG H，et al.，2017. Identification of key energy efficiency drivers through global city benchmarking: a data driven approach[J]. Applied Energy，190:18–28.

WARDEKKER A，WILK B，BROWN V，et al.，2020. A diagnostic tool for supporting policymaking on urban resilience[J]. Cities，101:102691.

WARDEKKER J A，JONG A D，KNOOP J M，et al.，2010. Operationalising a resilience approach to adapting an urban delta to uncertain climate changes[J]. Technological Forecasting & Social Change，77(6):987–998.

WEST G B，2017. Scale: the universal laws of growth，innovation，sustainability，and the pace of life in organisms，cities，economies，and companies[M]. London: Weidenfeld & Nicolson.

WHITE I，O'HARE P，2014. From rhetoric to reality: which resilience，why resilience，and whose resilience in spatial planning?[J]. Environment and Planning C Governmment & Policy，32(5):934–950.

WILDAVSKY A，1988. Searching for safety[M]. London: Routledge.

WILLIS K J，JEFFERS E S，TOVAR C，et al.，2012. Determining the ecological value of landscapes beyond protected areas[J]. Biological Conservation，147(1):3–12.

XIAN S，YIN J，LIN N，et al.，2018. Influence of risk factors and past events on flood resilience in coastal megacities: comparative analysis of NYC and Shanghai[J]. Science of the Total Environment，610–611:1251–1261.

XIANG W，2014. Doing real and permanent good in landscape and urban planning: ecological wisdom for urban sustainability[J]. Landscape and Urban Planning，121:65–69.

XU H，LI Y，WANG L，2020. Resilience assessment of complex urban public spaces[J]. International Journal of Environmental Research and Public Health，17(2):524.

XU H，XUE B，TAN Y T，2017. Critical factors for the resilience of complex urban public spaces[C]//WANG Y，PANG Y，SHEN G，et al. International Conference on Construction and Real Estate Management 2017. New York: Amer Soc Civil Engineers:355–363.

YANG B，2019. Landscape performance: Ian Mcharg's ecological planning in the woodlands，texas [M]. London: Routlegde.

YOU S，HAM E，LEE J，et al.，2017. Design strategies to enhance resilience of ecosystem services in urban wetland–using system thinking[J]. Journal of the Korea Society of Environmental Restoration Technology，20(4):43–61.

YU G，YU Q，HU L，et al.，2013. Ecosystem health assessment based on analysis of a land use database[J]. Applied Geography，44:154–164.

YU K，1996. Security patterns and surface model in landscape ecological planning[J]. Landscape & Urban Planning，36(1):1–17.

YUMAGULOVA L，2017. Urban resilience: planning for risk，crisis and uncertainty[J]. Environment and Planning B–Urban Analytics and City Science，44(5):987–989.

ZHANG C，LI Y，ZHU X，2016. A social–ecological resilience assessment and governance guide for urbanization processes in east China[J]. Sustainability，8:1–18.

ZIERVOGEL G，PELLING M，CARTWRIGHT A，et al.，2017. Inserting rights and justice into urban resilience: a focus on everyday risk[J]. Environment and Urbanization，29(1):123–138.

安超，2017. 上海市生态用地的空间绩效研究 [D]. 上海：同济大学 .

奥雅纳，2020. 后工业时代的景观设计，“新首钢”是这样炼成的 [EB/OL].[2021-08-06]. http://mp.weixin.qq.com/s?__biz=MzA4ODUwMjk2Nw==&mid=2649986909&idx=1&sn=9fd11378a9f95a921bab12f7427e6495&chksm=882e1085bf599993d91db135308e9df1b84df6976783c6677f77543a0773c3bb7d05330cbd11#rd.

白立敏，2019. 基于景观格局视角的长春市城市生态韧性评价与优化研究 [D]. 长春：东北师范大学 .

白立敏，修春亮，冯兴华，等，2019. 中国城市韧性综合评估及其时空分异特征 [J]. 世界地理研究，28(06):77-87.

白杨，王敏，李晖，等，2017. 生态系统服务供给与需求的理论与管理方法 [J]. 生态学报，37(17):5846-5852.

白中科，师学义，周伟，等，2020. 人工如何支持引导生态系统自然修复 [EB/OL].[2021-11-18]. http://www.chinalandscience.com.cn/zgtdkx/ch/reader/view_abstract.aspx?doi=10.11994/zgtdkx.20200918.123606.

邴启亮，李鑫，罗彦，2017. 韧性城市理论引导下的城市防灾减灾规划探讨 [J]. 规划师，33(08):12-17.

布仁仓，胡远满，常禹，等，2005. 景观指数之间的相关分析 [J]. 生态学报，(10): 2764-2775.

蔡恒明，魏航，陈圣东，2021. 大兴安岭地区森林火灾和气象因子相关性研究 [J]. 林业科技，46(01):49-51.

曹康，吴丽娅，2005. 西方现代城市规划思想的哲学传统 [J]. 城市规划学刊，(02):65-69.

曹康，张庭伟，2019. 规划理论及 1978 年以来中国规划理论的进展 [J]. 城市规划，43 (11): 61-80.

曹坤，2019. 生态优先理念研究：以上海临港张江科技港城市设计为例 [J]. 地产，(07):80-83.

曹伟，2014. 理论概念反思与应用性社会科学研究逻辑重构 [J]. 甘肃社会科学，(02):13-17.

曹勇宏，尚金城，2005. 论我国现代环境规划理论体系的构建 [J]. 环境科学动态，(04):3-5.

曹钰，马井会，许建明，等，2016. 上海地区一次典型空气污染过程分析 [J]. 气象与环境学报，32(01):16-24.

柴海龙，程艾，余小芳，2018. 基于城市韧性理论的旧城改造与更新研究 [J]. 城市学刊，39(01):90-94.

陈丹羽，2019. 基于压力 - 状态 - 响应模型的城市韧性评估 [D]. 武汉：华中科技大学 .

陈刚，王琳，王晋，等，2020. 基于景观生态格局的水生态韧性空间构建 [J]. 人民黄河，42(05): 87-90+96.

陈建华，2014. 文化生态空间的重构与乡土美术教学的“情境创设”[J]. 新疆教育学院学报，30(04):66-69.

陈骏宇，王慧敏，刘钢，等，2019.“水 - 能 - 粮”视角下杭嘉湖区域生态系统服务供需测度及政策研究 [J]. 长江流域资源与环境，28(3):52-63.

陈利，朱喜钢，孙洁，2017. 韧性城市的基本理念、作用机制及规划愿景 [J]. 现代城市研究，(09):18–24.

陈利顶，刘洋，吕一河，等，2008. 景观生态学中的格局分析：现状、困境与未来[J]. 生态学报，(11):5521–5531.

陈琳，2018. 上海提升城市生态品质路径研究 [J]. 科学发展，(02):81–93.

陈玲，张妮，沈一，2017. 四川省华蓥市生态空间格局研究 [J]. 中国园林，33(07):108–112.

陈柳新，洪武扬，敖卓鹊，2018. 深圳生态空间综合精细化治理探讨 [J]. 规划师，34(10):46–51.

陈爽，刘云霞，彭立华，2008. 城市生态空间演变规律及调控机制：以南京市为例 [J]. 生态学报，(05):2270–2278.

陈思清，汪洁琼，王南，2017. 融合景观连通性的城镇规划与生物多样性生态服务效能优化 [J]. 风景园林，(01): 66–81.

陈天，李阳力，2019. 生态韧性视角下的城市水环境导向的城市设计策略 [J]. 科技导报，37(08):26–39.

陈晓琴，2019. 基于“三生”博弈的国土韧性生态空间划定研究 [D]. 天津：天津工业大学 .

陈玉梅，李康晨，2017. 国外公共管理视角下韧性城市研究进展与实践探析 [J]. 中国行政管理，(01):137–143.

陈忠，2006. 火对森林主要生态系统过程的影响 [J]. 应用生态学报，17(9):1726–1732.

成玉宁，袁旸洋，2016. 让自然做功，事半功倍：正确理解“自然积存、自然渗透、自然净化”[J]. 生态学报，36(16):4943–4945.

程爱国，程鹏，吴楠，2020. 基于 InVEST 模型的区域生境质量对土地覆被变化的响应：以合肥市为例 [J]. 安徽农学通报，26 (18): 60–66.

程开明，陈宇峰，2006. 国内外城市自组织性研究进展及综述 [J]. 城市问题，(07):21–27.

程志永，唐晓岚，罗振，2020. 湖州塘浦 (溇港) 圩田系统生态空间敏感性评价 [J]. 地域研究与开发，39(01):139–143.

仇保兴，2002. 城市定位理论与城市核心竞争力 [J]. 城市规划，(7):11–13.

仇保兴，2009. 复杂科学与城市规划变革 [J]. 城市发展研究，16 (04): 1–18.

仇保兴，2012. 城市生态化改造的必由之路：重建微循环 [J]. 城市观察，(06):5–20.

仇保兴，2018. 基于复杂适应系统理论的韧性城市设计方法及原则 [J]. 城市发展研究，25(10):1–3.

崔翀，杨敏行，2017. 韧性城市视角下的流域治理策略研究 [J]. 规划师，33(8):31–37.

达良俊，郭雪艳，2019. 上海城市生态建设“四化”内涵的生态学释意 [J]. 园林，(01):8–13.

大辞海编辑委员会，2003. 大辞海：哲学卷 [M]. 上海：上海辞书出版社 .

大辞海编辑委员会，2011. 大辞海：语词卷 [M]. 上海：上海辞书出版社 .

戴慎志，2018. 增强城市韧性的安全防灾策略 [J]. 北京规划建设，(02):14–17.

邓宇，2018. 整合城市植被：城市生态空间规划策略思考 [C]// 中国城市规划学会 . 共享与品质：2018 中国城市规划年会论文集 . 北京：中国建筑工业出版社：454–461.
翟天林，王静，金志丰，等，2019. 长江经济带生态系统服务供需格局变化与关联性分析 [J]. 生态学报，39(15):5414–5424.
丁庆华，2008. 突变理论及其应用 [J]. 黑龙江科技信息，(35):11+23.
董潇楠，谢苗苗，张覃雅，等，2018. 承灾脆弱性视角下的生态系统服务需求评估及供需空间匹配 [J]. 生态学报，38(18):6422–6431.
董玉萍，刘合林，齐君，2020. 城市绿地与居民健康关系研究进展 [J]. 国际城市规划，35(05):70–79.
杜可心，2019. 基于土地利用的生态系统服务供需空间格局研究 [J]. 居舍，(33):20.
段怡嫣，翟国方，2020. 城市韧性测度的国际研究进展 [J]. 国际城市规划，36(06):79–85.
樊杰，2019. 资源环境承载能力和国土空间开发适宜性评价方法指南 [M]. 北京：科学出版社 .
范晨璟，田莉，申世广，等，2018. 1990–2015 年间苏锡常都市圈城镇与绿色生态空间景观格局演变分析 [J]. 现代城市研究，(11):13–19.
范钦栋，2017. 景观格局变化与生态系统服务 [M]. 北京：科学出版社 .
范维澄，2020. 安全韧性城市发展趋势 [J]. 劳动保护，(03):20–23.
方创琳，2013. 中国城市发展格局优化的科学基础与框架体系 [J]. 经济地理，(12):1–9.
方家，刘颂，王德，等，2017. 基于手机信令数据的上海城市公园供需服务分析 [J]. 风景园林，(11):35–40.
房学宁，赵文武，2013. 生态系统服务研究进展：2013 年第 11 届国际生态学大会 (intecol congress) 会议述评 [J]. 生态学报，33(20):6736–6740.
费建波，夏建国，胡佳，等，2019. 生态空间与生态用地国内研究进展 [J]. 中国生态农业学报 (中英文)，27(11):1626–1636.
冯剑丰，李宇，朱琳，2009. 生态系统功能与生态系统服务的概念辨析 [J]. 生态环境学报，18(4):1599–1603.
付梅臣，胡振琪，2005. 煤矿区复垦农田景观演变及其控制研究 [M]. 北京：地质出版社 .
傅伯杰，刘焱序，2020. 以空间优化为抓手保障生态安全 [EB/OL].[2021-09-09\. http://mp.weixin.qq.com/s?__biz=MzA3NTE5MzIzMg==&mid=2654259612&idx=1&sn=cd5c9befb0cc8d4d8c6e77e59c267747&chksm=84b42763b3c3ae755c8714a2f51c005c53f92e116efaf80db4367c1f3f105aeb706609514464#rd.
傅英定，成孝予，唐应辉，2008. 最优化理论与方法 [M]. 北京：国防工业出版社 .
高吉喜，2018. 区域生态学核心理论探究 [J]. 科学通报，63(08):693–700.
高吉喜，徐德琳，乔青，等，2020. 自然生态空间格局构建与规划理论研究 [J]. 生态学报，40(03):749–755.
高婧，2018. 上海郊区耕地时空变化特征及影响因素分析 [D]. 上海：华东师范大学 .
高抒，2020. 防范未来风暴潮灾害的绿色海堤蓝图 [J]. 科学，72 (04): 12–16+4.

高瑀晗，2019. 我国生态空间理论研究概述 [J]. 陕西林业科技，47(06):93–99.

古越，2020. 如何实现城市未来的绿色愿景？巴塞罗那《2020 绿色基础设施和生物多样性计划》实施方案及启示 [EB/OL].[2021–09–09]. http://mp.weixin.qq.com/s?__biz=MjM5Nzc3MjYwMQ==&mid=2650665841&idx=2&sn=cc45718a9ccf03175ef2128c08fee4aa&chksm=beddbf2789aa36311eef04c1683eb41cf36c41102d570446d2c545ae75e91eb4ffafff3f8e6d#rd.

顾康康，杨倩倩，程帆，等，2018. 基于生态系统服务供需关系的安徽省空间分异研究 [J]. 生态与农村环境学报，34(07):577–583.

管青春，2020. 面向国土空间规划的生态系统服务可持续性评估框架研究 [J]. 上海城市规划，(01):23–28.

广州市城市规划勘测设计研究院规划研究中心，2018. 城市生态空间需“共建、共治、共享”[EB/OL]. [2020–11–19].https://www.sohu.com/a/241716009_488812.

桂昆鹏，徐建刚，张翔，2013. 基于供需分析的城市绿地空间布局优化：以南京市为例 [J]. 应用生态学报，24(05):1215–1223.

郭朝琼，徐昔保，舒强，2020. 生态系统服务供需评估方法研究进展 [J]. 生态学杂志，39(06):2086–2096.

郭淳彬，2018.“上海 2035”生态空间规划探索 [J]. 上海城市规划，(05):118–124.

郭泺，薛达元，杜世宏，2009. 景观生态空间格局：规划与评价 [M]. 北京：中国环境科学出版社 .

郭祖源，2018. 城市韧性综合评估及优化策略研究 [D]. 武汉：华中科技大学 .

韩雪原，赵庆楠，路林，等，2019. 多维融合导向的韧性提升策略：以北京城市副中心综合防灾规划为例 [J]. 城市发展研究，26(08):78–83.

何昉，2020. 践行城市自然保护和韧性构建创新发展之路 [J]. 风景园林，27(10):13–18.

何晖，2010. 新时期社会保障理论体系构建的思考：2010 年全国社会保障理论体系构建研讨会综述 [J]. 广西经济管理干部学院学报，22(03):22–27.

何梅，2010. 特大城市生态空间体系规划与管控研究 [M]. 北京：中国建筑工业出版社 .

何梅，汪云，2009. 武汉城市生态空间体系构建与保护对策研究 [J]. 规划师，25(09):30–34.

何淑英，金颖，齐康，2015. 上海市能源领域适应气候变化现状和对策研究 [J]. 上海节能，(12):633–637.

贺祥，姚尧，2020. 基于生态系统服务供需对喀斯特山区生态风险分析 [J]. 水土保持研究，27(05):202–212.

侯雁，2018. 城市防灾公园韧性评价体系研究 [D]. 大连：大连理工大学 .

胡俊，1994. 重构城市规划基础理论体系初探 [J]. 城市规划汇刊，(03):12–16.

黄安，许月卿，卢龙辉，等，2020.“生产 – 生活 – 生态”空间识别与优化研究进展 [J]. 地理科学进展，39(03):503–518.

黄博，王义鹏，刑颖，2014. 公安理论分类研究的原则和方法探析 [J]. 辽宁公安司法管理干部学院学报，(02):68–70.

黄弘，李瑞奇，于富才，等，2020. 安全韧性城市构建的若干问题探讨 [J]. 武汉理工大学学报（信息与管理工程版），42(02):93–97.

黄金川，林浩曦，漆潇潇，2017. 面向国土空间优化的三生空间研究进展 [J]. 地理科学进展，36(03):378–391.

黄京，2019. 高度城镇化地区生态空间管控思路探索：以环泉州湾地区为例 [C]// 中国城市规划学会 . 活力城乡 美好人居：2019 中国城市规划年会论文集 . 北京：中国建筑工业出版社：766–775.

黄心怡，赵小敏，郭熙，等，2020. 基于生态系统服务功能和生态敏感性的自然生态空间管制分区研究 [J]. 生态学报，40(03):1065–1076.

黄智洵，王飞飞，曹文志，2018. 耦合生态系统服务供求关系的生态安全格局动态分析：以闽三角城市群为例 [J]. 生态学报，38(12):4327–4340.

贾宝全，邱尔发，张红旗，2012. 基于归一化植被指数的西安市域植被变化 [J]. 林业科学，48(10):6–12.

蒋梓杰，王晓雅，2020. 2020 年 6 月 1 日 –7 月 19 日长江流域暴雨降雨量及危险性评估分析 [EB/OL].[2021–10–17]. http://mp.weixin.qq.com/s?__biz=MzIyMjcxNjI2Mg==&mid=2247485835&idx=1&sn=c34e749d06e66b50fe8678ec12f85a28&chksm=e8280182df5f889415ed69dda9d142a78e028ac2942a18eaf0eeab8f4bb15939590d6f724215#rd.

焦思颖，2020. "韧性"城市，从规划开始 [EB/OL].[2021–01–12]. https://www.thepaper.cn/newsDetail_forward_10565643.

金大陆，2021. 20 世纪六七十年代上海黄浦江水系污染问题研究 (1963—1976)[J]. 中国经济史研究，(01):168–182.

金磊，2017. "韧性京津冀"协同安全设计的思考 [J]. 建筑设计管理，34(10):28–33.

金云峰，梁骏，王俊祺，等，2019. 存量规划发展背景下郊野公园多地类性质与功能叠合研究：以上海郊区控规单元为例 [J]. 中国园林，35(02):33–38.

柯涛，1990. 时间内涵辨 [J]. 安庆师院社会科学学报，(03):7.

孔繁花，2020. 中国城市生态研究前沿 [EB/OL].[2021–03–04]. http://mp.weixin.qq.com/s?__biz=MzA4NTk2NTk3OQ==&mid=2650127308&idx=1&sn=789282ce64287312df198e31522a505e&chksm=87cef638b0b97f2e85f86a3d119fc62b641f707abc6b2749cbce2b7cf67b7441c2cf68705b01#rd.

匡晓明，2020. 以生态城市设计为手段实现生态与城乡空间的有机融合 [EB/OL].[2021–07–09]. http://mp.weixin.qq.com/s?__biz=MzA3MTE4Mzc5OA==&mid=2658459117&idx=1&sn=09a4ea1d710e48a45f8dbc036e9fc19c&chksm=84b10134b3c6882225496619b6c857810fcb0b07a7512f6c473e2014277138cb3d621a41732e#rd.

乐慧英，康宁，2019. 基于手机信令数据的上海郊野公园服务成效评估研究 [C]// 中国城市规划学会 . 活力城乡 美好人居：2019 中国城市规划年会论文集 . 北京：中国建筑工业出版社：90–102.

李翅，马鑫雨，夏晴，2020. 国内外韧性城市的研究对黄河滩区空间规划的启示 [J]. 城市发展研究，27(02):54–61.

李丹，韩书成，易森鹏，等，2017. 基于 PSR 模型和突变理论的土地利用总体规划生态风险评价：以广州市为例 [J]. 江苏农业科学，45(11):222–225.

李镝，李雪琦，孙宇虹，等，2019. 台风灾害情境下全过程的韧性评估：以广州为例 [C]// 中国城市规划学会 . 活力城乡 美好人居：2019 中国城市规划年会论文集 . 北京：中国建筑工业出版社：416–428.

李荷，杨培峰，2014. 城市自然生态空间的价值评估及规划启示 [J]. 城市环境与城市生态，27(05):39–43.

李荷，杨培峰，张竹昕，等，2019. “设计生态”视角下山地城市水系空间韧性提升规划策略 [J]. 规划师，35(15):53–59.

李健，屠启宇，2014. 生态文明视野下特大城市空间结构的转型优化：以上海为例 [J]. 上海城市管理，23(06):9–14.

李莉莉，高建军，2011. 城市化与城市生态化是一个过程的两个方面 [J]. 环境科学与管理，36(01):187–190.

李梦楠，2019. 基于适度干扰理论的湿地公园景观设计研究 [D]. 大连：大连工业大学 .

李乃强，2019. 基于时空大数据的长江经济带（江苏段）生态环境监测方案研究 [J]. 科技经济导刊，27(29):87–88.

李平星，2014. 生态空间可占用性 [M]. 北京：科学出版社 .

李双成，张才玉，刘金龙，等，2013. 生态系统服务权衡与协同研究进展及地理学研究议题 [J]. 地理研究，32(8):1379–1390.

李婷，2015. 基于土地利用 / 土地覆被变化的 InVEST 土壤保持型应用研究 [D]. 西安：西北大学 .

李彤玥，2017. 韧性城市研究新进展 [J]. 国际城市规划，32(05):15–25.

李阎魁，2005. 完善城市规划理论的思考 [J]. 城市规划学刊，(5):34–38.

李阳兵，王永艳，陈琴，2014. 地形对三峡库区腹地小流域景观格局分异的影响：以草堂溪流域为例 [J]. 重庆师范大学学报 (自然科学版)，31(05):48–53.

李杨帆，向枝远，李艺，2019. 海岸带韧性：陆海统筹生态管理的核心机制 [J]. 海洋开发与管理，(10):3–6.

李昭阳，宋明晓，张赢月，等，2017. 基于生物多样性保护的生态空间辨识研究：以吉林省辽河流域为例 [J]. 江苏农业科学，45(07):220–224.

梁友嘉，徐中民，钟方雷，等，2013. 基于 LUCC 的生态系统服务空间化研究：以张掖市甘州区为例 [J]. 生态学报，33(15):4758–4766.

廖春贵，熊小菊，陈依兰，等，2018. 北部湾经济区社会：生态系统耦合关联分析 [J]. 大众科技，20(01):13–15.

廖桂贤，林贺佳，汪洋，2015. 城市韧性承洪理论：另一种规划实践的基础 [J]. 国际城市规划，

30(02):36–47.
林作新，2017. 研究方法 [M]. 2 版 . 北京：清华大学出版社 .
凌复华，1987. 突变理论及其应用 [M]. 上海：上海交通大学出版社 .
刘惠清，许嘉巍，2008. 景观生态学 [M]. 长春：东北师范大学出版社 .
刘杰，张浪，季益文，等，2019. 基于分形模型的城市绿地系统时空进化分析：以上海市中心城区为例 [J]. 现代城市研究，(10):12–19.
刘凌云，陶德凯，杨晨，2018. 田园综合体规划协同路径研究 [J]. 规划师，34(08):12–17.
刘鹏飞，孙斌栋，2020. 中国城市生产、生活、生态空间质量水平格局与相关因素分析 [J]. 地理研究，39(01):13–24.
刘希良，侯旭平，2014. 论哲学内涵的维度及其教学方法 [J]. 创新，8(02):101–105.
刘新宇，张真，雷一东，等，2019. 生态空间优化与环境治理：上海探索与实践 [M]. 上海：上海人民出版社 .
刘严萍，王慧飞，钱洪伟，等，2019. 城市韧性：内涵与评价体系研究 [J]. 灾害学，34(01):8–12.
刘志敏，修春亮，宋伟，2018. 城市空间韧性研究进展 [J]. 城市建筑，(35):16–18.
龙凌波，2019. 基于多源数据的上海市公园时空格局演变及其生态效益研究 [D]. 上海：华东师范大学 .
龙晔，何华，丁康乐，2012. 城市社会生态系统空间规划初探 [J]. 规划师，28(12):15–19.
卢慧婷，严岩，赵春黎，等，2020. 雄安新区多尺度生态安全格局构建框架 [J]. 生态学报，(20):1–8.
鲁钰雯，翟国方，施益军，等，2019. 荷兰空间规划中的韧性理念及其启示 [J]. 国际城市规划 :1–18.
罗明，曹越，杨锐，2019. 荒野保护与再野化：现状和启示 [J]. 中国土地，(08):4–8.
罗明，应凌霄，周妍，等，2020. 以自然之道 养万物之生：论 NBS 与生物多样性的关系（全文）[EB/OL].[2021–09–19].http://mp.weixin.qq.com/s?__biz=MzUxNjAwNDg1MA==&mid=2247485552&idx=1&sn=0c73796ada37bdd97cb44aad11dc3b2d&chksm=f9af46edced8cffb633b2a865166b46310dfea9584dc47349bb3c20b970bcd28fc068cf78d1d#rd.
罗万云，2019. 干旱内陆河流域生态资本补偿问题研究 [D]. 兰州：兰州大学 .
马古利斯，萨根，2017. 小宇宙：细菌主演的地球生命史 [M]. 王文祥，译 . 桂林：漓江出版社 .
马琳，刘浩，彭建，等，2017. 生态系统服务供给和需求研究进展 [J]. 地理学报，72(07):1277–1289.
马令勇，王振好，梁静，等，2018. 基于韧性城市理论的大庆市道路交通空间韧性策略研究 [J]. 河南科学，36(06):978–984.
马钦荣，彭漪涟，2004. 逻辑学大辞典 [M]. 上海：上海辞书出版社 .
马鑫雨，2019. 韧性城市视角下的新乡市黄河滩区空间分析评价与优化研究 [D]. 北京：北京林业大学 .

马毓，2007. 网络时代情报学理论体系构建与发展研究 [J]. 情报探索，(02):111–112.
马震陆，2015. 让上海郊野公园回归生态本位 [J]. 上海国土资源，36(02):33–35.
毛梦维，文婷，莫俊超，2017. 基于城市基因修复的旧城更新方法初探：以肇庆市旧城核心区更新城市设计为例 [C]// 中国城市规划学会 . 持续发展 理性规划：2017 中国城市规划年会论文集 . 北京：中国建筑工业出版社：441–454.
毛齐正，黄甘霖，邬建国，2015. 城市生态系统服务研究综述 [J]. 应用生态学报，26(4):1023–1033.
孟海星，沈清基，2019. 超大城市韧性的概念、特点及其优化的国际经验解析 [C]// 第八届“21 世纪城市发展”国际会议 . 武汉：华中科技大学 .
孟海星，沈清基，慈海，2019. 国外韧性城市研究的特征与趋势：基于 CiteSpace 和 Vosviewer 的文献计量分析 [J]. 住宅科技，39(11):1–8.
孟丽君，黄灿，陈鑫，等，2019. 曲周县耕地利用系统韧性评价 [J]. 资源科学，41(10):1949–1958.
木皓可，高宇，王子尧，等，2019. 供需平衡视角下城市公园绿地服务水平与公平性评价研究：基于大数据的实证分析 [J]. 城市发展研究，26(11):10–15.
南宏宇，2016. 主体认知视角下的名词哲学解读 [J]. 哈尔滨师范大学社会科学学报，7(01):89–93.
牛树海，秦耀辰，2002. 区域可持续发展中的生态空间占用法理论研究 [J]. 河南大学学报 (自然科学版)，(04):65–70.
欧维新，王宏宁，陶宇，2018. 基于土地利用与土地覆被的长三角生态系统服务供需空间格局及热点区变化 [J]. 生态学报，38(17):6337–6347.
潘艺，鲍海君，黄玲燕，等，2020. 浙江沿海城市化时空格局演变及其对生境质量的影响：基于 InVEST 模型的研究 [J]. 上海国土资源，41(3):18–24.
彭建，党威雄，刘焱序，等，2015. 景观生态风险评价研究进展与展望 [J]. 地理学报，(4):664–677.
彭建，杨旸，谢盼，等，2017. 基于生态系统服务供需的广东省绿地生态网络建设分区 [J]. 生态学报，37(13):4562–4572.
彭文英，戴劲，2015. 生态文明建设中的城乡生态关系探析 [J]. 生态经济，31(08):173–177.
齐丽，2019. 景观格局研究综述进展及分析 [J]. 绿色科技，(05):39–40.
钱少华，徐国强，沈阳，等，2017. 关于上海建设韧性城市的路径探索 [J]. 城市规划学刊，(S1):109–118.
邱爱军，白玮，关婧，2019. 全球 100 韧性城市战略编制方法探索与创新：以四川省德阳市为例 [J]. 城市发展研究，26(02):38–44.
任琳，2013. 中国特色社会主义理论体系逻辑构建研究综述 [J]. 河海大学学报 (哲学社会科学版)，15(03):17–21.
荣月静，严岩，王辰星，等，2020. 基于生态系统服务供需的雄安新区生态网络构建与优化 [J].

生态学报，(20):1–10.
茹小斌，付野，牛劲达，2019. 北京城市生态空间承载力评价研究 [J]. 环境与可持续发展，44(05):86–91.
上海市城市规划设计研究院，2017. 上海提升城市生态品质路径研究 [R]. 上海：上海市城市规划设计研究院 .
尚勇敏，2018. 上海提升城市生态品质的总体思路与建设路径 [J]. 科学发展，(06):85–95.
申佳可，王云才，2017. 基于韧性特征的城市社区规划与设计框架 [J]. 风景园林，(03):98–106.
沈迟，胡天新，2017. 韧性城市：化解城市灾害的新理念 [J]. 城市与减灾，(04):1–4.
沈清基，2018. 韧性思维与城市生态规划 [J]. 上海城市规划，(03):1–7.
沈清基，慈海，孟海星，2019. 高品质生态实践：核心特征解析及达成路径探讨 [J]. 国际城市规划，34(03):16–29.
沈清基，孟海星，2016. 韧性城市：应对城市挑战与危机 [M]// 中国城市科学研究会 . 中国低碳生态城市发展报告 2016. 北京：中国建筑工业出版社 :67–86.
沈清基，象伟宁，程相占，等，2016. 生态智慧与生态实践之同济宣言 [J]. 城市规划学刊，(05): 127–129.
沈秋光，杨佩珍，毕经伟，2008. 上海郊区耕地利用现状及对策 [J]. 上海农业学报，(03):123–125.
沈琰琰，2019. 多功能视角下都市区生态空间识别与管制研究 [D]. 杭州：浙江大学 .
沈悦，刘天科，周璞，2017. 自然生态空间用途管制理论分析及管制策略研究 [J]. 中国土地科学，31(12):17–24.
沈哲，刘平养，黄劼，2013. 中国城市湿地保护的困境与对策：以上海市为例 [J]. 林业资源管理，(05):14–20.
盛维，王永华，2015. 城市基因的研究框架归纳及其政策意义分析 [J]. 经济管理，37(11):32–41.
石婷婷，2016. 从综合防灾到韧性城市：新常态下上海城市安全的战略构想 [J]. 上海城市规划，(01):13–18.
史舸，吴志强，孙雅楠，2009. 城市规划理论类型划分的研究综述 [J]. 国际城市规划，24(1):48–55.
史津，2002. 城市生态空间 [J]. 天津城市建设学院学报，(01):9–13.
数学辞海编辑委员会，2002. 数学辞海：第一卷 [M]. 太原：山西教育出版社 .
税伟，付银，林咏园，等，2019. 基于生态系统服务的城市生态安全评估、制图与模拟 [J]. 福州大学学报 (自然科学版)，47(02):143–152.
宋爱忠，2015. “自组织”与“他组织”概念的商榷辨析 [J]. 江汉论坛，(12):42–48.
苏敬华，东阳，2020. 特大城市生态空间识别及管控单元划定：以上海市为例 [J]. 环境影响评价，42(01):33–37.
苏伟忠，马丽雅，陈爽，等，2020. 城市生态空间冲突分析与系统优化方法 [J]. 自然资源学报，

35(03):601–613.
孙海义，2003. 对时空离不开物质运动的一种误解 [J]. 内蒙古民族大学学报 (社会科学版)，(05):1–3.
孙丽辉，曾娇娇，李连盼，2020. 基于韧性城市理念的珠海市沿海防风浪潮堤岸提升策略 [J]. 园林，(09):40–45.
孙儒泳，1993. 普通生态学 [M]. 北京 : 高等教育出版社 .
孙施文，1997. 城市规划哲学 [M]. 北京 : 中国建筑工业出版社 .
孙施文，2019. 规划的理性与理性的规划 [M]// 中国城市规划学会学术工作委员会 . 理性规划 . 北京 : 中国建筑工业出版社 .
孙阳，2019. 基于社会生态系统视角的长三角地区地级城市韧性度评价 [C]// 中国城市科学研究会 . 2019 城市发展与规划论文集 . 北京 : 中国城市出版社 : 1954–1962.
孙英杰，林春，2018. 试论环境规制与中国经济增长质量提升 : 基于环境库兹涅茨倒 U 型曲线 [J]. 上海经济研究，(03):84–94.
孙中宇，任海，2011. 生态记忆及其在生态学中的潜在应用 [J]. 应用生态学报，22(3):549–555.
谭刚，2020. 深圳需要建设成为全球韧性城市发展范例 [J]. 开放导报，(04):83–89.
汤放华，汤慧，古杰，2018. 韧性城市的概念框架及城乡规划的响应 [J]. 北京规划建设，(02):11–13.
唐芳林，吕雪蕾，蔡芳，等，2020. 自然保护地整合优化方案思考 [J]. 风景园林，27(03):8–13.
唐杭，2016. 基于农用地分等体系的上海耕地质量监测方案研究 [J]. 上海国土资源，37(02):13–16.
唐秀美，刘玉，刘新卫，等，2017. 基于格网尺度的区域生态系统服务价值估算与分析 [J]. 农业机械学报，48(04):149–153.
陶懿君，2018. 从城市生态韧性建设的三重维度探讨河川再生对城市健康发展的重要意义 : 以吉隆坡“生命之河”为例 [J]. 住宅与房地产，(24):255–256.
汪光焘，2018. 城市 : 40 年回顾与新时代愿景 [J]. 城市规划学刊，(6):7–19.
汪辉，任静，赵康兵，2020. “绿色绿地”概念及评估体系构想 [J]. 中国园林，36(02):48–52.
汪洁琼，李心蕊，王敏，2019. 城市滨水空间生态系统服务供需匹配的空间智慧 [J]. 风景园林，026(6):47–52.
汪燕衍，2019. 上海永久基本农田保护管理实践探索 [J]. 安徽农业科学，47(14):261–263.
王爱民，刘加林，缪磊磊，2002. 土地利用的人地关系透视 [J]. 地域研究与开发，(01):9–12.
王宝强，2016. 应对气候变化的适应性城市空间格局研究 [D]. 上海 : 同济大学 .
王碧辉，吴运超，黄晓春，2012. 基于高分辨率遥感影像的城市用地分类研究 [J]. 遥感信息，027(4):111–115，122.

王达敏，丁莉兰，1995. 稳态学 [M]. 合肥 : 安徽人民出版社 .
王德胜，1990. 中国中学教学百科全书 : 政治卷 [M]. 沈阳 : 沈阳出版社 .
王芳，2019. 气候韧性目标下城市通风廊道空间规划策略研究 [C]// 中国城市规划学会 . 活力城乡 美好人居 : 2019 中国城市规划年会论文集 . 北京 : 中国建筑工业出版社 : 612–620.
王甫园，王开泳，陈田，等，2017. 城市生态空间研究进展与展望 [J]. 地理科学进展，36(02):207–218.
王宏亮，高艺宁，王振宇，等，2020. 基于生态系统服务的城市生态管理分区 : 以深圳市为例 [J]. 生态学报，(23):1–12.
王晶晶，2019. 基于 ENVI–met 的上海老小区景观微气候分析与绿地空间韧性改造策略研究 [D]. 上海 : 上海应用技术大学 .
王久平，2020. 科技支撑安全韧性城市建设 [J]. 中国应急管理，(10):21–22.
王凯，2020. 长三角一体化示范区与雄安新区规划的比较与启示 [EB/OL].[2021–11–20]. http://mp.weixin.qq.com/s?__biz=MjM5Nzc3MjYwMQ==&mid=2650668474&idx=1&sn=279d542c646b0c25ea88dee3b592d769&chksm=beddb1ec89aa38fa3eb2f7a4c32e992a624e375ced6f1b0dd905ad3fa379a6686f5845530e46#rd.
王立非，葛海玲，王清然，2016. 论商务话语语言学的理论体系构建 [J]. 外国语文，32(4):46–53.
王丽荣，赵焕庭，2006. 珊瑚礁生态系统服务及其价值评估 [J]. 生态学杂志，(11):1384–1389.
王录仓，2018. 基于百度热力图的武汉市主城区城市人群聚集时空特征 [J]. 西部人居环境学刊，33(02):52–56.
王忙忙，王云才，2020. 生态智慧引导下的城市公园绿地韧性测度体系构建 [J]. 中国园林，36(06):23–27.
王萌辉，白中科，董潇楠，2018. 基于生态系统服务供需的陕西省土地整治空间分区 [J]. 中国土地科学，32(11):75–82.
王敏，侯晓晖，汪洁琼，2018. 基于传统生态智慧的江南水网空间韧性机制及实践启示 [J]. 风景园林，25(06):52–57.
王南希，李雄，2011. 寻找生态设计的脉络 [J]. 山西建筑，37(26):3–5.
王琦，2008. 论中医藏象学理论体系的构建 [J]. 中医杂志，(10):869–872.
王卿，阮俊杰，沙晨燕，等，2012. 人类活动对上海市生物多样性空间格局的影响 [J]. 生态环境学报，21(02):279–285.
王如松，李锋，韩宝龙，等，2014. 城市复合生态及生态空间管理 [J]. 生态学报，34 (01): 1–11.
王瑞燕，赵庚星，姜曙千，等 . 基于遥感及突变理论的生态环境脆弱性时空演变 : 以黄河三角洲垦利县为例 [J]. 应用生态学报，(08): 1782–1788.
王绍平，1990. 图书情报词典 [M]. 北京 : 汉语大词典出版社 .
王思元，2012. 城市边缘区绿色空间的景观生态规划设计研究 [D]. 北京 : 北京林业大学 .

王伟，陆健健，2005. 生态系统服务功能分类与价值评估探讨 [J]. 生态学杂志，(11):64–66.

王祥荣，陈秉钊，诸大建，等，2019. 我国特大型城市生态化转型发展战略与实证研究 [J]. 城乡规划，(04):109–120.

王祥荣，谢玉静，李瑛，2016. 气候变化与中国韧性城市发展对策研究 [M]. 北京 : 科学出版社 .

王小萍，2020. 基于 InVEST 模型的天等县生境质量研究 [J]. 绿色科技，(20):21–23.

王晓博，2006. 生态空间理论在区域规划中的应用研究 [D]. 北京 : 北京林业大学 .

王晓利，侯西勇，2019. 1982—2014 年中国沿海地区归一化植被指数 (NDVI) 变化及其对极端气候的响应 [J]. 地理研究，38(04):807–821.

王晓雯，2018. 基于韧性理论的城市空间防灾策略 [C]// 中国城市规划学会 . 共享与品质 : 2018 中国城市规划年会论文集 . 北京 : 中国建筑工业出版社 : 93–102.

王新哲，2018. 新时期城市总体规划编制变革的实践特征与思考 [J]. 城市规划学刊，(03):65–70.

王学娟，陈勇，2018. 上海某农田地块环境质量初步调查 [J]. 江西化工，(06):73–76.

王智勇，黄亚平，2016. 快速成长期城市密集区生态空间框架及其保护策略研究 : 以武鄂黄黄城市密集区为例 [M]. 武汉 : 华中科技大学出版社 .

王壮壮，张立伟，李旭谱，等，2020. 区域生态系统服务供需风险时空演变特征 : 以陕西省产水服务为例 [J]. 生态学报，40(06):1887–1900.

温继文，李道亮，白金，等，2007. 植被恢复与重建理论体系的构建 [J]. 中国水土保持，(03):22–25.

文晓英，2018. 新时代中国特色“农”理论体系的构建研究 [J]. 河南农业，(23):59–60.

文雪，扈中平，2006. 论教育的时间内涵 : 时间不可逆的教育意义 [J]. 高等教育研究，(05):18–23.

文一惠，刘桂环，田至美，2010. 生态系统服务研究综述 [J]. 首都师范大学学报 (自然科学版)，31(03):64–69.

翁恩彬，翁殊斐，王晓帆，2019. 社会 – 生态韧性视角下的社区绿地管理研究 : 居民的角色与作用 [J]. 环境科学与管理，44 (09): 6–9.

翁敏，李霖，苏世亮，2019. 空间数据分析案例式实验教程 [M]. 北京 : 科学出版社 .

巫丽俊，王丹丹，2018. 农村生态空间布局优化研究 [J]. 环境保护与循环经济，38(02):6–8.

吴次芳, 肖武, 曹宇, 等, 2020. 国土空间生态修复主要内容是什么？工程类型有哪些？ [EB/OL].[2021–09–08]. http://mp.weixin.qq.com/s?__biz=MzUyMjg0MDU4OQ==&mid=2247489931&idx=1&sn=69f92c30620ae4ac4a4349e7e395a72c&chksm=f9c4e6e9ceb36fff5720ad86228c7ec79a9fed0d56546c9cf13c2c038c7fd6aea28a47ac7cc2#rd.

吴次芳，叶艳妹，吴宇哲，等，2019. 国土空间规划 [M]. 北京 : 地质出版社 .

吴敏，吴晓勤，2018. 基于“生态融城”理念的城市生态网络规划探索 : 兼论空间规划中生态功能的分割与再联系 [J]. 城市规划，42(07):9–17.

吴平，林浩曦，田璐，2018. 基于生态系统服务供需的雄安新区生态安全格局构建 [J]. 中国安全生产科学技术，14(09):5–11.

吴衍昌，2019. 崇左市国土生态空间质量评价研究 [D]. 南宁 : 南宁师范大学 .

吴宇彤，郭祖源，彭翀，2018. 效率视角下的长江上游韧性评估与规划策略 [C]// 中国城市规划学会 . 共享与品质 : 2018 中国城市规划年会论文集 . 北京 : 中国建筑工业出版社 : 961–971.

吴志强，郑迪，邓弘，2020. 大都市战略空间制胜要素的迭代 [J]. 城市规划学刊，(5):9–17.

奚洁人，2007. 科学发展观百科辞典 [M]. 上海 : 上海辞书出版社 .

肖笃宁，布仁仓，李秀珍，1997. 生态空间理论与景观异质性 [J]. 生态学报，(05):3–11.

谢高地，肖玉，鲁春霞，2006. 生态系统服务研究 : 进展、局限和基本范式 [J]. 植物生态学报，(02):191–199.

谢高地，肖玉，甄霖，等，2005. 我国粮食生产的生态服务价值研究 [J]. 中国生态农业学报，13(3):10–13.

谢高地，张彩霞，张昌顺，等，2015. 中国生态系统服务的价值 [J]. 资源科学，37(09):1740–1746.

谢花林，姚干，何亚芬，等，2018. 基于 GIS 的关键性生态空间辨识 : 以鄱阳湖生态经济区为例 [J]. 生态学报，38(16):5926–5937.

谢蒙，2017. 四川天府新区成都直管区乡村韧性空间重构研究 [D]. 成都 : 西南交通大学 .

谢余初，张素欣，林冰，等，2020. 基于生态系统服务供需关系的广西县域国土生态修复空间分区 [J]. 自然资源学报，35(01):217–229.

徐波，2018. 安徽省城市韧性水平测度及提升路径选择 [D]. 蚌埠 : 安徽财经大学 .

徐广君，2016. 显化物理思想 彰显物理魅力 : “运动的描述”中的物理思想及教学策略 [J]. 物理教师，37(03):8–11.

徐闻闻，2010. 低碳时代的城市生态空间创新研究 [C]// 中国城市规划学会 . 规划创新 : 2010 中国城市规划年会论文集 . 重庆 : 重庆出版社 : 3597–3612.

徐艳，王璐，樊嘉琦，等，2020. 采煤塌陷区生态修复技术研究进展 [J]. 中国农业大学学报，25(07):80–90.

徐耀阳，李刚，崔胜辉，等，2018. 韧性科学的回顾与展望 : 从生态理论到城市实践 [J]. 生态学报，38(15):5297–5304.

徐毅，彭震伟，2016. 1980–2010 年上海城市生态空间演进及动力机制研究 [J]. 城市发展研究，23(11):1–10.

许婵，赵智聪，文天祚，2017. 韧性 : 多学科视角下的概念解析与重构 [J]. 西部人居环境学刊，32(05):59–70.

许慧，岳靖川，杜茂康，等，2019. 基于 ISM–AHP 的城市复杂公共空间韧性影响因素评价研究 [J]. 风险灾害危机研究，(02):57–82.

许伟，2016. 存量土地利用规划的思考与探索 : 基于上海的实践 [J]. 中国土地，(03):5–10.

严岩，朱捷缘，吴钢，等，2017. 生态系统服务需求、供给和消费研究进展 [J]. 生态学报，37(08):2489–2496.

阳文锐，李锋，王如松，等，2013. 城市土地利用的生态服务功效评价方法：以常州市为例 [J]. 生态学报，33(14):4486–4494.

杨华珂，许振文，张林波，2002. 生态系统健康概念辨析 [J]. 长春师范学院学报，(02):64–67.

杨培峰，2004. 城乡自然生态关系分析 [J]. 城市问题，(04):2–5.

杨树文，2015. 遥感数字图像处理与分析：ENVI5.X 实验教程 [M]. 北京：电子工业出版社 .

杨天翔，2018. 高原寒旱地区韧性城市空间管制模式初探：以西宁市多巴新城地区为例 [C]// 中国城市规划学会 . 共享与品质：2018 中国城市规划年会论文集 . 北京：中国建筑工业出版社：160–171.

杨远桃，2012. 试析中国特色的会计理论体系的创新与构建 [J]. 现代商业，(34):186.

叶鑫，邹长新，刘国华，等，2018. 生态安全格局研究的主要内容与进展 [J]. 生态学报，38(10):3382–3392.

叶有华，尹魁浩，梁永贤，2010. 城市生态资源定量评估 [J]. 环境科学研究，23(11):1390–1394.

一览众山小 – 可持续城市与交通，2020. We the resilient ④ | 纽约气候韧性设计导则 (第一番)[EB/OL].[2020–11–19]. http://mp.weixin.qq.com/s?__biz=MzA3ODM2NjAxMA==&mid=2650131173&idx=1&sn=118ec254e69f91057bacb9f0285e0557&chksm=8742beb0b03537a60d46851b5dda0dbc17399b52dda2c90e2c2ab70cdeef447456c10cfa8fa9#rd.

易阿岚，孙清，王钧，2020. 基于SD模型的上海市湿地生态系统服务变化过程与情景研究 [J]. 生态学报，(16):1–12.

易凌，龚蛟腾，2018. 中国图书馆学理论基础研究综述 [J]. 图书馆论坛，38(05):19–30.

尹占娥，田娜，殷杰，等，2015. 基于遥感的上海市湿地资源与生态服务价值研究 [J]. 长江流域资源与环境，24(06):925–930.

俞静芳，余树全，张超，等，2012. 应用 CASA 模型估算浙江省植被净初级生产力 [J]. 浙江农林大学学报，29(04):473–481.

俞孔坚，2020. 基于自然，让自然做功：国土空间规划与生态修复之本 [J]. 景观设计学，8(01):6–9.

俞振宁，牛星，刘子铭，2020. 上海提高农业用地产出效益的优化路径和保障机制 [J]. 科学发展，(11):84–92.

袁毛宁，刘焱序，王曼，等，2019. 基于“活力 – 组织力 – 恢复力 – 贡献力”框架的广州市生态系统健康评估 [J]. 生态学杂志，38(04):1249–1257.

袁芯，2018. 基于“城市针灸”原理的生态空间品质提升路径研究：以上海市静安区为例 [J]. 上海城市规划，(02):102–109.

袁兴中，熊森，李波，等，2011. 三峡水库消落带湿地生态友好型利用探讨 [J]. 重庆师范大学学报 (自然科学版)，(4):29–31.

岳俞余，彭震伟，2018. 乡村聚落社会生态系统的韧性发展研究 [J]. 南方建筑，(05):4–9.

臧鑫宇，焦娇，王峤，2019. 既有城区生态韧性问题解析与空间优化策略研究 [J]. 城市建筑，16(15):34–38.

詹运洲，李艳，2011. 特大城市城乡生态空间规划方法及实施机制思考 [J]. 城市规划学刊，(2):53–61.

张海春，胡雄星，韩中豪，2013. 黄浦江水系水质变化及原因分析 [J]. 中国环境监测，29(04):55–59.

张红，2017. 上海城市公园延长开放需求、生态服务感知价值及开放适宜性评价 [D]. 上海：华东师范大学 .

张红，2020. “农林水乡”：生态空间高效复合 促进人与自然和谐共生 [EB/OL].[2021–01–09]. http://mp.weixin.qq.com/s?__biz=MzI0NjA4NTIwOA==&mid=2654342021&idx=1&sn=eb9f05e886462375b8bc9224b2e3bdb0&chksm=f28608b2c5f181a4e924fb6c96779ab237877e2726a3f44ed42149d28dc56501e535a2cb564b#rd.

张华，韩广轩，王德，等，2015. 基于生态工程的海岸带全球变化适应性防护策略 [J]. 地球科学进展，(09):996–1005.

张京祥，1995. 城市规划的基础理论研究 [J]. 人文地理，(01):33–35.

张静，2018. 陕南土地景观动态与生态风险变化研究 [D]. 西安：陕西师范大学 .

张静梅，王琪，李燕，等，2016. 高校图书馆地方文献学学科建设理论体系构建研究 [J]. 保山学院学报，35(03):54–59.

张浪，2012. 基于有机进化论的上海市生态网络系统构建 [J]. 中国园林，28(10):17–22.

张浪，2013. 上海市基本生态网络规划发展目标体系的研究 [J]. 上海建设科技，(01):47–49.

张浪，2013. 上海市中心城周边地区生态空间系统构建重要措施研究 [J]. 上海建设科技，(06):56–59.

张浪，2018. 上海市多层次生态空间系统构建研究 [J]. 上海建设科技，(03):1–4.

张垒，2017. 韧性城市规划探索 [J]. 四川建筑，37(06):4–5.

张立伟，傅伯杰，2014. 生态系统服务制图研究进展 [J]. 生态学报，34(02):316–325.

张露凝，2017. 黄河三角洲湿地生态环境脆弱性评价及演变特性研究 [D]. 郑州：华北水利水电大学 .

张晴柔，蒋赏，鞠瑞亭，等，2013. 上海市外来入侵物种 [J]. 生物多样性，21(06):732–737.

张庭伟，2000. 迈入新世纪：建设有中国特色的现代规划理论 [J]. 城市规划，(01):46–49.

张文明，2019. 正确认识生态资源经济属性 [J]. 中国经贸导刊，(16):61–64.

张晓瑞，李涛，方创琳，等，2016. 城市脆弱性的综合测度研究 [J]. 地理与地理信息科学，32(02):89–93.

张馨文，周博文，2018. 城镇生态空间环境的分析与优化：以苏北盐城为例 [J]. 美与时代（城市版），(01):42–43.

张宇星，1995. 城镇生态空间理论：扬州城镇群空间发展研究 [D]. 南京：东南大学 .

张玉鑫，2013. 快速城镇化背景下大都市生态空间规划创新探索 [J]. 上海城市规划，(05):7–10.

赵红，张莎，2008. 生态智慧型企业 CRM 系统实施及信息资源整合对策 [J]. 情报资料工作，3:105–108.

赵红红，彭雄亮，2018. 滨海旅游社区空间营造的安全韧性策略研究 [J]. 住区，(06):39–45.

赵景柱，1990. 景观生态空间格局动态度量指标体系 [J]. 生态学报，010(2):182–186.

赵梦琳，2018. 基于功能和过程的水生态空间韧性结构管控：以自流井南部片区生态保护规划为例 [C]// 中国城市规划学会 . 共享与品质：2018 中国城市规划年会论文集 . 北京：中国建筑工业出版社：515–524.

赵爽，周恩志，2020. 韧性城市视角下澳门城市绿地抗风灾策略 [J]. 现代园艺，43(03):208–211.

郑新奇，付梅臣，2010. 景观格局空间分析技术及应用 [M]. 北京：科学出版社 .

钟开斌 . 伦敦城市风险管理的主要做法与经验 [J]. 国家行政学院学报，2011，(05): 113–117.

钟亮，林媚珍，周汝波，2020. 基于 InVEST 模型的佛山市生态系统服务空间格局分析 [J]. 生态科学，39(05):16–25.

周恩志，李敏，2018. 韧性城市理论与城市绿地防灾学术研究动态 [J]. 林业世界，007(004):119–126.

周景博，冯相昭，2019. 流域绿色发展路径探索：基于生态系统服务供需平衡的视角 [J]. 环境保护，(21).

周侃，樊杰，盛科荣，2019. 国土空间管控的方法与途径 [J]. 地理研究，38(10):2527–2540.

周可婧，焦胜，韩宗伟，2020. 沿海城市洪涝高风险区土地利用管控：纽约市的经验与启示 [J]. 国际城市规划 :1–15.

周汝波，林媚珍，吴卓，等，2018. 珠江西岸生态系统碳储量对土地利用变化的响应 [J]. 生态科学，37(06):175–183.

周卫，1997. 城市规划体系构建探索 [J]. 城市规划汇刊，(05):29–32.

朱萱颐，曹传新，王秋实，等，2018. 基于安全韧性的原阳县黄河滩区空间格局再造：由农业滩区提质为休闲滩区 [J]. 城市建筑，(35):52–56.

朱永青，2011. 应用生态系统模型研究淀山湖富营养化控制方案 [J]. 环境科技，24(04):12–18.

朱永忠，何人可，陈飞虎，2012. 基于现代生态技术的居住建筑节能与推广方案研究 [J]. 四川建材，38(06):6–8.

祝光耀，张塞，2016. 生态文明建设大辞典：第二册 [M]. 南昌：江西科学技术出版社 .

左欢欢，2012. 基于突变级数法的东洞庭湖区域生态风险评价 [D]. 长沙：湖南大学 .